令和５年度　税制改正のあらまし

第Ⅰ章　所得税

第Ⅱ章　法人税

第Ⅲ章　相続税・贈与税

（1）相続税の仕組み

（2）財産評価

（3）控除

（4）対策等

（5）納付

（6）贈与税

第Ⅳ章　その他

早　見　表

令和5年度 税制改正のあらまし

「令和５年度税制改正」について、その主要な部分について解説します。

個人所得課税では、NISAの抜本的拡充、恒久化が行われます。またスタートアップへの再投資に係る譲渡益に対する非課税制度が創設されました。

資産課税では、資産移転時期の選択により中立的な税制の構築を行うとして、相続時精算課税と暦年課税の大幅な見直しが行われました。

法人課税では、研究開発税制及びオープンイノベーション促進税制の見直しが行われました。

消費課税では、インボイス制度の円滑な実施のための負担軽減措置が設けられました。

また、その他の改正では、電子帳簿等保存制度の見直しが行われました。

【１】個人所得課税

（１）NISAの抜本的拡充・恒久化

NISA（少額投資非課税制度）の仕組みが見直し・拡充された上で、制度が恒久化されます。

NISAは、現行では非課税保有期間が設定されていますが、長期・積立・分散投資による継続的な資産形成を行えるよう、非課税保有期間が無期限化され、恒久的な制度となります。また、一般NISAとつみたてNISAの選択制となっていた仕組みが、一定の投資信託を対象とする長期・積立・分散投資の「つみたて投資枠」と、上場株式への投資が可能な現行の一般NISAの役割を引き継ぐ「成長投資枠」の２つを併用できる仕組みとなります。

	改正前		改正後	
	つみたてNISA（いずれかを選択）	一般NISA	つみたて投資枠（併用可）	成長投資枠
年間投資上限額	40万円	120万円（平成26・27年は100万円）	120万円	240万円
非課税期間	20年間	5年間	無期限化	
生涯非課税限度額（総枠）	800万円	600万円	1,800万円 ※簿価残高方式で管理（枠の再利用が可能）	1,200万円（内数）
口座開設可能期間	平成30年～令和24年	平成26年～令和5年	令和6年から恒久化	
投資対象商品	積立·分散投資に適した一定の公募等株式投資信託（商品性について内閣総理大臣が告示で定める要件を満たしたものに限る）	上場株式・公募株式投資信託等	積立・分散投資に適した一定の投資信託	上場株式・投資信託等［※安定的な資産形式につながる投資商品に絞り込む観点から、高レバレッジ投資信託などを対象から除外］
対象年齢	18歳以上			

（注１）令和５年末までに現行の一般NISA及びつみたてNISA制度において投資した商品は、新しい制度の外枠で、現行制度における非課税措置を適用（現行制度から新しい制度へのロールオーバーは不可）。

・適用関係

令和６年１月１日から適用。

（2）スタートアップ企業への税制優遇策の拡充

保有株式の譲渡益を元手にして、創業した場合やベンチャー企業へ投資するエンジェル投資家が創業当初のスタートアップ企業に再投資を行った場合に、再投資分の株式譲渡益に最大20億円まで課税しない制度が創設されました。

また、課税繰延等が可能なエンジェル税制の適用要件の緩和、ストックオプション税制の拡充なども併せて行われました。

・適用関係

令和５年４月１日以降の再投資について適用。

（3）空き家の譲渡特例の延長等

空き家の譲渡所得の特別控除について、見直しなどが図られた上で適用期限が４年延長されます。

空き家の譲渡所得の3,000万円特別控除の特例は、現行では被相続人の住居を相続した相続人が、耐震基準を満たした又は取壊し等をした後にその家屋や敷地を譲渡した場合に、譲渡所得の金額から3,000万円を特別控除できるものですが、買い手が耐震基準などの要件に対応した場合でも適用できるようにするほか、次のような見直しが行われます。

① この特例の適用対象となる相続人が相続・遺贈により取得をした被相続人の一定の家屋や敷地等を譲渡した場合に、被相続人居住用家屋が譲渡時から譲渡した年の翌年２月15日までの間に「イ 耐震基準に適合することとなった場合」「ロ その全部の取壊し・除却・滅失をした場合」に該当することとなったときは、本特例を適用することができる。

② 相続・遺贈による被相続人の家屋・敷地等の取得をした相続人の数が３人以上である場合における特別控除額を2,000万円とする。

・適用関係

令和６年１月１日以後に行う被相続人居住用家屋又は被相続人居住用家屋の敷地等の譲渡について適用。

【2】資産課税

（1）相続・贈与の資産移転の仕組みの大改正

資産移転の時期の選択により中立的な税制を構築していく意味合いで、相続時精算課税と暦年課税における相続前贈与の加算について大幅な見直しが図られます。

（ア）相続時精算課税

現行の相続時精算課税は、贈与時には累積贈与額2,500万円までは非課税、2,500万円を超えた部分に一律20%が課税され、相続時には累積贈与額を相続財産に加算して相続税の計算を行う制度です（納付済みの贈与税は税額控除される）が、今回の改正で次の見直しが行われます。

① 相続時精算課税で受けた贈与については、暦年課税の基礎控除とは別の基礎控除として、毎年110万円まで課税しない

② 相続時精算課税で受贈した土地・建物が、災害により一定の被害を受けた場合は、相続

時の再計算を可能とする

（イ）暦年課税における相続前贈与の加算

現行の暦年課税は、各年の贈与額に対し、基礎控除 110 万円控除後の残額に対し累進税率が適用され、相続時には死亡前３年以内の贈与額が相続財産の額に加算され、相続税の計算を行う制度です（加算された贈与額に対する納付済みの贈与税は税額控除される）が、今回の改正で、次の見直しが行われます。

① 死亡前贈与額の加算期間を３年間から７年間に延長

② ①において延長された４年間に受けた贈与については、総額 100 万円まで相続財産に加算されない

【基礎控除のイメージ】

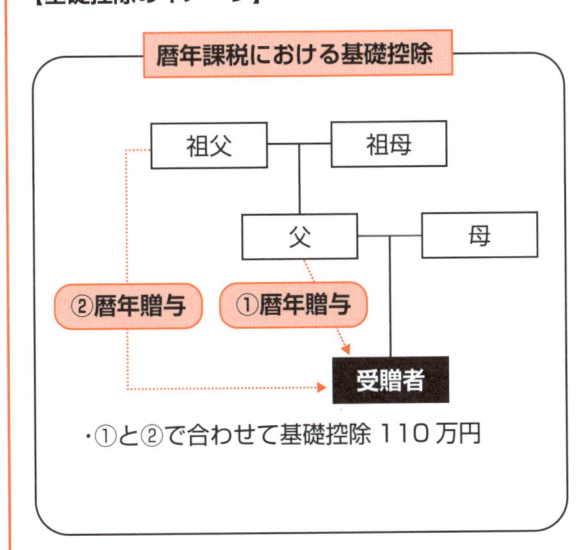

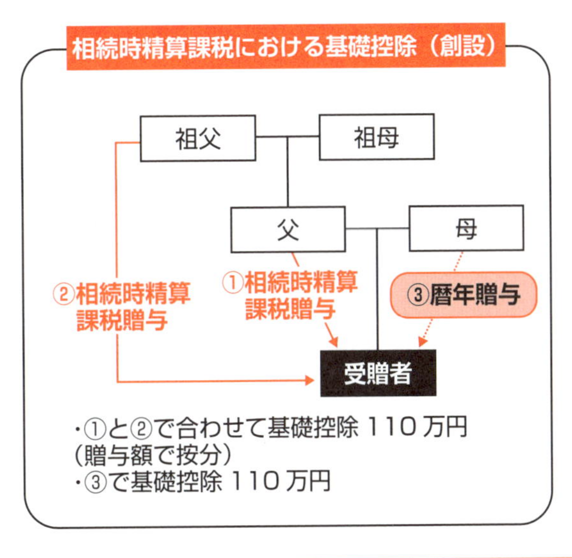

・適用関係

（ア）①は、令和６年１月１日以後に贈与により取得する財産に係る相続税又は贈与税について適用。

（ア）②は、令和６年１月１日以後に生ずる災害により被害を受ける場合について適用。

（イ）は、令和６年１月１日以後に贈与により取得する財産に係る相続税について適用。

（2）教育資金の一括贈与非課税措置の延長等

教育資金の一括贈与に係る贈与税の非課税措置について、節税的な利用を防ぐ次の見直しが行われた上で、適用期限が令和８年３月 31 日まで３年延長されました。

① 贈与者死亡に伴う相続財産への加算措置について、贈与者の相続税の課税価格が５億円超の場合は受贈者年齢等の除外基準を満たしても除外されない。

② 契約終了時の残額に対する贈与税率は、特例税率ではなく、納税額が高くなる一般税率が適用される。

・適用関係

①は、令和５年４月１日以後に取得する信託受益権等に係る相続税について適用。

②は、令和５年４月１日以後に取得する信託受益権等に係る贈与税について適用。

（3）結婚・子育て資金の一括贈与非課税措置の延長等

結婚・子育て資金の一括贈与に係る贈与税の非課税措置について、契約終了時の残額に対する贈与税率を特例税率から一般税率とした上で、適用期限が令和７年３月 31 日まで２年延長されました。

・適用関係

令和５年４月１日以後に取得する信託受益権等に係る贈与税について適用。

【3】法人課税

（1）研究開発税制の見直し

研究開発投資を増加させる企業に更にインセンティブを強化する見直しが行われました。

（ア）一般試験研究費の額に係る税額控除制度（一般型）について、次の見直しが行われました。

① 税額控除率が見直され、その下限が１％（改正前：２％）に引き下げられた上で、その上限を 14%（原則：10%）とする特例の適用期限が令和８年３月 31 日まで３年延長される。

② 令和５年４月１日から令和８年３月 31 日までの間に開始する各事業年度について、控除税額の上限が、増減試験研究費割合に応じて上下する特例が設けられる。

③ 試験研究費の額が平均売上金額の 10%を超える場合における税額控除率の特例及び控除税額の上限の上乗せ特例の適用期限が令和８年３月 31 日まで３年延長される。

（イ）中小企業技術基盤強化税制においても、次の見直しが行われました。

① 税額控除率が見直され、増減試験研究費割合が 12%（改正前:9.4%）を超える場合に、控除税額上限が 10%上乗せされた上で適用期限が令和８年３月 31 日まで３年延長される。

② 試験研究費の額が平均売上金額の 10%を超える場合における税額控除率の特例及び控除税額の上限の上乗せ特例の適用期限が令和８年３月 31 日まで３年延長される。

（ウ）オープンイノベーション型

オープンイノベーション型は、大学などとの共同研究や委託研究などに係る試験研究費（特別試験研究費）の額の法人の負担額の一定割合（20%、25%、30%）を法人税から控除できる制度（上限：法人税額の 10%）ですが、その試験研究費の範囲と、税額控除率の見直しが行われました。

（2）オープンイノベーション促進税制の拡充等

オープンイノベーション促進税制について、適用対象を拡充したうえで、投資額の上限が引き上げられました。

オープンイノベーション促進税制は、設立から一定期間内のスタートアップ企業への投資額の 25%の所得控除ができるものですが、今回の改正では、発行法人以外の者から取得した株式（議決権の過半数を有することとなる場合に限る）への適用も可能となるほか、投資額の上限が 200 億円まで引き上げられるなどの拡充等がなされました。

【４】消費課税

（１）インボイス導入免税事業者向け税負担軽減策

インボイス制度導入に伴い、免税事業者からインボイス発行事業者になった事業者に次の負担緩和措置が設けられます。

（ア）免税事業者がインボイス発行事業者になった場合には、納税額を売上税額の２割とすることができる３年間の負担軽減措置が設けられます。

（イ）簡易課税制度は原則、適用を受ける旨の届出書の提出日の属する課税期間の翌課税期間でないと適用できませんが、上記（ア）の納税額を売上税額の２割とする措置を適用したインボイス発行事業者が、その届出書を提出した場合、提出日の属する課税期間から簡易課税制度の適用が認められます。

・適用関係

令和５年 10 月１日から令和８年９月 30 日までの日の属する各課税期間において適用。

（２）中小事業者向けインボイス事務負担軽減策

インボイス制度への円滑な移行とその定着を図る観点から、一定規模以下の中小事業者は一定の課税仕入れについて帳簿のみの保存で税額控除が受けられる経過措置のほか、少額の返還インボイスの交付義務を免除する措置が講じられます。

（ア）仕入税額控除は原則、帳簿と請求書等（インボイス）の両方を保存しないと適用することができませんが、今回の改正では、次のいずれかの要件を満たす事業者は、令和５年 10 月１日から６年間、国内において行う課税仕入れについて、当該課税仕入れに係る支払対価の額が税込１万円未満である場合には、一定の事項が記載された帳簿のみの保存で仕入税額控除が認められます。

① 基準期間における課税売上高が１億円以下

② 特定期間における課税売上高が 5,000 万円以下

※ 基準期間：法人の場合は前々事業年度、個人の場合は前々年。
特定期間：法人の場合は前事業年度開始日から６か月間、個人の場合は前年１月から６月まで。

（イ）事業者の実務に配慮して事務負担を軽減する観点から、１万円未満の値引き等について、返還インボイスの交付を不要とします。

・適用関係

（ア）は、令和５年 10 月１日から令和 11 年９月 30 日までの間に国内において行う課税仕入れについて適用。

（イ）は、令和５年 10 月１日以後の課税取引に係る値引き等について適用。

【5】その他の改正

（1）電子取引のデータ保存の見直し

電子取引に課せられている保存要件について、事務負担に配慮した現行の経過措置終了後、新たな猶予措置が設けられます。

取引情報を電子取引と呼ばれる方法により授受した場合、それらの書類については、出力書面ではなく一定の要件を満たした電子データで保存しなければならないこととされていますが、令和４年度改正において、令和５年12月31日まで、事実上、電子データを出力した書面の保存でも可能とする経過措置が設けられました。

今回の改正では、システム対応が相当の理由により行えなかった事業者については、印刷した書面に加えて、税務調査でデータのダウンロードの求めに応じることができるようにしておけば、検索機能の確保の要件等を不要とする、新たな猶予措置が設けられます。

・適用関係

令和６年１月１日以後に行う電子取引の取引情報について適用。

【6】令和５年から適用される過年度の主な改正事項

今年度の改正事項ではありませんが、令和５年から適用される過年度の改正事項のうち、主なものについてご説明します。

（1）消費税のインボイス制度の導入

消費税に適格請求書等保存方式（いわゆるインボイス制度）が導入されます。この制度が導入されれば、買手が仕入税額控除の適用を受けるためには、売り手から交付を受けた「適格請求書」等の保存が必要になります。

適格請求書とは、売り手が買手に対して正確な適用税率や消費税額等を伝えるために交付する、登録番号等の一定事項が記載された、請求書・納品書等の書類を言います。

適格請求書を交付することができるのは、税務署長の登録を受けた「適格請求書発行事業者」に限られます。

その他の詳しいことは第Ⅳ章（1）「消費税」の151.「インボイス発行事業者の登録」及び152.「インボイスの記載事項と発行事業者の義務」を参照してください。

・適用関係

令和５年10月１日から導入。

（2）財産債務調書制度の対象者の拡充等

財産債務調書の提出義務者の要件が追加され、改正前の提出義務者（所得2,000万円超、かつ総資産３億円以上又は有価証券等１億円以上）に加えて、総資産10億円以上（所得基準なし）を保有する者も提出義務者となります。

提出期限は翌年６月30日（改正前は翌年３月15日）に変更されました。

また、記載の省略が可能な少額財産債務のうち家庭用財産の範囲が、100万円未満から300万円未満に変更されます。

・適用関係

提出義務者については、令和５年分以後の財産債務調書から、他の改正は令和５年分以後の財産債務調書又は国外財産調書について適用

(3) 国外居住親族に係る扶養控除の見直し

所得税の扶養控除は、16 歳以上で一定の所得要件を満たせば、国外に居住している親族にも適用されます。しかし、所得要件の判定の際、国外居住親族の所得には国外での所得が含まれないため、多額の国外所得を得ている者を扶養親族にして扶養控除の適用が受けられてしまうとの問題が指摘されていました。

そこで、改正前は 16 歳以上とされている国外居住親族の年齢要件を、改正後は原則として 16 歳以上 29 歳以下、または 70 歳以上とすることとなりました。

ただし、30 歳以上 69 歳以下の人でも、①留学により非居住者となった者、②障害者、③居住者から生活費又は教育費に充てるための支払いを 38 万円以上受けている者に限っては引き続き扶養控除が適用されます。

・適用関係

令和５年１月１日以後に支払われる給与等及び公的年金等並びに令和５年分以後の所得税について適用。

第Ⅰ章 所得税
(1)課税の仕組み

1．所得税の計算方法

Q 所得税の仕組みはどうなっているのでしょうか。教えてください。

A 所得税は個人がその年の1月1日から12月31日（年の途中で死亡した場合には、死亡した日まで）の1年間に生じた各種の所得の金額に基づいて計算します。

解　説

個人がその年に得た収入を所得の種類別に分類（P.13別表参照）をして、原則として次のような計算によって税額が算出されます。

収入金額－必要経費＝所得金額

各種の所得金額の合計額－所得控除額＝課税所得金額

課税所得金額×税率－速算表控除額(P.218参照)－税額控除額＝納税額

※農業所得や営業所得は事業所得に分類されます。

所得税には、申告納税制度と源泉徴収制度の二つの申告方法があります。

＊申告納税制度

農業などの事業者は、自分で所得を計算し申告書を提出して納税します。

・総合課税の場合…各種の所得を合計して税金を計算します。
・分離課税の場合…一定の所得については他の所得から切り離してその所得についての税金を計算します。

＊源泉徴収制度

事業従事者の給料等にかかる税金は、受取るごとに天引きされます。

給与所得のみの人は、その年の最後の給与のときに年末調整を行うことによって申告が完了することになります。

申告納税には、単に収支を計算すればよいだけで特典の付与されていない白色申告と、原則として複式簿記方式により記帳をすることによって特典の付与される青色申告があります。

別表　所得の種類と課税の方法

種類	具体例	課税方式	所得金額の計算方法
利子所得	公社債、公社債投資信託、定期預金、普通預金等	分離	収入金額＝所得金額 ＊障害者の少額預金の利子所得等については非課税
配当所得	株式の配当金	総合・分離	収入金額－元本取得のために要した負債の利子＝所得金額
	株式投資信託の収益分配金		
不動産所得	家賃・地代等	総合	収入金額－必要経費＝所得金額
事業所得	農業・販売業・製造業等、作家等の報酬	総合	収入金額－必要経費＝所得金額
	事業として行う不動産の売買	総合・分離	
給与所得	給料、賞与、現物給与等	総合	収入金額－給与所得控除額＝所得金額
退職所得	退職金 一時恩給等	分離	(収入金額－退職所得控除額)×1／2＝所得金額(P.222参照)
山林所得	山林の伐採や譲渡	分離（五分五乗方式）	収入金額－必要経費－特別控除額(最高50万円)＝所得金額
譲渡所得	土地、建物、株式、車輌、借地権等の譲渡益	総合 分離	収入金額－資産の取得費・譲渡費用－特別控除額＝所得金額※
一時所得	クイズの賞金、会社から贈られた金品、財形給付金、保険の返戻金等	総合	収入金額－収入を得るために支出した金額－特別控除額(最高50万円)＝所得金額※
雑所得	(1) 公的年金等	総合	収入金額－公的年金等控除額(P.220参照)＝所得金額
	(2) 業務に係るもの（作家以外の原稿料、講演料、配達等の副収入）	総合	収入金額－必要経費＝所得金額
	(3) その他(個人年金共済等による年金、暗号資産取引等の、(1)(2)以外のものによる所得)	総合	収入金額－必要経費＝所得金額

※総合課税となる譲渡所得のうちの長期譲渡所得と一時所得は1／2にして総所得金額を計算します。

2．農業所得の申告方法

私は農業経営を行っています。私の農業所得についてどのように計算し、申告すればよいのでしょうか。

原則として農業経営にかかる総収入金額から、そのために要した必要経費を差引く収支計算によって行います。

解　　説

農業所得も他の事業所得と同様に、原則として総収入金額から必要経費を差引いて計算します。市場等の仕切書を販売方法ごとにそろえて漏れのないよう注意しましょう。庭先販売、家事消費分も収穫した時の生産者販売価格により計上します。国等からの各種補助金（新型コロナ感染症等関連の持続化給付金等も含む）も収入計上します（一定のものを除く）。また、農業所得には他の所得にはない「収穫基準」(注) が適用されます。

なお、総収入金額や必要経費について、記帳や記録の保存が必要です。申告の方法には、白色申告と青色申告があります。所得の規模が大きければ、有利な特典が付与されている青色申告で行った方がよいでしょう。

（注）収穫基準

農作物を収穫した場合には、その収穫した年における農作物の価格をその収穫の日の属する年分の収入金額に計上しなければなりません。ですから、農作物を販売していなくても収穫した時点で売上を計上することになります。

収支計算

総収入金額－必要経費＝所得金額

・総収入金額…その年において収入すべき金額(売掛金を含む)

・必要経費…売上原価その他総収入金額を得るために直接要した費用、販売費、一般管理費その他その年に農業に関して生じた費用（未払金を含む）

また、記録の保存については、売上に関して受取った精算書・計算書・仕切書等や、必要経費についての領収書・請求書・納品書など紙で受け取った証憑については、スクラップブックなどを利用して日付順に整理しておくとよいでしょう。メール添付等、データにより授受したものについてはP.22を参照してください。

3．青色申告の特典

Q 私は今アパートの建築をしており、まもなく完成の予定です。年間の所得は500万円を見込んでおります。青色申告をすると有利だと聞きましたが、どんな利点があるのでしょうか。

A 青色申告にすると家族従業員に対し労務の対価として給与を支払うことができることなど、数多くの特典があります。

解　説

青色申告をすることによって、下記の特典を受けることができます。したがって白色申告よりも有利になるといえます。

（1）青色事業専従者の給与が必要経費として認められます。

青色申告者と生計を一にしている15歳以上の親族で、もっぱらその青色申告者の経営する事業に従事している人に対する給与は、それが届出書に記載された金額の範囲内で労務の対価として相当であると認められる金額である限り、必要経費となります。

（2）青色申告特別控除が受けられます。

①不動産所得又は事業所得を生ずべき事業を営む青色申告者が、取引を複式簿記により記帳し貸借対照表を損益計算書とともに確定申告書に添付して期限内申告をした場合に限り、青色申告特別控除は最高55万円（青色申告控特別控除を控除する前の不動産所得の金額または事業所得の金額の合計額が限度。②において同じ。）となります。

②上記①の要件を満たす者が、その年分の確定申告書等を提出期限までに電子申告（e-Tax）を使用して行うか、または電子帳簿保存(注)を行っているかのいずれかの場合には、青色申告特別控除は最高65万円となります。

③上記①②以外の青色申告者については、不動産所得、事業所得又は山林所得の金額の合計額を限度として、青色申告特別控除は最高10万円となります。

（3）減価償却費計算の特例があります。

特定の減価償却資産に対し、特別償却や割増償却を行うことができます。

（4）引当金等の必要経費算入が認められます。

事業所得の金額の計算上、貸倒引当金等のうち、繰入限度額に達するまでの金額が必要経費に算入されます。

（5）純損失が出た場合には3年間繰越して控除または、前年に繰戻して所得税の還付を受けることができます。

（6）更正の制限

帳簿の調査に基づかない推計課税によって更正を受けることはありません。また、更正を受ける場合には、更正通知書にその理由が付記されます。

※不動産貸付けについては事業的規模（P.63）がなければ（1）、（2）①②の適用は受けられません。（事業所得が生じる事業を営んでいる場合は事業的規模を満たしていることになります。）

(注)【電子帳簿保存を行っているとは】

改正電子帳簿保存法により、令和４年１月以降は、「優良な電子帳簿」の要件（訂正・削除の履歴が残るシステムの使用等）を満たし、その課税期間に係る法定申告期限までに「国税関係帳簿の電磁的記録等による保存等に係る65万円の青色申告特別控除・過小申告加算税の特例の適用を受ける旨の届出書」を提出することで65万円控除が可能となりました。原則、課税期間の途中からの適用は不可です。

4．青色申告のできる所得

Q 私のところでは、農業と不動産の貸付けを少々行っています。また、趣味で農村風景など自然の写真を撮っていて、時々雑誌社から原稿料のようなものをもらっています。知人のすすめもあり今度から青色申告をしようと思っているのですが、すべて青色申告で申告できるのでしょうか。教えてください。

A 所得には10種類ありますが、青色申告が行えるのは不動産所得・事業所得・山林所得がある人に限られます。この事例の場合には、不動産所得・農業（事業）所得ともに青色申告になりますが、趣味の範囲での不定期な原稿料等は雑所得となるため青色申告の対象とはなりません。

解　説

青色申告をすることができるのは、不動産所得・事業所得・山林所得がある人です。また、これらの事業が同一人において行われている場合には、すべての事業について青色申告をすることになります。したがって、この事例の場合には不動産貸付業についてだけ青色申告をして、農業については青色申告をしないということは認められません。

（1）不動産所得

不動産、不動産に伴う権利および船舶（総トン数20トン以上）または航空機の貸付けにより生じる所得。

その他、土地・建物の一部を広告に利用させた場合に受取る使用料や空き地を月極駐車場などにして受取る使用料なども含まれます。

（2）事業所得

農業、漁業、建設・製造・卸売・小売・金融・保険・不動産・運輸通信・その他のサービス（旅館、クリーニング、遊技場等）業など。

（3）山林所得

５年超保有している山林の伐採または譲渡によって生じる所得。

※その他の所得の種類についてはP.13を参照してください。

5．青色申告の手続き

Q 私は貸家を少々持っていますが、このたび新たにアパートを建てようと思っており所得を試算してみたところ、１年間で500万円程度を見込んでいます。そこで、この機会に青色申告にして、以前から管理等を手伝っている妻に専従者給与を支払おうと思っているのですが、その手続きについて教えてください。

「所得税の青色申告承認申請書」と「青色事業専従者給与に関する届出書」を所轄の税務署長に提出します。

解　説

不動産所得、事業所得及び山林所得を生ずべき業務を行う全ての方は、白色申告者でも日々の取引を記帳しなければならないため、この事例の場合には青色申告に切替えたほうが、青色事業専従者に支払った給与を必要経費とすることができるなど、様々なメリットがあります。以下、青色申告と青色事業専従者に関する手続きについて解説します。

(1) 新規に青色申告をする場合

その年の３月15日までに「所得税の青色申告承認申請書」を提出する必要があります。

(2) 新規に開業して青色申告をする場合

①開業の日から２ヶ月以内に「所得税の青色申告承認申請書」を提出（ただし、1月15日以前に開業した場合、その年の３月15日までに提出）

なお、新規開業の場合にはこの他に「個人事業の開廃業等届出書」もあわせて提出しなければなりません。(注)

②相続により青色申告事業を引継いだ人が青色申告をしようとする場合…P.18参照

(3) 専従者給与の届出

青色申告をする人が、その配偶者や子供など、生計を一にする親族でその青色申告者の事業に従事している者に対して給与を支払う場合は「青色事業専従者給与に関する届出書」を所轄の税務署長に提出しなければなりません。

また、同時に「給与支払事務所等の開設届出書」、納期の特例を受けたい源泉徴収義務者は「源泉所得税の納期の特例の承認に関する申請書」（詳細はP.44を参照）を提出する必要があります。

〈書類の提出期限〉

届出書	提出期限
青色事業専従者給与に関する届出書	①1月16日以降、新規に開業し、青色事業専従者を有することになった場合…その有することになった日から２ヶ月以内 ②青色事業専従者給与の金額の基準を変更する場合…遅滞なく ③新たに専従者が加わった場合…その有することになった日から２ヶ月以内 ④その他の場合…その年の３月15日まで
個人事業の開廃業等届出書	事業の開始の日または事務所を移転した日等から１ヶ月以内

（注）令和８年１月１日以後の事業の開始等について、開業・廃業等届出書等の提出期限をその事業の開始等の事実があった日の属する年分の確定申告期限とするとともに記載事項の簡素化が行われます。（青色申告をやめる旨の届出書の提出期限についても同様。）令和９年分以後の（1）（2）（3）の届出書等については記載事項の簡素化が行われます。

6．相続に伴う青色申告承認申請書等の提出

Q 父が昨年末に死亡し、相続人である私が父の事業を継承し記帳も引継いでいますが、改めて青色申告の承認申請書や消費税関係の届出書は改めて提出する必要があるのでしょうか。

A 相続により青色申告事業を引継いだ人が青色申告をしようとする場合には、改めて「青色申告承認申請書」を提出する必要があります。消費税関係の届出書も同様です。

解　説

青色申告や消費税関係の届出書の承認は各個人に対してなされるため、事業を引継いだ相続人に対してはそれらの効果は及ばないことになります。そのため、相続人は改めてこれらの承認申請や届出書の提出を行う必要があります。

（1）被相続人が青色申告者の場合

相続の開始を知った日（死亡の日）の時期に応じて、それぞれ下記の期間内に提出すれば、事業を承継した相続人は、相続開始年分から青色申告を行うことができます。

＜被相続人が青色申告者の場合の提出期限＞

①その死亡の日がその年の1月1日から8月31日までの場合
……死亡の日から4ヶ月以内

②その死亡の日がその年の9月1日から10月31日までの場合
……その年の12月31日まで

③その死亡の日がその年の11月1日から12月31日までの場合
……その年の翌年2月15日まで

（2）被相続人が白色申告者の場合

被相続人が白色申告者であった場合に、事業を承継した相続人が相続開始年分から青色申告を行う場合は、相続開始後2ヶ月以内に「青色申告承認申請書」を提出する必要があります。

（注）提出期限が休日等に当たる場合はこれらの日の翌日が期限になります。

（3）消費税関係届出書

被相続人が提出した課税事業者選択届出書、課税期間特例選択等届出書または簡易課税選択届出書の効力は、相続により被相続人の事業を継承した相続人には及びませんので、相続人がこれらの規定の適用を受けようとするときは、新たにこれらの届出書を提出しなければなりません。

7．複式簿記について

Q 私は、青色申告を行なっており10万円の控除を受けていますが、複式簿記による記帳を行うと、55万円が控除できると聞きました。どのようにすればよいのですか。

A 不動産所得（事業的規模に限る）、事業所得の生ずる事業を営む人が、複式簿記という方法により日々の取引を詳細に記録し、貸借対照表・損益計算書等の添付があり、確定申告書を提出期限までに提出した場合に限り、青色申告特別控除55万円を控除できます。ただし、一定の場合は65万円を控除できます（P.15参照）。

解　説

複式簿記の記帳方法、貸借対照表と損益計算書のしくみ、財務諸表の作成手順をみていきましょう。

（1）記帳の方法について

記帳の方法を単式簿記と複式簿記を比較しながらみていきましょう。

①単式簿記

単式簿記とは、入ってくるお金と出ていくお金を毎日記録し、期末に集計し、入金額と出金額の差から期末の残高を調べます。しかし、期末の残高がわかっても、それぞれのお金の出入りの具体的な内容まではわかりません。

②複式簿記

複式簿記とは、お金の出入り（結果）だけでなく、その原因もきちんと記録します。このように取引の原因と結果を記録することを仕訳といいます。これにより、期末の財産の計算と期中の損益の計算ができますので、貸借対照表と損益計算書を作ることができます。

例えば、農作物を1万円の掛けで売った場合、次のような仕訳ができます。

（借方）売掛金10,000/（貸方）売上10,000

（2）貸借対照表と損益計算書のしくみ

①貸借対照表とは一定期間の財政状態を示すもので、資産・負債・純資産という3つの要素から成ります。

資　産…保有している財産や権利の総称です。現金、預金、売掛金、土地、建物などがあります。

負　債…負っている債務の総称で、後日返済したり、支払ったりしなければならない義務のことです。借入金、買掛金、未払金などがあります。

純資産…資産－負債＝純資産です。事業を始めるときの元入金（会社でいう資本金）と事業活動の結果生じた利益の積立とで構成されます。

②損益計算書とは、一定期間における損益の状況を示すもので収益と費用という2つの要素から成ります。

収益…事業活動により生じた利益で、農産物を売ったときの売上高や貸家・駐車場の賃貸料や更新料などです。また、組合員等が協同組合等から受け取る剰余金の分配のうち、事業に関するものは事業所得、不動産所得に関するものは不動産所得の収益になります。

費用…事業活動を行うためにかかったコストです。減価償却費、作業用の資材の購入費用、支払利息などです。

収益－費用＝純利益または純損失になります。

貸借対照表

損益計算書

・貸借対照表、損益計算書ともに左右の合計額はそれぞれ一致します。
・純利益または純損失は元入金とともに純資産を形成します。

（3）財務諸表の作成手順

複式簿記により財務諸表（貸借対照表と損益計算書）を作るにはどのような手順をふまえるのかみてみましょう。

①仕訳帳または伝票に仕訳された取引を元帳へ転記します。それぞれの取引を集計したものを総勘定元帳といいます。

②総勘定元帳をそれぞれの科目別に一覧表にまとめたものを試算表といいます。試算表の借方と貸方の金額が一致するかによって転記が正しく行われたかどうかチェックできます。借方と貸方の合計額が一致しなければ、転記の際に間違いがあったことになります。

③試算表に決算整理（減価償却費、未収金・未払金整理等）という修正を加えて一覧表にした精算表を作ります。これを、貸借対照表と損益計算書に転記します。

8．申告者の名義変更

Q 私は父と一緒に農業経営を行っていましたが、父が病気になってしまいましたので私が中心となって経営を行うことになりました。この場合、私の所得として申告をしたいと思うのですが、できるのでしょうか。また、その手続きについて教えてください。なお、父は青色申告で行っていました。

A 申告はあなたの名前ですることができます。ただし、青色申告をしようとする場合には、所轄の税務署長に「所得税の青色申告承認申請書」を事業を引継いだ日から２ヶ月以内に提出しなければなりません。

解　説

生計を一にしている親子間で親と子がともに農業に従事している場合、子が相当の年齢（おおむね30歳以上）に達し、事業を主宰するに至ったと認められる場合、子を事業主として推定することができるとされているので、あなたの名前で申告することができます。ただし、青色申告の承認については、申請のあったあなたのお父さんに対してなされたものであるため、あなたが青色申告をしようとする場合には、事業を引き継いだ日から２ヶ月以内に「所得税の青色申告承認申請書」を提出しなければなりません。また、あなたは新たに事業をはじめることになりますので、「個人事業の開廃業等届出書」、「給与支払事務所等の開設・移転・廃止届出書」を提出する必要があります。

なお、あなたのお父さんについては「所得税の青色申告の取りやめ届出書」「個人事業の開廃業等届出書」または「給与支払事務所等の開設・移転・廃止届出書」を提出する必要があります。

また、このとき事業用の資産については原則として親から子へ移転されたものと考えられるため、事業用資産が多い場合には贈与税の課税が生じる可能性があるので注意が必要です。

9．保存すべき書類

私は農業所得を白色申告で申告していますが、過去の申告に関連する書類がだいぶたまってきたので処分したいと考えています。この場合、関係する書類はいつまでどのように保存すればよいのでしょうか。

不動産所得・事業所得・山林所得等がある人は、帳簿書類の記帳、保存義務があります。

解　説

青色申告も白色申告も事業所得、不動産所得又は山林所得を生ずべき業務を行う全ての方は日々の取引を記帳し、帳簿や書類を一定期間保存しなければなりません。所得税の申告が必要ない方も、この保存制度の対象となります。

（1）保存すべき帳簿書類

その年の業務に関して作成した帳簿および決算に際し作成した棚卸表その他の下表に掲げる書類（自己作成書類の写しも含む）。

（2）保存場所

その人の住所地もしくは居住地または営む事業にかかる事業所等の所在地

「電子取引の電子保存の義務化」

令和４年から請求書・領収書等を電子メール等により授受した場合、一定の要件を満たしてデータ保存することが全ての事業者に義務化されました。（令和５年末まで宥恕期間）令和６年１月１日以後は、相当の理由がある事業者等に対して新たな猶予措置を講じます。また、「検索機能の確保の要件」について緩和措置が拡大されます。

（３）保存期間

記帳義務に基づいて作成した帳簿及び書類については７年間。現金預金取引等以外の証憑書類については５年間

帳簿および書類の保存期間

保存が必要なもの	青色申告	白色申告
＊帳簿 ・仕訳帳・総勘定元帳・現金出納帳 ・売掛帳・買掛帳・経費帳・固定資産台帳など	７年	７年 （法定帳簿以外の帳簿は５年）
＊決算関係書類 ・損益計算書・貸借対照表・棚卸表など	７年	５年
＊現金預金取引等関係書類 ・領収書・小切手控・預貯金通帳・借用書など	７年　（※前々年分所得が３００万円以下の方は、５年）	５年
＊取引に関して作成し、又は受領した上記以外の書類 ・請求書・見積書・契約書・納品書・送り状など	５年	５年

10. 申告書提出後に誤りを発見した場合

昨年提出した確定申告書の内容を確認していたところ、誤りを発見しました。このような場合には、どのように処理すればよいのでしょうか。

納めた税額に不足がある場合には「修正申告書の提出」を、逆に納めた税額が多すぎた場合には「更正の請求」をすることになります。

解　説

（1）修正申告書を提出する場合

・確定申告書に記載した税額に不足がある場合
・純損失等の金額が多すぎる場合
・還付される税金として記載した金額が多すぎる場合
・納めるべき税額を納める税額として記載しなかった場合

以上の4つのいずれかに該当する事項が明らかになった場合は速やかに修正申告書を提出し、増加した税額を納付しなければなりません。自発的に修正申告をしなければ税務調査によって更正されるおそれがあります。自発的修正申告の場合では過少申告加算税はかかりませんが、税務調査後の申告漏れによる修正申告書の提出の場合では過少申告加算税を負担しなければなりません。

（2）更正の請求をする場合

・確定申告書に記載した税額が多すぎる場合
・純損失等の金額が少なすぎた場合
・還付される税金として記載した金額が少なすぎた場合

以上の3つのいずれかに該当した場合は、更正の請求を確定申告書の提出期限後5年以内に行うことができます。

また、次のような特別な事情があるなど一定の場合には、更正の請求の期限（申告書提出期限後5年以内）にかかわらず、その事実が生じた日の翌日から2ヶ月以内であれば特別に更正の請求をすることができます。

・判決等により、申告の計算の基礎となった事実が異なることが確定したとき
・申告していた所得がその後、他人の所得であるとしてその他人に更正などがあった場合
・申告するときの基となった契約が取消されたり、解除権ややむを得ない事情により解除されたりした場合
・帳簿が押収されるなどして、帳簿に基づいた税金の計算ができなかったが、その後帳簿が返されたこと
・租税条約の合意の内容が変わったこと
・廃業した場合の必要経費の特例を適用したこと
・譲渡代金が回収不能等となり（事業から生じたものを除く）特例を適用したこと
・申告の計算の基礎となった事実のうちに含まれていた無効な行為により生じた経済的効果が失われたこと（事業から生じたものを除く）
・申告の計算の基礎となった事実のうちに含まれていた取消すことのできる行為が取消されたこと（事業から生じたものを除く）

11．予定納税

私は農業を営んでいます。税務署から予定納税の通知が送られてきたのですが、この予定納税のしくみについて教えてください。

A **予定納税は、確定申告をして税金を納める事業所得や不動産所得などのある人を対象としています。前年実績（前年の所得）に基づき予定納税額を算出し、それを一定時期にあらかじめ支払っておく制度です（第１期分は７月31日までに、第２期分は11月30日までに所轄の税務署に納税します。そして確定申告のときに納付する税額は第１期分と第２期分を差引いたものになります。）。また、所得の現況による減額申請の制度もあります。**

解　説

予定納税基準額が15万円以上の人は予定納税をする必要があります。

（1）予定納税額の算出方法

●予定納税基準額＝（前年分の経常的な所得に対する所得税額）－（前年分の経常的な所得に対する源泉徴収税額）

●予定納税額＝予定納税基準額×１／３

（2）特別農業所得者

特別農業所得者とは、その年において農業所得の金額が総所得金額の70％を超え、かつ、その年の９月１日以後に生ずる農業所得の金額がその年中の農業所得の金額の70％を超える人をいいます。特別農業所得者には、予定納税基準額の１／２を11月30日までに納める特別規定が定められています。

（3）予定納税額の減額申請

その年の６月30日の現況で所得税及び復興特別所得税の見積額が予定納税基準額よりも少なくなる人は、７月15日までに所轄の税務署に「予定納税額の減額申請書」を提出して承認されれば、予定納税額は減額されます。なお、第２期分の予定納税額だけの減額申請は11月15日までです（この場合には、10月31日の現況において見積ることとなります。）。

（4）相続が発生した場合の予定納税の義務

その年の６月30日が基準日となります。この基準日以前に納税者が死亡した場合、予定納税を行う義務はありません。また、この日後に納税者が死亡した場合は相続人が予定納税を行う義務があります。支払った場合には準確定申告の税額から差引くことができます。

平成25年から令和19年までの各年分の予定納税基準額は、所得税及び復興特別所得税の合計額で計算します。この合計額が15万円以上である方を対象とします。

コラム

財産債務調書と国外財産調書の提出義務

所得税・相続税の申告の適正性を確保する観点から、一定の基準を満たす方に対し、その保有する財産・債務に係る調書の提出を求める制度（平成28年施行）と一定の国外財産を保有する方に対し国外財産に係る調書の提出を求める制度（平成 26 年施行）が設けられています。改正により、令和 5 年分以後の提出義務者や提出期限等の見直しが行われました。

（1）財産債務調書

所得税の確定申告書を提出する必要がある方で、次の①および②のいずれにも該当する場合に加え、その年の 12 月 31 日において総資産 10 億円以上の財産を有する場合も提出義務者となりました。提出期限はその年の翌年 6 月 30 日まで（令和 4 年分以前は翌年 3 月 15 日まで）です。

①その年分の退職所得を除く各種所得金額の合計額（注）が 2,000 万円を超えること

②その年の12月31日において 3 億円以上の財産または 1 億円以上の国外転出特例対象財産（有価証券等）を有すること

※　令和 2 年分以後は、相続開始年分に係る財産債務調書は、その相続等により取得した財産についての記載を省略できるようになりました。その場合の提出義務の判定は、その相続財産の価額の合計額を除外して判定します。（(2) の国外財産調書における相続財産についても同様。）

（2）国外財産調書

居住者（非永住者の方を除く）の方で、その年の12月31日において、5,000 万円を超える国外財産を有する方は、国外財産調書をその年の翌年6月30日までに提出しなければなりません（改正前は同上）。正当な理由なく期限内に提出がない方又は虚偽記載の場合に、1 年以下の懲役又は50万円以下の罰金に処されることがあります。（(1) の※参照）

（3）各調書への記載事項

各調書には、財産の種類、数量、価額、所在等（(1) は債務の金額も）記載します。財産の「価額」は、その年の12月31日における「時価」とされていますが、不動産については固定資産税評価額を用いるなど、代替的な価額を用いても良いことになっています。

（4）過少申告加算税等の特例

（1）、（2）の提出の有無等により、所得税または相続税に係る過少申告加算税等を加減算する特例措置があります。

（5）記載事項の見直し

財産債務調書への記載を運用上省略することができる「その他の動産の区分に該当する家庭用動産」の取得価額の基準を 300 万円未満（改正前：100 万円未満）に引き上げました。

（注）申告分離課税の所得がある場合には、それらの特別控除後の所得金額の合計額を加算した金額です。ただし、純損失や雑損失の繰越控除、各種の損失の繰越控除を受けている場合は、その適用後の金額をいいます。

12．売上と手数料の総額主義と例外

Q 私は農産物を市場へ出荷しており、代金は預金振込となっています。私はこの振込金額で売上を計上しています。これではいけないと聞きましたが本当でしょうか。

A 原則として収入金額としては手数料や運賃等を差引かれる前の金額で計上しなければなりません。また、手数料等は必要経費として計上することになります。ただし、委託販売手数料に該当するときは、例外的な処理が認められています（P.198 参照）。

解　説

農産物の出荷代金の精算については、いろいろな費目の金額を差引いた後の金額が振り込まれるのが一般的に行われています。この費用については必要経費になるものだからといって、収入金額と相殺して計上しなくてもよいということではありません。

所得税法では「その年において収入すべき金額とする」と定められています。また必要経費については「所得の総収入金額にかかる売上原価その他当該収入金額を得るために直接要した費用の額およびその年における販売費、一般管理費の他これらの所得を生ずべき業務について生じた費用の額とする」とされており、相殺するのではなく総額で計算することとなっています。また、消費税の課税売上金額・課税仕入金額についても同様とされています。

したがって、収入金額は手数料等の費用を差引かれる前の金額で計上し、差引かれた手数料等は該当するそれぞれの費目の必要経費に計上することとなります。

13. 補助金を受けて作った共同直売所

Q 私は農業を営んでいます。5人で野菜の直売グループを作っていますが、このたび市から補助金200万円を受けて直売所を建設することになりました。市からの補助金の他に、直売所建設にかかる個人負担は一人当たり現金で50万円になりました。この場合の処理について教えてください。

A 国庫補助金等を受けて固定資産を取得または改良した場合は、それに充てた部分の国庫補助金等については原則として課税されません。また、固定資産の取得または改良にかかった金額から国庫補助金等の金額を差引いた金額が、取得価額として減価償却の対象になります。

解　説

この事例の場合、直売所の建設に要した費用は「200万円（補助金）＋250万円（個人負担分50万円×5人）＝450万円」となります。通常の場合は、450万円全額を取得価額として減価償却しますが、国庫補助金等を受けて取得等をした場合は、「450万円（建設に要した費用）－200万円（補助金）＝250万円」が直売所の取得価額となり、この250万円が減価償却の対象となります。なお、この事例の場合は5人の共同直売所で各人が50万円ずつ負担しているので、1人当たりの減価償却費は1／5になります。

14．不動産所得の帰属者

私は父の土地を無償で借りて、月極青空駐車場として今年の５月から経営を始めました。運営は私の責任で行い、利益も私が受取っています。この不動産所得については私の所得として申告をしてよいのでしょうか。

A　不動産の貸付による所得は原則として不動産の所有者に帰属するため、あなたの所得として申告することはできません。

解　説

駐車場から生じる不動産所得はお父さんに帰属するものと考えられます。

収益の実質的な権利が誰にあるかを判定するには、収益を資産から生じるものと事業から生じるものとにわけて考えます。この事例の場合には、まず駐車場の所得が不動産所得または事業所得（または雑所得）のどちらに該当するかを確認しておく必要があります。また、資産から生じる収益を受取る人が誰であるかは、その収益を生むもととなる資産の真実の権利者が誰であるかによって判定されます。

以上のことから、駐車場を運営してその収益を受けていても、その駐車場の真実の所有者がお父さんであるため、それによる不動産所得はお父さんに帰属するものと考えられます。したがって、あなたの所得として申告することはできないことになります。

また、受取っている金額のうち運営業務にかかる費用およびあなたが設置した構築物の使用の対価を超えるものや、お父さんの所得となるべき利益をあなたが受取っていたりする場合には、お父さんに贈与を受けたとみなされる場合がありますので注意が必要です。

なお、ご自身で建物および設備等を設置し、土地の使用料だけでなく管理・サービスなどを含め、経営している要素が大きい場合にはあなたの所得となる場合もあります。

＊不動産所得と事業所得の区分の例

・月極駐車場のように明らかに不動産の貸付けとみとめられるもの→不動産所得

・時間貸しの有料駐車場や自転車預かり業等といえるもの→事業所得（または雑所得）

15. 敷金の取扱い

私は不動産賃貸業を営んでいます。このほどアパートを新築し入居者の方々から敷金の入金がありました。私はこの敷金を定期預金などで運用しようと考えていますが、敷金でも収入として課税される場合があると聞きました。どのような場合に課税されるのでしょうか。

A 入居者から受取る敷金・保証金等は、退去時の返還を要しないものに限り、不動産所得の収入金額として取扱います。

解　説

アパートやマンションの賃貸に関して受取る敷金や保証金については、それ自体が賃貸人の安全を担保するためのものであり、契約の終了と同時に返還されるものですから、本来不動産所得の収入金額として取扱うものではありません。しかし、次に掲げる例のような場合は収入金額として扱いますので、契約書等をよく読んで十分に注意するようにしてください。

※駐車場や店舗の賃貸に関して、返還を要しない敷金・保証金等は消費税の課税売上になります。

＊例1

敷金等のうち、契約書等によって不動産の貸付期間の経過に関係なく返還を要しないと明記してある場合

→ 敷金等を受取った年に収入として取扱う

＊例2

敷金等のうち、契約書等によって不動産の貸付期間の経過に応じて返還を要しない金額が明記してある場合

→ 貸付期間に応じて毎年収入金額として計上する

＊例3

契約書等によって敷金の返還が明記されている場合でもそれを返還しなかった場合（退去後の部屋の修繕費等を敷金から充当する場合で敷金が余った場合の差額を返還しなかった場合等）

→ その年の収入金額として計上する

16. 送電線の線下補償金

私は農業と不動産賃貸業を営んでおりますが、この度、私が所有している農地に送電線架設ができることになり、××電力会社と「送電線架設保持に関する契約」を結び、3年間の使用料を一括で受取りました。この使用料は何所得になるのでしょうか。また、今年の確定申告では全額を収入として計上するのでしょうか。それとも、1年分ごとに計上するのでしょうか。なお、この使用料は、契約によって毎年会計年度を1年分としてその年度の3月31日までに支払われることになっています。

A この事例の場合、受取った使用料は不動産所得になります。また、その収入は各年の3月31日に収入として計上されます。

解　説

所有している土地の上空使用料（線下補償金等）は不動産所得になります。また、不動産所得の総収入金額に算入すべき時期は、次のいずれかになります。

①契約等により支払日が確定していれば、その支払日

②支払日が確定していない場合は、それを受取った日

この場合、××電力会社との「送電線架設保持に関する契約」による上空使用料は、その契約によって各年の3月31日までに支払われるとあるため、たとえ3年分の使用料を一括で受取っても、それぞれの年分の収入金額として計上しなければなりません。

しかし、支払日が会計年度ごととは決まっておらず、今年において一括して支払いを受けた場合には、おおむね今年の確定申告に全額を収入計上しても差支えありません。

なお、上空使用料（地役権の設定の対価として受取った金額）が、地価の25％を超えている場合には譲渡所得とされる可能性がありますので注意してください。

17. 暗号資産の損益確定による申告

暗号資産を売却又は使用することにより損益が生じた場合の課税の仕組みはどうなっているのでしょうか。教えてください。

A　暗号資産を売却又使用すること（以下、売却等）により生じる損益は、事業所得等の各種所得の起因となる行為に付随して生じる場合を除き、原則として雑所得（総合課税）に区分され、所得税の確定申告が必要になります。雑所得ですので、損失は、他の所得との通算や翌年分への繰越しはできません。

解　説

(1)所得の種類は原則として「雑所得」

ビットコインをはじめとする暗号資産の売却等による損益は、原則として「雑所得」(総合課税）として区分されます。この取引による損益を「日本円と外貨との相対的な関係により認識される損益」と性質は同じと見ているためです。

(2)「事業所得」として区分される場合

なお、その暗号資産取引自体を生業として収入を得ている場合には「事業所得」に区分されます。事業所得者が事業資産として所有していた暗号資産をその決済に用いる場合についても、事業所得の付随収入として申告することになります。

(3)収入の計上時期と費用（取得費）の計算方法

収入の計上時期は、下表に掲げる３つの取引を行った時となります。

取引内容	収入金額
①暗号資産の売却（日本円に換金）	売却金額
②暗号資産での商品購入（決済利用）	商品の価額
③他の暗号資産（アルトコイン）との交換	他の暗号資産の時価

収入金額からは取得費を控除しますが、同一暗号資産を２回以上にわたり取得している場合はその払出単価の計算は移動平均法又は総平均法によることが明確化されました。交換業者から交付される年間取引報告書の記載方法が統一され、国税庁 HP の「暗号資産の計算書(Excel)」に入力することで所得計算が簡便化されています。

(注) 例えば、年末調整済みの給与所得を有する方で、暗号資産の売却等による所得が年 20 万円以下の方は、その他に所得がない場合、確定申告は不要です。但し、医療費控除その他の理由で確定申告書を提出する場合は、その所得を含めて申告しなければなりません。

18. 上場株式等の配当金・出資配当金等の申告の選択

Q 上場株式等の配当所得は課税方法が選べるとのことですが、どの方法を選択するべきでしょうか？私の配当所得の金額は50万円、その他の所得金額は1,200万円で、上場株式等の譲渡損失が100万円です。また、組合の出資配当金を受け取りましたが、確定申告は必要ですか。

A 上場株式の配当金は３種類の課税方法から選択でき、任意です。（修正申告等での課税方法の変更は不可。）事例のように、課税総所得金額が695万円を超えていて、かつ上場株式等の譲渡損失がある場合、申告分離課税を選択すると税額が有利になる可能性が高いと考えられます。昨年分までは所得税と住民税と別々な申告方法が選べましたが、令和５年分からは統一しなければならなくなりました。また、組合の出資配当金等は、一定額以上は申告しなければなりません。

解　説

【１】上場株式等の配当等の申告方法の選択

申告の有無を選択	確定申告をする		©確定申告をしない（確定申告不要制度適用）
申告の方法を選択	Ⓐ総合課税	Ⓑ申告分離課税	
入金利子の控除	あり	あり	なし
税率	累進税率	所得税 15% 復興特別所得税 0.315% 地方税 5%	所得税 15% 復興特別所得税 0.315% 地方税 5%
配当控除	あり	なし	なし
上場株式等の譲渡損失との損益通算	なし	あり	なし

（1）申告不要を選択できます

上場株式等の配当等については既に源泉徴収（所得税15%＋地方税5%（注１））されているため、１回に支払いを受けるべき配当等の額ごと（源泉徴収選択口座内の配当等については、口座ごと）に、納税者の判断により、確定申告をしないことも認められています。

（2）確定申告する場合、総合課税と申告分離課税の２つから選択できます。

どちらも株式の取得のために利用した借入金の利子を控除できます。配当控除は総合課税のみ可能で、譲渡損失の繰越控除は申告分離課税のみ可能です。申告する上場株式等の配当等の全額について、「総合」と「申告分離」のいずれかを選択することとなります。

（3）配当所得の申告方法の有利判定（所得税と住民税は同じ方法で申告）

①課税総所得金額（注２）が695万円以下の場合（所得税20%以下。住民税10%）

配当控除（所得税10%。住民税2.8%）が適用される「総合課税」を選択することで、正味税率（地方税を含む）が17.2%以下となります。「申告分離」又は「申告不要」は計20%

ですので、総合課税で申告する方法が税額は有利です。
②課税総所得金額が 695 万円超である場合（所得税 23% 以上。住民税 10%）
　総合課税は累進課税であり、配当控除（所得税 10%又は 5%。住民税 2.8%又は 1.4%）を適用しても、正味税率が 20.2%以上となるので、申告しないで、源泉徴収 20%のままで課税を完了した方が有利になると考えられます。（③の場合を除く。）
③課税総所得金額が 695 万円超であり、かつ「配当所得と損益通算できる上場株式等の譲渡損失」がある場合
…損益通算を適用できる「申告分離課税」を検討するというのが 1 つの目安とされます。
（注 1）所得税には、別途、復興特別所得税が加算されます。上記 (3) の比較では除いています。）
（注 2）課税総所得金額は、総所得金額（配当につき総合課税を選択した場合はその配当所得を含む）から各種所得控除を控除した後の金額です。
（注 3）大口株主等（その上場株式等に係る持株割合が 3% 以上の個人株主）については総合課税しか認められていませんので上記（3）において除かれます。）

<table>
<tr><th colspan="6">Ⓐ総合課税</th><th rowspan="2">比較</th><th>Ⓑ申告分離課税</th><th rowspan="2">有利な課税方法</th></tr>
<tr><th>所得税の課税総所得金額</th><th>税目</th><th>①税率</th><th>②配当控除</th><th>実質税率
①－②</th><th>総合課税合計</th><th>Ⓒ申告不要
（源泉徴収）</th></tr>
<tr><td rowspan="2">695万円超</td><td>所得税</td><td>23%以上</td><td>△10（又は 5）%</td><td>13（又は 18）%以上</td><td rowspan="2">20.2%以上</td><td rowspan="2">〉</td><td>15%</td><td rowspan="2">Ⓑ申告分離課税又はⒸ申告不要</td></tr>
<tr><td>住民税</td><td>一律 10%</td><td>△2.8（又は 1.4）%</td><td>7.2（又は8.6）%</td><td>5%</td></tr>
<tr><td rowspan="2">695万円以下</td><td>所得税</td><td>20%以下</td><td>△10%</td><td>10%以下</td><td rowspan="2">17.2%以下</td><td rowspan="2">〈</td><td>15%</td><td rowspan="2">Ⓐ総合課税</td></tr>
<tr><td>住民税</td><td>一律 10%</td><td>△2.8%</td><td>7.20%</td><td>5%</td></tr>
</table>

（4）令和 5 年分以後適用の改正：所得税と地方税の課税方法の統一と注意事項
　「令和 5 年分所得税」と、それに基づいて計算される「令和 6 年度住民税」から課税方法統一の適用が開始されます。配当所得等に関して申告を行った場合、配偶者控除や扶養控除の適用から外れてしまったり、住民税において健康保険料や医療費の自己負担割合の基準となる住民税課税所得が増え、結果として家族全体の手取りが減少する可能性がありますのでご注意ください。

【2】組合の出資配当金等の申告フロー

組合等の出資配当金等が年間で 10 万円（配当計算期間が 1 年未満である場合は、月数按分した金額）を超える場合は、申告する義務があります（総合課税）。

配当金 ＞10 万円×配当計算期間月数÷ 12 —No→ 申告不要選択 —Yes→ 申告しない（源泉徴収）
Yes↓　　No↓（注3）
総合課税（配当控除有り）

（注 3）非上場株式にかかる配当等を申告する（総合課税）判断基準は以下の通りです。

課税総所得金額	判断（大口株主等を含む）
695 万円以下	申告する
695 万円超	申告しない

19. 満期保険金・共済金に対する課税

Q 以前から掛けていた夫の生命保険が満期になり、保険会社から満期保険金の支払いを受けました。この受取った満期保険金には税金がかかるのでしょうか。

A 満期保険金を受取った場合の課税関係は、保険料の負担者が誰なのかによって税金の種類が異なります。

解　説

満期保険金の受取人と保険料の負担者が誰であるかによって、所得税として課税される場合と、贈与税として課税される場合とがあります。

（1）満期保険金の受取人と保険料の負担者が同じ場合

この場合は、支払いを受けた満期保険金は一時所得として取扱われ、所得税・住民税の対象となります。具体的な計算式は次のとおりです（ケース1）。

> 満期保険金－（払込保険料の額－分配を受けた剰余金）…A
> 特別控除額（Aと50万円のいずれか少ない額）…B
> （A－B）×1／2＝課税対象額

（2）満期保険金の受取人と保険料の負担者が異なる場合

この場合には、受取った満期保険金は贈与税の課税対象になります。贈与税の税率は高いため、税負担はきわめて重くなります。課税額の計算式は下記のとおりです。

> 満期保険金－110万円（贈与税の基礎控除額）
> ＝贈与税の課税対象額

つまり、保険料の負担者と保険金の受取人が同じであれば受取人には所得税・住民税が（ケース1）、異なる場合には受取人には贈与税が課税されることになります（ケース2）。

〈受取保険金等の課税関係〉

＊前提条件

受取満期保険金：5,000万円

妻の所得：0円（所得控除は基礎控除のみとする。）

支払った保険料：3,000万円

その他贈与財産等：0円

	保険料負担者	被保険者	受取人	税金の種類		税額
ケース1	妻	夫	妻	所得税・住民税※1		①約 246万円
ケース2	妻	夫	子	贈与税	一般税率	②約2,290万円
					特例税率※2	③約2,050万円

※1 上記の税額計算では、復興特別所得税は考慮していません。
※2 直系尊属（父母・祖父母）からの贈与により財産を取得した受贈者（贈与年の1月1日において18歳（令和4年3月31日までは20歳）以上の者に限ります）について適用。

<税額計算過程>（令和4年に満期保険金を受け取った場合）
①所得税　(5,000万円－3,000万円－50万円)×1/2=975万円
　　　　　(975万円－48万円)×33%－1,536,000円=1,523,100円
住民税　(975万円－43万円)×(県4%+市6%)=932,000円　計2,455,100円

②贈与税(一般)(5,000万円－110万円)×55%－400万円=22,895,000円
③贈与税(特例)(5,000万円－110万円)×55%－640万円=20,495,000円

コラム

損害賠償金・損害保険金等の取扱い

農家で作業中の事故により支払った損害賠償金、受取った損害賠償金・保険金等の税務上の取扱いについて聞かれることが度々あります。同じ損害賠償金でもその性格によって全く異なった取扱いをします。

まず、業務中に起きた事故により支払った損害賠償金はどのように扱われるのでしょうか。業務に関連しない損害賠償、例えば休日に自動車を運転していて事故を起こし、損害賠償金を支払った場合については、必要経費に算入することはできません。では、農作業中に交通事故を起こした場合にはどうでしょうか。通常の場合には支払った損害賠償金の全額が必要経費として扱われます。ただし、事故を起こしたときに飲酒運転をしていたとか、猛スピードで運転をしていた場合には必要経費とすることはできません。従業員が事故を起こした場合にも業務に関連するものであれば、その損害賠償金を必要経費にすることができます。ただし、従業員に故意または重大な過失がなくても事業主に故意または重大な過失があるときは必要経費とすることはできません。

では、損害賠償金・損害保険金を受取った場合には、どのように扱われるでしょうか。損害賠償金・損害保険金については、その性格によって非課税になる場合と課税される場合があります。非課税となるのは、損害保険契約に基づく保険金および生命保険契約に基づく給付金で、身体の傷害に基因して支払いを受けるもの並びに心身に加えられた損害について支払いを受ける慰謝料その他の損害賠償金（その損害に基因して勤務または業務に従事することができなかったことによる給与または収益の補償として受けるものを含む）、心身または資産に加えられた損害について支払いを受ける相当の見舞金が該当します。

課税される損害賠償金・損害保険金は、不動産所得、農業・事業所得のある人が受ける収入で、その業務を行うことによって本来受取れたであろう所得の収入金額に代わる性質をもつものは、それぞれこれらの所得の収入金額とします。例えば、①棚卸資産等について損失を受けたことによって取得する保険金、損害賠償金、見舞金など②業務の全部または一部の休止、転換または廃止その他の事由によってその業務の収益の補償として取得する補償金などが課税されるものとして取扱われます。

20. 事業専従者控除・青色事業専従者給与

私は農業経営を行っており、家族に農作業を手伝ってもらっているため、給与を支払いたいと思っているのですが、この給与は必要経費とすることができるのでしょうか。また、その場合の必要条件について教えてください。

A 原則としては、必要経費に算入することは認められませんが、定められた要件に当てはまる場合には必要経費とすることができます。

解　説

家族に対して支払った給与を必要経費とすることができる要件は、所得税の申告が青色申告か白色申告かで異なります。

(1) 青色申告事業者の場合

「青色事業専従者給与に関する届出書」を所轄の税務署長に提出し、適正な金額を届出ている場合には、届出た金額の範囲内であれば給与として支払った金額の全額を必要経費とすることができますが、不当に高い金額の場合には、適正額を超える部分については必要経費に算入することはできません。

また、事業専従者の要件に「その年を通じて6ヶ月又は従事可能期間の半分を超える期間、その事業に専ら従事していること」という定めがありますので、学生（夜間通学生等を除く）や他の職業に従事している人などは事業専従者となることはできません。

(2) 白色申告事業者の場合

次の①と②のいずれか低い方の金額を事業専従者控除として必要経費に算入することができます。

① 配偶者：86万円、それ以外：50万円

② $\dfrac{\text{事業所得＋不動産所得＋山林所得}}{\text{専従者の数＋1}}$

専従者の要件は申告者と生計を一にしている15歳以上の親族のうち、事業にもっぱら従事している者です。専従者になった場合、他者の扶養親族とならないので、配偶者控除・扶養控除の対象になりません。また、配偶者の勤務先によっては扶養手当の条件に該当しなくなる場合や、専従者給与が今後1年間で130万円を超える見込みであると配偶者の社会保険の被扶養者に入れなくなるなどの影響もありますので、注意が必要です。（P.96参照）

※不動産貸付けについて事業的規模（P.63）がなければ、(1)(2)の適用は受けられません（不動産貸付け以外の事業を営んでいる場合は(1)(2)の適用対象です。）。

21. 専従者の要件

私の長男は大学の農学部に通っています。大学が休みの日にはよく農作業を手伝ってくれるため、その手伝いに応じてアルバイト代を毎月支払っていますが、このアルバイト代を必要経費にすることはできるのでしょうか。

A 同居の親族に対するアルバイト代は必要経費にすることはできません。

解　説

労務の対価として給料を支払い、必要経費にすることができるのは青色事業専従者である場合であり、その要件は次のとおりです。

<青色専従者の要件>

①青色申告の承認を受けている者と生計を一にする配偶者、その他の親族であること
②その年の12月31日（死亡した場合は死亡の時）において年齢15歳以上の者であること
③その年を通じ、原則として6ヶ月を超える期間、青色申告の承認を受けている者の経営する事業にもっぱら従事する者であること

この事例の場合には、現在大学に通いながら農作業を手伝っているとのことですので、③の事業にもっぱら従事する者には該当しないため、青色事業専従者として給与を支払い必要経費とすることはできません。

ただし、通常日中は事業に従事し、夜間学校に通っているような場合には青色事業専従者とすることができます。

〈事業に専ら従事する期間の考え方〉

青色事業専従者の判定に当たって、事業に従事する者が相当の理由により事業主と生計を一にする親族としてその事業に従事することができなかった期間がある場合には、従事可能期間の2分の1を超える期間専ら事業に従事していれば足りるものとされています。この「相当の理由」には就職や退職も含むと解されます。

したがって、他の会社を退職したときから年末までを「従事可能期間」とし、その2分の1を超える期間専ら事業に従事している場合には、その間に支払った給与は青色事業専従者給与として必要経費に算入されます。

（注）個人事業主は、上記①～③の要件を満たす者を青色事業専従者とした日から2か月以内に青色事業専従者に関する届出（変更届出）書を提出しなければなりません。

22. 家族に支払う臨時雇用費用

Q 私は農業を青色申告で行っていますが、収穫の時期には人手が足りないため、同居している長男の妻と、別に暮らしている次男の妻に手伝ってもらっています。この二人に対して賃金を支払っているのですが、必要経費とすることができるのでしょうか。

A 次男の妻については必要経費とすることができますが、長男の妻については必要経費とすることはできません。

解　説

事業主が生計を一にしている家族従業員に対して賃金を支払っても必要経費に算入することはできませんので、ご質問の場合、長男の妻に対して賃金を支払っても必要経費とすることはできません。しかし、次男の妻については、生計は別とのことですので支払った賃金は必要経費とすることができます。

青色申告の場合、一緒に暮らしている親族が事業に従事している場合には、届出によって青色事業専従者給与を支払うことができるので、あなたの場合、長男の妻が常に農業を手伝っているような状況であれば、青色事業専従者としての届出をすることによって、事業専従者給与を支払うことができます。ただし、この場合、長男の妻を長男の配偶者控除の対象とすることはできません（配偶者控除P. 94を参照してください。）。

23. 未払いの専従者給与

Q 私は農業経営を行っており、ハウスによる野菜の栽培を行っています。このたびハウスを全面的に改修したため資金不足になり、2ヶ月ほど事業専従者に対して給与を支払うことができません。このような場合にはどうしたらよいでしょうか。

一時的に支払うことのできない場合の事業専従者給与は、未払金として必要経費に計上し資金の都合がついたときに支払うことになります。

解　　説

資金繰りの関係で給与を支払うことができなかった場合や未払いになったことについて相当の理由があった場合には、帳簿に未払金として明確に記載され、短期間のうちに支払いが行われるものであれば、一時的に未払いの状態であっても必要経費に算入することができます。ただし、長期間未払いのまま放置されているような場合や、支払いの事実がないと認められるような場合には必要経費に算入することはできません。

24. 二以上の事業に従事する専従者給与（控除）

Q 私は農業青色申告者ですが、アパートを所有しており不動産所得もあります。妻が青色事業専従者として農作業とアパートの管理の両方の事業に従事しています。専従者給与額は年額120万円を予定しています。妻の事業従事割合は農業がおよそ60％、不動産がおよそ40％程度です。この場合の事業専従者給与はどのようになるのでしょうか。

事業への従事割合に応じてそれぞれ計算した金額を専従者給与とすることができます。

解　説

同じ青色事業専従者が二種類以上の事業に従事していて、事業割合が明らかな場合には、それぞれの従事割合に応じて専従者給与を、明らかでない場合にはそれぞれの事業に均等に従事したものとして計算した金額によるものとされています。

この事例の場合の事業専従者給与の計算は次のようになります。

〈農業所得分〉
120万円×60％＝72万円
72万円÷12ヶ月＝6万円

〈不動産所得分〉
120万円×40％＝48万円
48万円÷12ヶ月＝4万円

したがって、１年間の専従者給与120万円が奥さんの労務の対価として妥当であれば、農業についての月給が6万円、不動産についての月給が4万円ということになります。

25. 事業主の所得より多い専従者給与

Q 私は農業経営を行っており、青色申告をしています。妻と息子夫婦と４人で農作業を行っていますが、私は数種類の役職を持っているため農作業にはあまり出ることはできません。そこで、中心となって農作業を行っている息子の専従者給与を高くしようと思っています。ところが、息子の専従者給与を多くすると息子の給与のほうが事業主である私の所得よりも多くなってしまうのですが問題はないのでしょうか。

事業専従者給与の額が労務に従事した期間等を考慮し、労務の対価として適正な額であれば、必要経費として算入することに問題はありません。

解　説

この事例の場合、農作業を中心に行っているのが息子さんとのことですから、事業主のあなたの所得よりも専従者給与が多くなっても、農業に従事している息子さんの労務の対価として適正である限り問題はありません。しかし、農作業の中心者であるのがあなたの場合には、専従者給与の額が事業主の所得より高いのは、妥当であるとはいえないので注意してください。

26. 青色事業専従者の賞与

Q 私は農業経営を行っています。今年は例年に比べて農産物の売上が大幅に上昇する見込みです。そこで、青色事業専従者である長男とその妻に賞与を支給したいと思っているのですが、青色事業専従者給与として認められるのでしょうか。

A 賞与の金額が労務の対価として適正・妥当な金額であり、「青色事業専従者給与に関する届出書」に記載された給与等の額の範囲内であれば、青色事業専従者給与として認められます。

解　説

所轄の税務署長に提出した「青色事業専従者給与に関する届出書」に記載されている金額の範囲内で給与の支払いを受けた場合には、その金額が労務に従事した期間・労務の性質およびその提供の程度・同業者の状況・その事業の種類および規模ならびに収益の状況に照らして労務の対価として相当であると認められるものであれば、青色事業専従者給与として必要経費への算入が認められます。

臨時賞与は好況であるからといって無条件で支給してもよいというものではなく、支払った臨時賞与の額が労務の対価として適正かつ妥当なものであり「青色事業専従者給与に関する届出書」に記載された賞与の額の範囲内であれば、青色事業専従者給与として認められることになります。

なお、年の途中で規模が拡大したなどの事由により所轄の税務署長に届出た専従者給与の額を超えて支払う場合には、事前に税務署長に「青色申告事業専従者給与に関する変更届出書」を提出する必要があります。

27. 給与の源泉徴収の追徴金

Q 私は農産物の直売店を経営していますが、所得税の調査があり、パートの給与について源泉徴収をしていなかったため、相当額の追徴金を支払いました。この費用は必要経費にできるのでしょうか。

A パートに調査の後に源泉税額相当額の請求をしなかった場合、パートに対する給与の追加払いとして必要経費になります。

解　説

所得税法によると、所得税を徴収すべき者（徴収義務者）が徴収をせず、納付もしなかった場合、税務署長はこれを徴収義務者から徴収することとしています。

また、源泉所得税相当額については事業主は後日、受給者から徴収できることとされています。したがって、本来は事業主が負担しても事業主の所得の計算上影響することがないようにしています。

しかし、事業主が求償権を放棄した場合には、給与の追加払いをしたとして必要経費に算入することができます。したがって、この場合には受給者本人は従前の給与の他に源泉所得税の分も含めて給与の所得があったものとされます。

なお、専従者については、もし源泉徴収をしていなかった事例の場合で、源泉徴収をすべき金額を給与の額に加算した金額が結果的に税務署長に届出ている金額を超えることになった場合は、専従者給与が認められなくなりますので、源泉徴収すべき金額を専従者から確実に徴収するようにしましょう。

※平成25年1月1日から令和19年12月31日までの間に生ずる所得について源泉所得税を徴収する際、復興特別所得税を併せて徴収し、その合計額を納付します。

28. 源泉所得税の納期の特例

Q 源泉所得税の支払いについて、毎月納付しなくても納期の特例の承認を受けることによって年２回の支払いでよいと聞いたのですが、どのような手続きをすればよいのでしょうか。

A 給与等の支給人員が常時１０人未満の場合には、「源泉所得税の納期の特例の承認に関する申請書」を所轄税務署長に提出することにより適用を受けることができます。

解　説

原則として、給与や退職金に対する源泉徴収をした場合の税額は、源泉徴収した日の翌月１０日までに国に納付しなければなりません。

ただし、給与等の支給人員が常時１０人未満である源泉徴収義務者については、納税の手数を軽減するため源泉徴収をした所得税を年２回にまとめて納付する「納期の特例」の制度が設けられています。

納付期限は下記のようになります。

区　　分	納付期限
１月１日～６月３０日徴収	７月１０日
７月１日～１２月３１日徴収	翌年１月２０日

この、特例の申請の効果は提出した日の翌月からになります。例えば２月末日までに提出した場合には２月分は３月１０日までに、３月から６月分は７月１０日までに納付することになります。また、納付期限が日曜・祝日など休日に当たる場合にはその翌日に、土曜日に当たる場合には翌々日になります。

納付期限までに納付がない場合には、源泉徴収義務者は延滞税や不納付加算税などを負担しなければならないことになりますので注意してください。

※平成２５年１月１日から令和１９年１２月３１日までの間に生ずる所得について源泉所得税を徴収する際、復興特別所得税を併せて徴収し、その合計額を納付します。

29．減価償却資産の取得価額

Q 私は不動産賃貸業を営んでいるのですが、この度古いアパートを取り壊して、新しいアパートを建築しました。その際、アパートの建築費用とともに、古いアパートの取り壊し費用や、登録免許税、登記費用等、諸費用がかかったのですが、これらはアパートの取得価額を計算する際、どのように取り扱えばいいのでしょうか。

A 資産を取得する際には、購入代金のほかに諸費用を支払うことになると思います。原則として、購入した減価償却資産の取得価額には、その資産の購入代価と当該資産を業務の用に供するために直接要した費用が含まれます。ただし、なかには減価償却資産の取得に関連して支出した費用であっても、取得価額に算入せずに、各年において必要経費とすることができるものもあります。

解　説

建物を建てた場合にかかる主な費用をまとめると、以下のようになります。

〈取得価額に算入するもの〉

①建物の購入代価（建築費用・購入手数料等）
②地鎮祭・上棟式にかかった費用
③工事中に大工さんに差入れたジュース代等

アパートの取得価額には、基本的に賃貸を開始するまでにかかった費用の全てが含まれることになります。ですから上記②・③についてはアパートの取得価額に含め、減価償却することになります。しかし、賃貸開始後に落成式を行った為の費用や、大工さんの労をねぎらう為に支払った食事代等は取得価額に含めず、必要経費として処理することになります。

〈取得価額に算入せず、費用計上できるもの〉

④建物表示登記・所有権保存登記に係る登録免許税　その他登記費用
⑤借入金の利息

アパートを建築し、これから初めて不動産賃貸業を行うという人の場合には、賃貸開始前の利息は取得価額に含め、賃貸開始後の利息は期間の経過に応じて必要経費に算入します。また、従前より不動産賃貸業を行っていた人の場合、賃貸開始前の借入金の利息については取得価額に含めるか、必要経費とするかは任意とされています。

⑥立退料

不動産所得の起因となっていた建物の賃借人を立ち退かすために支払う立退料は、当該建物の譲渡、もしくは当該建物を取り壊してその敷地を譲渡することを目的としたものを除き、支出した年の必要経費となります。

⑦不動産取得税
⑧建物の解体費用（P.55 参照）

30．相続で引継いだ減価償却資産の取得価額

Q 農業経営を営んでいた父が死亡したため、相続人である私が農業経営を引継ぐことになりました。それに伴い農業用の機械等の減価償却資産を引継ぎました。この引継いだ減価償却資産の取得価額は、どのようになるのでしょうか。

A 相続によって取得した減価償却資産は、被相続人の取得価額および未償却残高を引継ぐことになります。

解　説

相続（限定承認の場合を除く。）により取得した減価償却資産については、事業所得の金額の計算上、被相続人の取得価額および未償却残高がそのまま引継がれることとなっています。なお、減価償却費を計算するための償却方法については引継がれないため、新たに減価償却方法の届出書を所轄の税務署長に提出する必要があります（新たに農業を開始した場合には開業の日の属する年分の確定申告期限までに提出します。）。

届出をしなかった場合には、通常の資産については定額法で減価償却の計算をすることになります。

【参考】相続の際に支払った登録免許税等の取扱について

平成17年1月1日以降に開始した相続で取得した資産について支払った登録免許税等に関しては、その資産の取得価額に算入されるものを除き、必要経費に算入することができます。

31．少額減価償却資産

Q 私は個人事業として不動産賃貸業を営んでいます。本年中に新しくアパートを建築し、各部屋にカーテンを取付けました。１階の５部屋については各部屋それぞれ９万円のカーテンを取付け、２階の５部屋については各部屋それぞれ１２万円のカーテンを取付けました。このカーテンについては資産に計上し減価償却するのか、それとも一度に必要経費としてよいのでしょうか。

A １階の５部屋については必要経費とし、２階の５部屋については一括償却資産または減価償却資産として取扱い、３年間で均等または普通償却により償却していきます。

解　説

この事例のカーテンについては、１階と２階あわせてカーテンとしての機能を果たすわけではなく、部屋ごとにその機能を果たすものと考えられます。したがって、1階と２階のカーテンの価格を合計した105万円を資産として計上するのではなく、部屋ごとにカーテンの取得価額を計算し、資産として計上するのか必要経費とするのかを判定することになります。

この例において実際に確定申告をする場合には右記のようになります。

１階部分については、各部屋のカーテンは10万円以上ではありませんので全額がその年分の経費となります。

ただし、青色申告者である中小企業者（従業員500人以下）が、令和６年３月31日までの間に、取得価額10万円以上30万円未満の減価償却資産を業務の用に供した場合は、年合計300万円を限度として、その取得価額の全額を必要経費に算入（即時償却）することができる特例制度があります。(ただし令和４年４月１日以後は貸付の用に供する資産は対象外。主要な事業として行われる貸付の場合は対象となる。)

必要経費算入額

１階部分：９万円×５＝45万円

２階部分：各部屋のカーテンは10万円以上20万円未満ですので一括償却資産として（または、通常の減価償却資産として）の取扱いとなります。

一括償却資産の必要経費算入額：12万円×５×1／３＝20万円（３年間で均等償却）

32．駐車場の整備費用

Q 私は市街化区域内に所有している農地を月極青空駐車場として貸すために整備しました。このために次のような費用がかかりました。それぞれどのように処理すればよいのでしょうか。

①整地および砂利敷きの費用　50万円
②側溝および排水路整備費用　50万円
③フェンス設置費用　30万円
④看板設置費用　8万円

駐車場として利用するためにかかった費用を、それぞれについて減価償却するか、必要経費として処理するかを個別に分類することになります。

解　説

①の整地および砂利敷きの費用については減価償却の対象になります。この農地を駐車場として使用するために整備した費用等はいわば駐車場の取得原価に当たります。この場合の耐用年数は、「構築物」の「舗装道路および舗装路面」のうち「石敷のもの」の15年を適用することになります（P.232参照）。

ただし、所得税基本通達には、「現に使用している土地の水はけ等を良くするために行う砂利敷きの費用であれば修繕費に該当する」と定められており、その後補修のために再度整地や砂利等を設置した場合には修繕費として処理することになります。

②の側溝および排水路整備費用、③のフェンス設置費用については駐車場設置に伴って新たに取得した資産と考えられるので減価償却の対象になります。側溝および排水路整備の耐用年数は「構築物」の「コンクリート造またはコンクリートブロック造のもの」のうち「下水道」の15年、フェンス設置費用の耐用年数は「構築物」の「金属造のもの」のうち「へい」の10年を適用することになります。

④の看板設置費用8万円については、取得価額10万円未満なので必要経費として処理することになります。

33. 資本的支出と修繕費

Q 私は不動産賃貸業を営んでいます。アパートを建ててから今年で10年がたち、多額の修理代がかかるようになってきました。毎年支払った修理代を一度に経費として計上できれば、所得税の支払いも楽になるのですが、そうすることはできないようです。そこで、資産計上しなければならない場合と経費として計上できる場合との区別について教えてください。

A アパート経営では、入居者を確保するために常に外観をきれいにし、部屋を使いやすい状態にしておく必要があり、修理代が多くかかるものです。しかし、修理代をすべて経費にすることはできません。以下で減価償却資産（資本的支出として資産計上しなければならない部分）として扱うのか、必要経費として処理するのかの区別の方法を解説します。

解　説

修理代が何を目的として支払われたかによって区別します。

- 修理代が原状回復や維持管理のために支払われた場合：全額を必要経費に算入
- 修理代が従来の機能を向上させたり価値を増加させたりする目的で支払われた場合：減価償却資産
- 壊れたものを新しく買換えた場合：減価償却資産

具体例

工事の内容	金　額	処理方法	理　由
壁紙・襖・畳の張替	8万円	必要経費	原状回復
同　上	22万円	必要経費	原状回復
給湯器や風呂釜の買換	8万円	必要経費	10万円未満
同　上	22万円	減価償却	10万円以上(注)
和室から洋間へ変更	60万円	減価償却	価値の増加
ベランダの設置	90万円	減価償却	価値の増加
外壁の塗装	150万円	必要経費	原状回復
駐車場をアスファルトにする	200万円	減価償却	価値の増加

〈フローチャート〉修理・改良に要した費用が…

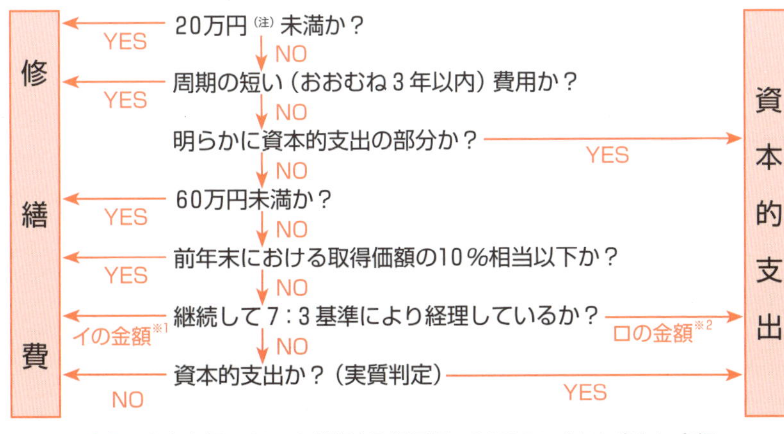

※1 イの金額＝支出金額×30％と前期末取得価額×10％のいずれか少ない金額
※2 ロの金額＝支出金額－イの金額

（注）青色申告者である中小企業者（従業員500人以下）の少額減価償却資産（取得価額が10万円以上30万円未満）の特例に該当する場合は、年300万円を限度として、取得価額の全額を必要経費とすることができます。令和6年3月31日までに業務の用に供したものに限ります（令和4年4月1日以後は貸付の用に供する資産は対象外。主要な事業として行われる貸付の場合は対象となる。）。

34. 資本的支出があった場合の償却方法

賃貸アパートの部屋を和室から洋室に改装し、100万円を支払いました。減価償却費の計算はどのようになるのでしょうか。

A 原則、その減価償却資産（アパート）と種類及び耐用年数を同じくする別個の減価償却資産を新たに取得したものとされ、定額法により償却を行います。この場合に、その減価償却資産（アパート）について旧償却方法を採用しているときは、特例としてそのアパートの取得価額に加算することができ、旧定額法又は旧定率法により償却することができます。なお、旧償却方法とは、平成19年3月31日以前に取得した減価償却資産につき適用されていた償却方法です（資本的支出についてはP.49 参照）。

解　説

<原則>

和室から洋室への改装のように資本的支出を行った場合には、本体のアパートと種類及び耐用年数を同じくする別個の資産を、新たに取得したものとして、100万円が取得価額となります。そして、年の中途で業務の用に供した場合に準じて定額法により償却します。

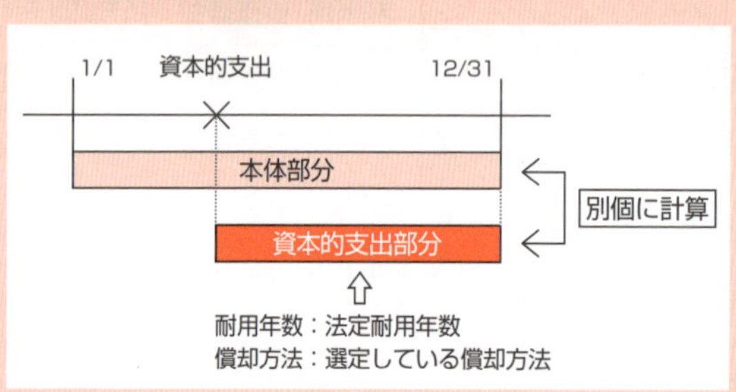

<特例>

この場合に、その本体について旧償却方法を採用しているときは、今回の資本的支出の金額をその本体の取得価格に加算することができる特例があります。その場合、その資本的支出の金額部分について、本体と同じ償却方法で償却されることになります（P.51 参照）。

<資本的支出部分についての原則と特例での償却方法>

本体の償却方法＼資本的支出の扱い	原則（本体とは別個）	特例（本体に加算）
旧定額法	定額法	旧定額法
旧定率法（建物以外）	定率法	旧定率法
旧定率法（建物）	定額法	旧定率法

■…基本的に納税者有利

計算例

取得価額　20,000,000円　年初未償却残額　7,000,000円　耐用年数22年
資本的支出（本年７月）　1,000,000円

耐用年数	定額法償却率	旧定額法償却率
22年	0.046	0.046

<原則>

①従前部分（旧定額法）
　20,000,000×0.9×0.046＝828,000
②資本的支出部分（定額法）
　1,000,000×0.046×6/12＝23,000
③　①＋②＝851,000

<特例>

①従前部分（旧定額法）
　20,000,000×0.9×0.046＝828,000
②資本的支出部分（旧定額法）
　1,000,000×0.9×0.046×6/12＝20,700
③　①＋②＝848,700

なお、平成 28 年 4 月 1 日以後に取得する建物附属設備および構築物の償却方法について、定率法を廃止し、定額法（鉱業用は生産高比例法との選択）に一本化されました。

35.「平成19年3月以前取得の減価償却資産」（償却済み後の均等償却・資本的支出の特例）

Q 私は不動産賃貸業を営んでいます。この度、古くなったアパートを全面的に修理しました。今年の8月に工事が終わり300万円ほど支払いました。このアパートはすでに前年末に取得価額の5%まで減価償却の計算を終えています。修理にかかった300万円は全額資本的支出と思われますが、どのように減価償却の計算をすればよいのでしょうか。アパートの取得価額は2,000万円、償却方法定額法、耐用年数22年、帳簿価額は100万円です。

A 改修等によって資本的支出があった場合には、原則として既存の減価償却資産とは別個に取得した資産として、本体部分と資本的支出の部分にわけて減価償却の計算を行います。

解　説〈償却済み後の均等償却〉

平成19年3月31日以前に取得した減価償却資産で、取得価額の5%に達したものについては、翌年以後未償却残額から1円を差し引いた金額を5年間で均等償却します（最終年度に備忘価額1円を残します。）。よって、前年末に既に償却の終了した「本体部分」については今年から5年間で均等償却をします。

減価償却費の計算

①本体部分の減価償却費　　（償却の終了した帳簿価額-1）×1／5＝1年間の減価償却費）

(1,000,000円 - 1）×1／5年＝199,999.8円→200,000円

②資本的支出の減価償却費　　（取得価額×定額法償却率×月数按分＝ 1 年間の減価償却費）

3,000,000円×0.046×5／12＝57,500円

③減価償却費の合計　　①＋②＝257,500円

＜資本的支出部分の減価償却方法＞

(1) 原則

「資本的支出部分」については、既存の減価償却資産と種類及び耐用年数を同じくする減価償却資産を新たに取得したものとして、「本体部分とは別個に償却していく方法」が平成19年4月以降の原則となりました。（上記の計算のとおり、①と②は別個に計算することになります。）

(2) 特例（平成19年3月31日以前に取得した減価償却資産の場合）

平成19年3月31日以前に取得した減価償却資産につき、今回、資本的支出を行った場合には、その資本的支出をした事業年度に、「資本的支出の部分を既存資産の取得価額そのものに加算する方法（同日以前の原則的方法)」も特例として選択できます。

この場合、同日以前に取得した既存資産の種類、耐用年数及び償却方法に基づいて、資本的支出部分を合算した後の減価償却資産全体の償却を行っていきます。一度この方法で償却費の計算を行った場合は、翌年以降、資本的支出の部分を別個に取得したものとして償却を行うことはできません。

36．中古減価償却資産の耐用年数

Q 私は不動産の貸付業を営んでいます。１月に建築後10年を経過した建物（耐用年数24年、取得価額1,000万円）を購入し、すぐに事業用として賃貸を開始しました。これを減価償却する場合にはどうしたらよいのでしょうか。償却方法は定額法によります。

A 中古資産を取得した場合には、簡便法による見積耐用年数をもとに償却することができます。

解　説

中古資産については法定耐用年数の適用は好ましくなく、耐用年数を見積もる必要があります。原則は「見積耐用年数」（事業の用に供した時以後の使用可能期間の年数）により償却します。

しかし、中古の建物等を取得した場合には、「簡便法による見積耐用年数」を使って償却することができます。この方法は、法定耐用年数の償却率と比較すると毎年の減価償却費を多く計上でき、見積耐用年数の算定が容易であるという点で有利であり、比較的適切な年数で償却することができます。

計算式は次のようになります。

<簡便法による見積耐用年数>

ⅰ）法定耐用年数の一部を経過している場合
（法定耐用年数－経過年数）＋経過年数×20／100

ⅱ）法定耐用年数の全部を経過している場合
法定耐用年数×20／100

注）２年未満の場合は２年、１年未満の端数切捨。
経過年数に端数があるときは、月数に換算して耐用年数を計算。

したがって、この事例の場合には次のような計算になります。

①見積耐用年数
（24年－10年）＋10年×20／100＝16年

②償却率
16年…0.063（参考；24年…0.042）

③減価償却費
1,000万円×0.063×12／12＝630,000円

以上のとおり、１月に取得して業務の用に供したとすると１年の償却費630,000円を減価償却費として必要経費とすることができます。

なお、残存耐用年数の見積りは、中古資産を取得し、事業の用に供した年分においてのみすることができるので、残存耐用年数の見積りをせずに、法定耐用年数にて償却した場合には、その後の年分においても見積りをすることはできず、法定耐用年数にて償却しなければなりません。

37. 固定資産の下取り・売却

Q 農業で使用しているトラックが古くなったので買い換えることにしました。販売店へは新しいトラックの販売価格（255万円）から中古車の下取り価格（5万円）を差引き、税金等一切含めて250万円を現金で一括払いしました。中古車の帳簿価格は18万円です。これについてどのように処理すればよいですか。

A **新しいトラックの取得価額は、支払った250万円に中古車の下取代金を含めて255万円。中古車については13万円（帳簿価額18万円－下取代金5万円＝13万円）の譲渡損となります。なお、下取代金は売却代金となりますので、総合課税譲渡所得（P.67参照）の収入金額となり、消費税法上は課税売上高に含まれます。**

解　　説

中古資産を売却して新しい資産を購入する場合には、新しい資産の取得価額は支払金額に下取代金を加算して計算します。この場合には新車の取得価額は250万円＋中古車の下取代金5万円の255万円になります。なお、事業用の自動車を購入した場合には、税金などの諸経費が区分されていれば、その部分についてはその年の必要経費として処理することができます。

また、古い固定資産を売った場合には譲渡益（譲渡所得）や譲渡損が、廃棄した場合には除却損が出ますので注意して処理することが必要です。

○事例の取引では、新しいトラックの購入と古いトラックの売却とに分けて考えます。

＜購入＞新しいトラック　255万円　／　現金　255万円
＜売却＞現金（下取り価格）　5万円　／　古いトラック　18万円
　　　　車両譲渡損　13万円

上記をまとめた仕訳　新しいトラック　255万円　／　現金　250万円
　　　　　　　　　　　車両譲渡損　13万円　／　古いトラック　18万円

土地、建物等以外の譲渡による所得は原則、総合課税の譲渡所得となり、事例の様な車両の下取も譲渡に該当します。事業用の車両の下取価格は、確定申告で譲渡の収入金額として譲渡所得を計算します。

(注) 車のリサイクル料（預託金）の消費税法上の取扱い
(1) 新車取得時：預託金（B/S資産）→不課税取引（中古車取得時の支払い→非課税取引※）
　ただし預託金の内の資金管理料金は「支払手数料（P/L費用）」として処理。→課税仕入れ
(2) 売却時　預託金もセットで譲渡することになります。→非課税売上※
(3) 廃車時：支払手数料→課税仕入れ　／　預託金
※これらは、金銭債権の譲渡に該当しますので非課税取引となります。

38. 固定資産の廃棄

今年８月に、２年前の１月に取得した事業用資産を廃棄することになりました。その際の処理方法について教えてください。

また、廃棄した資産については下記のとおりです。

取得価額：３５万円
耐用年数：１５年
償 却 率：0.167
償却方法：定率法
前期までの償却費：107,138円

原則、期中廃棄等した償却資産については減価償却費の計上はせず、期首帳簿価額が除却損となり、費用に計上されます。

解　　説

固定資産については、原則、期中償却は行いません。しかし、便宜的に年初から除却直前までの減価償却費の計上が認められています。よって、次のいずれかを選択することができます。

①除却時までの減価償却費を必要経費に計上し、直前の未償却残額を除却損とする方法
②除却時までの減価償却費を計上しないで、年初未償却残額を除却損とする方法

計算方法は次のとおりです。

350,000円－107,138円＝242,862円
242,862円－242,862円×0.167×8／12＝215,824円

したがって、仕訳はそれぞれ次のようになります。（直接法）

①

（借方）	減価償却費	27,038	（貸方）	機械装置	242,862
	固定資産除却損	215,824			

②

（借方）	固定資産除却損	242,862	（貸方）	機械装置	242,862

なお、売却の場合には、所得税（個人）においては、期中償却の有無により、譲渡所得の金額、不動産所得の金額、事業所得の金額が異なることとなります。有利不利の判断は難しいため、専門家に相談するとよいでしょう（P.53 参照）。

39. アパートを取り壊したときの経費の取扱い

Q 現在、アパートを所有しているのですが、老朽化が激しいので取り壊そうと思います。跡地には自分の居宅を建てようと思うのですが、税務上の取扱いを教えてください。

資産損失、立退料については、必要経費とすることができますが、取り壊し費用については家事費となります。

解　説

(1) 資産損失…業務の用に供されている固定資産の取り壊し、除却、滅失、その他の事由により生じた資産損失は、その者の損失を生じた年の属する年分の不動産所得の金額、雑所得の金額を限度として(※)必要経費に算入します。

(※) 事業的規模である場合は、全額を不動産所得の必要経費とできます（P.63 参照)。

(2) 立退料…譲渡のためでなければ、過去の賃貸収入の修正と考えられる余地があるため、これも不動産所得の必要経費とできます。

(3) 取り壊し費用…敷地に自宅を建てるための取り壊し費用は、既に不動産所得を生ずべき業務を廃業した後の支出として、家事費として取り扱われます。

資産損失、立退料、取り壊し費用については、取り壊す建物が業務用資産か非業務用資産か、その取り壊しの目的によって税務上の取扱いが変わります。

その他のケースの取扱いについては、下表を参照して下さい。

〈資産損失・立退料・取り壊し費用（原則的な取扱い）〉

取り壊し前の利用状況	取り壊しの目的	経費の取扱い		
		資産損失	立退料	取り壊し費用
業務用資産	譲渡目的	譲渡費用	譲渡費用	譲渡費用
	建替後業務用資産として使用	必要経費	必要経費	必要経費
	建替後非業務用資産として使用	必要経費	必要経費	家事費
非業務用資産	譲渡目的	譲渡費用	−	譲渡費用
	建替後業務用資産として使用	家事費	−	家事費
	建替後非業務用資産として使用	家事費	−	家事費

40. アパート入居管理者の家賃と給与

Q 私はアパート経営を青色申告で行っています。一室が空き部屋となったため、私の息子夫婦を入居させ、アパート全体を管理してもらうことにしました。

息子は会社勤務のため実際の管理は息子の妻が行うことになります。また、通常の家賃は10万円（月10万円の賃貸借契約を締結）ですが、管理をしてもらうので２万円だけを家賃としてもらうことにしました。この場合の処理について教えてください。

A 10万円の家賃を受取っているものとして10万円で収入に計上し、差額の８万円については息子さんの奥さんに対する、管理人としての給与を支払ったものとして処理します。

解　説

このような場合には、家賃として受取った２万円を収入として計上するのではなく、通常の家賃10万円を受取ったものとして計上します。

一方、息子さんの奥さんがアパート全体の管理をするとのことですから、10万円－２万円の差額８万円を、管理人として息子さんの奥さんに支払っていることとして必要経費にすることができます。

ただし、息子さんの奥さんの年間の給与収入の合計が150万円を超えるにつれて、息子さんの「配偶者控除又は配偶者特別控除の額」が暫時減少していきますので注意してください（P.94参照）。また、息子さんの会社が配偶者手当を支給しているような場合にはその手当基準との関係を考慮する必要があります。

41. 生計を一にしている親族所有の土地を無償使用している場合の固定資産税等の支出

Q 私は生計を一にしている父より農業経営を引継ぎ、父名義の土地を使用貸借により借り受けて農業を営んでいます。所得税の申告も私の名前で行っています。この場合、父名義の農地についての固定資産税は農業所得の計算上、必要経費に算入することはできるのでしょうか。

また、私が父に地代を支払った場合は、地代を必要経費とすることができるのでしょうか。

A お父さんの名義の農地にかかる固定資産税については、あなたの農業所得の計算上必要経費とします。ただし、お父さんに支払った地代は、必用経費となりません。

解　説

事業主がその生計を一にしている親族所有の資産を無償で自分の事業の用に供している場合は、「(生計を一にしていない二者間で）一般に資産の使用に対する対価の授受があったとしたならば、その対価を受けた者の、その資産から生じる所得を計算する際に必要経費に算入されるべき金額」を、その事業主（私）の営むその事業にかかる所得の金額の計算上、必要経費に算入することとして取扱われます。

したがって、あなたが借りている農地についてお父さんが支出した固定資産税等は、あなたの事業の必用経費に算入されます。

またこの場合、生計を一にしている子から父への地代の支払いがあった場合でも、その支払はないものとして、あなたの所得を計算します。それに対応して、お父さんの所得を計算する際にも、子からの地代の受取はないものとみなします。

42. 専従者の慰安旅行

Q 私は農業を営んでいます。青色事業専従者である妻と長男と私の３人で２泊３日の慰安旅行に行ってきました。この旅行のために、宿泊費・交通費等あわせて２０万円かかりました。この場合、青色事業専従者である妻と長男の分については福利厚生費として必要経費に算入することができるのでしょうか。

家族のみで行った慰安旅行の費用は必要経費になりません。

解　説

日頃の労働に対する慰安という目的であっても、事業主と青色事業専従者だけで旅行等をした場合には家事的な費用になると考えられ、必要経費にはなりません。

なお、使用人がいる場合には、一般的に行われていると認められる会食・旅行・演芸・運動会などの費用は次のように扱われます。

まず、使用人にかかる費用は福利厚生費として必要経費になります。ただし、不参加者に対し参加に代えて金銭を支給する場合はすべての従業員について、その支給額に相当する給与の支払いがあったものとして扱われます。

また、事業主の場合は、旅行等に参加することが従業員の監督その他のためにどうしても必要である場合には、その費用は家事費に属すると認められる部分の金額をのぞいて必要経費に算入しても差支えありません。

43. 交際費の範囲

高校時代の同級生で今でもプライベートで食事などをしている友人と、仕事の関係での打合わせで食事をしに行き代金は私が支払いました。この場合、交際費として私の個人事業の必要経費に算入してもよいのでしょうか。

A 業務上の交際のために支出したのであれば必要経費として算入することができます。

解　　説

交際費は、経営上必要なものであれば、必要経費になります。

以下の内容に当てはまるものが交際費として必要経費に算入されます。

i）支出の目的：事業に関係ある者と取引関係の円滑な親交を図ること。

ii）支出の相手先：得意先、仕入先、その他事業に関係ある者等。具体的には、間接的な法人の利害関係者（法人の役員・従業員等）や、近い将来関係を持つにいたる者。

iii）行為の形態：接待・供応・慰安・贈答その他これらに類する行為で業務活動における交際。

また、従業員を対象として行う忘年会・新年会・旅行費用等は厚生費として、カレンダー・手帳・うちわなどの贈答費用、得意先に対する見本品等は広告費として、また、会議等に関連して昼食の範囲を超えない程度の飲食費用等は会議費としてそれぞれ処理することになるので、交際費には含めないことになります。

44. 租税公課の範囲

Q 私は個人事業を営んでおり、確定申告を控えて領収書の整理をしていたのですが、事業税・所得税・住民税などたくさんあって、どれが租税公課として必要経費に算入できるかわかりません。必要経費に算入できるものと、できないものについて教えてください。

事業税は必要経費に算入することができますが、所得税・住民税については必要経費とすることはできません。

解　　説

租税公課とは、税金を始めとするいろいろな賦課金のことをいいます。原則として、租税公課として必要経費に算入する場合には、その年中に納付額が具体的に確定しているものでなければなりません。

必要経費に算入することができるのは、固定資産税・消費税（税込経理）・事業税・自動車税・軽自動車税・自動車重量税・自動車取得税・登録免許税・印紙税などです。ただし、必要経費に算入できるのは事業用のものに限られるので、自宅部分の固定資産税や自家用自動車の自動車税等は必要経費に算入することはできません。

また、必要経費に算入することができないものは、所得税・住民税・相続税・国税の加算税、延滞税・地方税の加算金、延滞金などです。

相続の際に支払う登録免許税等については、平成17年1月1日以降に開始した相続で取得した資産について支払ったものに関しては必要経費に算入することができます。ただし、その資産の取得価額に算入されるものは除かれます。

45. 相続の登記費用

Q 私の父は農業と不動産賃貸業を営んでいます。その父が死亡したため相続税の申告をしました。相続人は私を含めて3人で、私は農地とアパートとその敷地を相続することになり、引続き農業と不動産賃貸業を行うことになりました。その際、相続登記について登記費用、登録免許税が約150万円かかりました。この登記に関する費用については、農業所得・不動産所得の計算上必要経費としてよいのでしょうか。また、弁護士や税理士に支払った報酬は同様に必要経費としてよいのでしょうか。

A 相続に関連する弁護士報酬・税理士報酬などは農業所得、不動産所得ともに必要経費に算入することはできませんが、相続登記の際の登記費用や登録免許税等については、必要経費に算入することができます。

解　説

農業所得、不動産所得ともに必要経費はそれぞれの総収入金額を得るために直接要した費用の額、一般管理費、その他業務に従事する際に生じた費用の額とされています。

相続による財産取得は所得を得るための行為ではないので、原則として上記費用は必要経費とは認められません。

ただし、相続の際に支払った登録免許税等について、平成17年1月1日以後に開始した相続により取得した資産に関するものは、その取得価額に算入されるものを除き、必要経費に算入することができます。ですから、農地を相続して登録免許税等を支払った場合には、その期間の租税公課として農業所得の経費とすることができ、アパート等を相続するために登録免許税を支払った場合には、その期間の租税公課として不動産所得の経費とすることができます。

なお、アパートを建築した際の登録免許税・登記費用は所得を得るために要した費用となりますので必要経費とすることができます。また、業務に供しているアパート等で生じたトラブルを解決するために要した費用は一部を除いて必要経費に算入することができます。

46. 家事関連費

Q 私は農業を営んでおり、青色申告をしています。自宅の一部をそのまま仕事場にしているのですが、仕事上使用した水道光熱費や作業着代などは必要経費に算入できるのでしょうか。

A 業務上必要であることが明らかにできる部分については家事関連費用であっても必要経費に算入することができます。

解　説

自宅と仕事場が一体となっているような場合の自宅兼店舗、作業場等にかかる地代・家賃、修繕費、減価償却費、租税公課、事業・家事共用の水道光熱費などの家事関連費のうち事業上の経費にあたる部分については、次のように区分して必要経費に算入することができます。

i）事業・家事共用の水道光熱費は、使用時間、使用頻度の割合によって必要経費になる部分とならない部分とに区分します。

ii）衣服費などは、作業着のように業務用のものについてのみ必要経費となります。

iii）自宅兼店舗、作業場等にかかる地代・家賃、修繕費、減価償却費、固定資産税などについては、自宅部分と事業用部分のそれぞれの面積の割合にそれぞれの効用度を加味するなどして必要経費になる部分とならない部分とに区分します。

47. 回収不能な賃貸料の取扱い（事業的規模の優遇措置）

Q 私はアパートなどの貸付けを行っております。このたび、アパートの未収賃貸料が回収不能となってしまいました。この回収不能な未収賃貸料は貸倒損失として計上できるのでしょうか。

A 回収不能な未収賃貸料を貸倒損失として計上できるのは、不動産の貸付けが事業的規模で行われている場合です。この場合には、その回収不能となった年分の必要経費となります。

解　説

賃貸料の回収不能による貸倒損失については、事業的規模で不動産の貸付けが行われている場合には、その回収不能となった年分の必要経費に算入することができます。

しかし、その不動産貸付けが事業的規模以外の場合には貸倒損失とすることはできず、収入に計上した年分にさかのぼって、その回収不能分の所得をなかったものとします。

ご質問の場合には、まず事業的規模であるかどうかを判断する必要があります。

(1) 事業的規模の判断

事業的規模かどうかについては、社会通念上事業といえる程度の規模で行われているものかによって実質的に判断します。建物等の貸付けについては、次のいずれかの基準を満たしていれば事業として行われているものとします。

・アパートの場合　→貸付できる室数がおおむね10室以上であること
・独立した家屋の場合　→5棟以上
・貸し駐車場の場合　→50台以上（駐車場は5台で1室と計算）

(2) 事業的規模の優遇措置

事業的規模で不動産の貸付けを行っている場合には、事業的規模でない場合に比べて次表の通りいくつか優遇措置があります。

内　容	事業的規模	事業的規模以外
未収賃貸料の貸倒損失	回収不能となった年分の必要経費に算入	収入計上年分の所得金額から減額（ただし所得が赤字となる場合は0円）
青色申告特別控除	65万円・55万円・10万円のいずれかの控除（P.15参照）	10万円の控除のみ
青色事業専従者給与または白色申告の事業専従者控除	適用あり。家族に給与の支払いが可能	適用なし。家族に給与の支払いが不可能
資産損失の必要経費算入	全額経費とすることが可能	その年の不動産所得の金額を限度
貸倒引当金の個別評価	個別評価により貸倒引当金を計上することが可能	貸倒引当金を計上することが不可能

ただし、「回収不能」というのは、債務者の資産状況、支払能力等から判断して、その全額を回収できないことが明らかな場合です。

貸倒れの処理を行う場合には、税務上厳密な判断がなされますので注意が必要です。

48. 貸家の損害保険料

私は不動産賃貸業を営んでいます。貸家に火災保険を掛けているのですが、この保険料は必要経費として処理してよいのでしょうか。

火災保険の保険料は長期損害保険か短期損害保険かによって扱いが異なります。以下、貸家にかかる損害保険料の取扱いについて解説します。

解　説

（１）短期損害保険料の取扱い

短期損害保険（いわゆる掛捨て）の保険料については、支払ったときに必要経費に算入します。

（２）長期損害保険料の取扱い

保険期間が３年以上で、かつその保険期間満了後に、払込み保険料の一部または全部が満期返戻金等として契約者に支払われる場合には、支払った保険料の全額を必要経費として算入することはできません。

この場合、払込保険料が満期返戻金等に充てられる積立保険料に相当する部分と掛捨ての保険料に相当する部分に分けられます。この払い込んだ保険料に関して、積立保険料に相当する部分については資産として計上し、掛捨ての保険料に相当する部分については支払ったときに必要経費に算入することになります。このとき資産に計上した部分は、満期返戻金にかかる一時所得の計算上「収入を得るために支出した金額」として控除します。

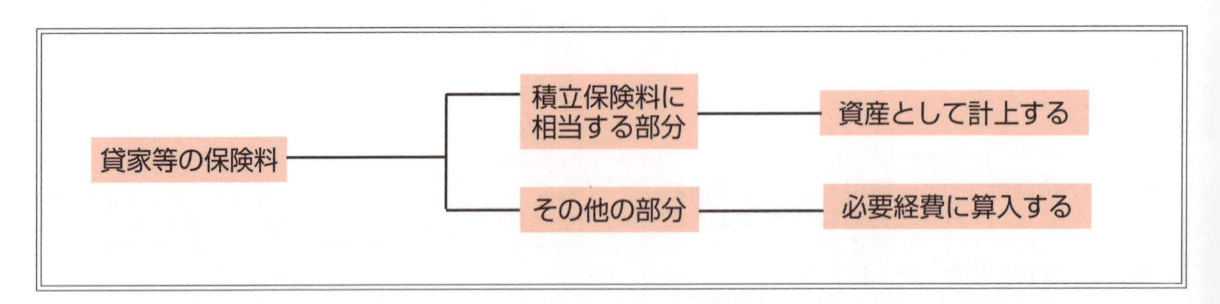

なお、農業協同組合等で取扱っている建物更生共済（建更）における事業契約の場合の割戻金については、雑収入として取扱うこととされています。

49. 事業用建更を解約した場合

Q 私は不動産賃貸業を営んでいます。賃貸しているアパートの修繕費などに備えて建物更生共済に入っていましたが、このたび、その建更を解約することにしました。この場合どのように処理すればよいでしょうか。

その建更の解約返戻金相当額から資産計上している共済掛金積立金相当額を控除した金額がその年の所得（損失）として取扱われます。

解　説

建物更生共済の掛金は、必要経費への算入が認められている部分と積立掛金部分とに分かれています。「共済掛金の領収書」「共済掛金内訳のご案内」などで分かるようになっています。

事業用の建物更生共済を解約した場合には、解約返戻金相当額から積立掛金（以下「共済掛金積立金」という）を控除した金額がその事業年度の所得（一時所得）または損失になります。

なお、一時所得の計算方法は以下のとおりです。

収入金額－収入を得るために支出した金額－特別控除額（最高50万円）＝一時所得の金額

ただし、一時所得の計算の際に、解約返戻金相当額から今まで支払った掛金の全てを控除してしまうと、不動産所得で必要経費として算入していた部分を二重に計上することになってしまいますので、注意が必要です。

毎年の事業所得・不動産所得の経費となる
⇧
必要経費部分

満期・解約の時点で一時所得の経費となる
⇧
積立掛金部分

建更の掛金

【設例】

解約返戻金等280万円の支払いを受け、共済掛金積立金は225万円である場合。

〈一時所得の金額〉

特別控除額

2,800,000円－2,250,000円－500,000円＝50,000円

一時所得は所得金額を1／2にし、他の所得金額と合算して税額を計算します。確定申告の際には、50,000円×1／2＝25,000円を他の所得と合算して税金を求めます。

50. 共済金を受け取った場合の取扱い

Q 個人事業者が事業用資産について災害等により共済金を受け取った場合、その共済金はどのように取り扱うことになるのでしょうか？
また、損失についてはどのように処理をすればよいのでしょうか？

A 資産の損害に基づいて支払われる共済金として、非課税となります。また、損害の額が、受け取った共済金の額を超えるときは、その超える部分の金額は、資産損失として不動産所得・事業所得等の必要経費となります。

解　説

個人事業者が災害等により共済金を受け取った場合には、資産の損害に基因して支払われる共済金は、非課税となります。

また、損害の額が受け取った共済金の額を超える場合には、その超える部分の金額は、不動産所得・事業所得等の必要経費となります。

なお、修繕費共済金を受け取った場合には、満期共済金の一部前払いの性格を持つものですので、受領額と同額の保険料積立金を減額させることとなります。したがって、差益が生じないため、課税もされません。

51. 総合課税の譲渡

ゴルフ会員権や骨とう品を売却した譲渡所得は総合課税の対象だと聞きました。どのようなものが総合課税の対象なのでしょうか。

土地建物等や株式等以外の資産を売ったときの譲渡所得は、給与所得や事業所得などの所得と合わせて総合課税の対象となります。（P.53 参照）

解　説

ゴルフ会員権や金地金、船舶、機械、特許権、漁業権、書画、骨とう、貴金属などの資産の譲渡から生ずる所得は、総合課税の対象となります。土地建物等・株式等の申告分離課税とは異なる課税方法となります。

(1) 長期譲渡所得と短期譲渡所得

総合課税の譲渡所得は、取得したときから売ったときまでの所有期間によって長期と短期に分かれます。原則として長期譲渡所得となるのは、所有期間が5年を超えている場合で、短期譲渡所得となるのは、所有期間が5年以内の場合です。自分が研究して取得した特許権等や配偶者居住権で一定のものについては、所有期間が5年以内でも長期譲渡所得となります。

(2) 譲渡所得の計算方法

総合課税の譲渡所得の金額は次のように計算し、短期譲渡所得の金額は全額が課税の対象になりますが、長期譲渡所得の金額はその2分の1が課税の対象になります。

譲渡所得の金額＝譲渡価額－（取得費（注1）＋譲渡費用）－50万円（注2）

（注1）取得費とは、一般に購入代金のことです。このほか、購入手数料や設備費なども含まれます。ただし、使用したり、期間が経過することによって減価する資産にあっては、減価償却費相当額を控除した金額となります。

（注2）特別控除の額は、その年の長期の譲渡益と短期の譲渡益の合計額に対して50万円です。その年に両方の譲渡益があるときは、先に短期の譲渡益から差し引きます。譲渡益の合計額が50万円以下のときは、その金額までしか控除できません。

(3) 税額計算

総合課税の譲渡所得は、事業所得などの他の所得と合計して総所得金額を求め、所得控除の合計額を控除し、その残額に所得税の税率を乗じて税額を計算します。

(4) 設例

ゴルフ会員権を譲渡（長期譲渡所得）した場合（一時所得は無し）

①収入金額（譲渡価額）：3,600,000円
②取得費等：2,500,000円
③特別控除額：①－②＞500,000円
→500,000円
④長期譲渡所得の金額：
①－②－③＝600,000円
⑤総所得金額に合算する所得金額：
④×1／2＝300,000円

52. 土地等の譲渡

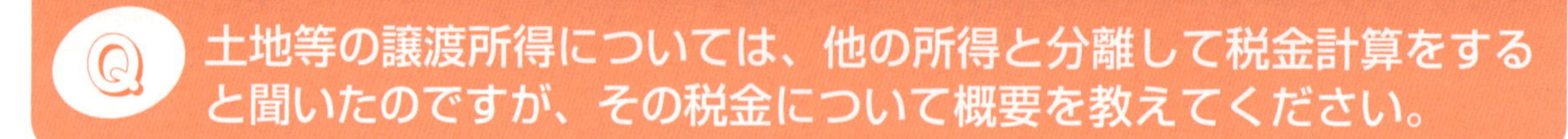

Q 土地等の譲渡所得については、他の所得と分離して税金計算をすると聞いたのですが、その税金について概要を教えてください。

A **土地や建物を売ったときには、通常の所得に対する課税(総合課税)と切離して税金を計算（分離課税)します。この場合の税率は、土地等の保有期間等により異なります。**

解　説

土地や建物を売った場合の税金を計算する際には、まず譲渡所得金額を算出します。計算方法は次のとおりです。

【1】譲渡所得金額の計算

譲渡の収入金額※1－(取得費※2＋譲渡費用※3)
－特別控除※4＝譲渡所得金額

※1 収入金額：固定資産税・都市計画税の精算金も含みます。

※2 取得費：その固定資産を取得したときの価額のことですが、わからない場合には、売却代金の5％を概算取得費とすることができます。また、建物については取得価額がわかっている場合には経過年数に応じて減価償却をして（非業務用資産については耐用年数に1.5倍を乗じて計算した年数に対応する償却率で計算します。)、その未償却残額を取得費とします。

※3 譲渡費用：その固定資産を売却するのにかかった仲介手数料や登記費用、契約書に貼る印紙代、測量のために要した費用などのことです。ただし、抵当権抹消費用は、譲渡費用とはなりません。

※4 特別控除：収用等で不動産を売却した場合や、居住用の不動産を売却した場合には特別控除等の措置があります（右表を参照)。

特別控除の特例とその控除額

資産の譲渡の方法	特別控除額
収用などにより資産を譲渡した場合	5,000万円
居住用財産を譲渡した場合	3,000万円
相続により取得した空き家を譲渡した場合	3,000万円
特定土地区画整理事業などのために土地を譲渡した場合	2,000万円
特定住宅地造成事業などのために土地を譲渡した場合	1,500万円
平成21年及び22年に取得した土地等を譲渡した場合	1,000万円
農地保有の合理化などのために農地などを譲渡した場合	800万円
低未利用土地等を譲渡した場合の長期譲渡所得（注)	100万円

（注）令和2年7月1日から令和7年12月31日までの間の譲渡について適用があります。

【2】税率

以上の計算で算出した譲渡所得金額に所有期間等に応じた税率を掛けることによって所得税の金額を算出することができます。

(1) 短期譲渡所得の場合：その土地を取得した日の翌日から譲渡した年の1月1日までの所有期間が5年以下の場合

譲渡所得金額×39％（所得税30％、住民税9％）の税金がかかります。

(2) 長期譲渡所得の場合：その土地を取得した日の翌日から譲渡した年の1月1日までの所有期間が5年を超える場合

譲渡所得金額×20％（所得税15％、住民税5％）の税金がかかります。

(3) 優良宅地等を造成するための譲渡(特例)：国や地方公共団体に対する土地の譲渡や収用の代替地、住宅・宅地の供給を目的とする場合など

①譲渡所得金額の2,000万円以下の部分

譲渡所得金額×14％（所得税10％、住民税4％）の税金がかかります。

②譲渡所得金額の2,000万円超の部分

譲渡所得金額×20％（所得税15％、住民税5％）の税金がかかります。

なお、平成16年1月1日以後の譲渡からは、左表の特別控除の特例を適用した譲渡については、（3）の税率は適用できなくなりました。

[分離課税の譲渡所得の税率表]

			所有期間	所得税	住民税
長期譲渡	一般の長期譲渡	特別控除後の譲渡益	5年超	15%	5%
	居住用長期譲渡	6,000万円以下の部分	10年超	10%	4%
		6,000万円超の部分	10年超	15%	5%
	優良住宅地造成のための譲渡	2,000万円以下の部分	5年超	10%	4%
		2,000万円超の部分	5年超	15%	5%
短期譲渡	一般の短期譲渡	特別控除後の譲渡益	5年以下	30%	9%
	国等収用等の譲渡（注）	短期軽減所得	5年以下	15%	5%

※上記の税額計算では、復興特別所得税（基準所得税額×2.1％）は考慮していません。

(注) 分離短期譲渡所得のうち、国等・独立行政法人都市再生機構・土地開発公社等に対する土地等の譲渡、収用交換等による土地等の譲渡については、軽減税率が適用されます。

【譲渡所得を申告する年度の扱い方】

農地を譲渡する場合、一般に申告時期として考えるのは、契約時期・引渡し時期・移転登記時期の3つがあるでしょうが、例えば、令和3年の11月に農地の譲渡の契約を行い、令和4年5月に土地の引渡しがありその代金が支払われ、農地法第3条の許可が出ないために譲渡の移転登記は令和5年になる見込みの場合を考えてみましょう。譲渡の申告の時期は、令和3年分（契約時）・令和4年分（引渡し時）・令和5年分（移転登記時）のどの時期に申告するかが問題になります。

譲渡所得の総収入金額の収入すべき時期は、資産の引渡しがあった日によるものとされています。ただし、納税者の選択により、譲渡に関する契約の効力発生の日（農地等の譲渡については、譲渡に関する契約が締結された日）により申告があった場合は認められることとなっています。移転登記の時期は申告の時期とはなりません。

53. 居住用財産の譲渡益

Q 私は今年、自分の住んでいる家とその敷地を一緒に売却しました。その際に、特別控除の制度があると聞いたのですが、この制度について教えてください。

居住用財産を売却した場合には、一定の要件を満たせば3,000万円の特別控除を受けることができます。

解　　説

この特別控除の特例を受けるためには幾つかの要件があります。まず、前提条件としてその年の前年または前々年に、この特別控除の特例または買換え（交換）の特例の適用を受けている場合には、この特例の適用を受けることはできません。

また、居住用の家屋でも①この控除を受けるために入居した家屋、②建替え期間中の仮住居などの一時的な居住用家屋、③別荘などの娯楽用の家屋などの場合にはこの特例の対象になりません。さらに、譲渡の相手方が譲渡者の配偶者・直系血族・譲渡者と生計を一にしている者などの場合や、その譲渡資産が標題の特例以外に収用などの場合の課税の特例を受けている場合にも、この特例を適用することはできません。

特別控除の特例を受ける場合には、確定申告書に譲渡所得の計算明細書の添付が必要です（譲渡契約日の前日において、住民票の住所と、売却した居住用財産の所在地とが異なる場合は、戸籍の附表の写しなど譲渡資産を居住の用に供していたことを明らかにする書類も添付します。）。

なお、この控除を適用しても所得がある場合には、所有期間が譲渡した年の１月１日現在で１０年を超える居住用財産には軽減税率の特例をあわせて受けることができます。(※)

〈※所有期間１０年超の居住用財産を譲渡したときの軽減税率〉（他に復興特別所得税の課税あり）
①長期譲渡所得金額の 6,000 万円以下の部分
　課税長期譲渡所得金額× 14 %（所得税 10 %、住民税 4 %）
②長期譲渡所得金額の 6,000 万円超の部分
　譲渡所得金額× 20 %（所得税 15 %、住民税 5 %）

＜住宅ローン控除との併用（P.101 参照）＞
新住居に入居した年及びその前２年または後３年（※）以内に、旧住居の譲渡につき上記等の譲渡所得の特例を適用するときは、新住居の住宅ローン控除は全期間にわたって受けられなくなりますので注意が必要です。
（※）令和２年３月 31 日以前に旧住居の譲渡した場合は、「後２年」とされます。

54. 特定居住用財産の譲渡損失

Q 住宅を買換えて譲渡損失が発生した場合、その損失をその年とその後３年間にわたって他の所得から差引くことができる場合があると聞きました。この制度について教えてください。

A 所有期間が５年を超える居住用財産（建物およびその敷地）を譲渡して損失が発生する場合には、その損失の金額をその年の他の所得から差し引くこと（損益通算）ができます。その年で通算しきれなかった譲渡損失の金額がある場合には、発生した年分につき期限内申告をし、翌年以後３年内の各年分についても連続して確定申告書を提出し、かつ、譲渡損失の金額の計算明細書を添付すれば、その損失を３年間にわたって控除すること（繰越控除）ができます。

解　説

例えば、バブル期に買った住宅を売却した場合、地価の下がった現在では多額の譲渡損失が発生することが予想されます。こうしたケースによって、景気刺激策としての住宅建設需要が減少しないよう、住宅の買換えによって生じた譲渡損失を３年間にわたって各年の所得から差引くことができます。以下でこの制度を適用する際の条件について解説します。

（１）住宅を買換えて譲渡損失を繰越控除するための適用条件

①売却した年の１月１日現在で所有期間が５年を超えている居住用財産を売却した場合

②売却した年の前年から翌年までの３年の間に新たな居住用財産を取得し、年末においてその新たな居住用財産の取得に係る住宅ローン残高がある場合（ただし取得した年の翌年の12月31日までに入居又はその見込みがある場合）

③申告期限までに一定の書類を添付し、確定申告書を提出すること

④繰越控除を受ける年の合計所得金額（P. 95）が3,000万円以下であること

⑤売却した年の前年または前々年に居住用財産譲渡の他の特例を受けていないこと

原則として平成16年１月１日以後の「土地・建物の譲渡損失」については、他の所得と損益通算することも、前年からの純損失の額が、その年の土地・建物等の譲渡益から控除されることも不可となりました。ただし、特定居住用財産の譲渡損失の金額に限っては、損益通算と繰越控除の対象となるわけです。

（２）買換えなしの場合

（1）の他に「買換えなしの場合の居住用財産の譲渡損失」についても、譲渡契約締結日の前日において住宅ローン残高がある等の一定の要件の下に、住宅ローン残高から居住用財産の譲渡対価を控除した残額を限度として、損益通算と３年間の繰越控除ができる制度があります。

55. 相続財産を譲渡した場合に相続税額を取得費に加算する特例

Q 私が父から相続した財産はほとんどが土地です。そのため相続税を支払うことができません。納税するには相続した土地を売却するしかないと思っていますが、譲渡所得税が心配です。特別な配慮はないのでしょうか。

A 相続税の申告期限から3年以内に相続した土地、建物、株式などを売却した場合には、相続税額のうち一定額をその財産に係る譲渡所得の計算上取得費に加算する（つまり経費になる）特例があります。

解　説

相続や遺贈により取得した土地などを相続税の申告期限の翌日から3年以内に売却した場合には、譲渡所得税を軽減するための特例を適用することができます。

しかし、相続税額を取得費に含めることができる（経費にできる）といっても、全額を収入金額から差引くのではなく、次の計算式により算出した金額だけを取得費に含めることができます。

（1）取得費に加算する相続税額

$$\text{その者の相続税額} \times \frac{\text{（その者の相続税の課税価格の計算の基礎とされたその譲渡した財産の価格）}}{\text{その者の相続税の課税価格} + \text{その者の債務控除額}}$$

＝取得費に加算する相続税額（※）

（※）譲渡した相続財産の譲渡益を超える場合には、その譲渡益相当額となります。

（注）代償分割により代償金を支払って取得した資産を譲渡した場合には、上記の算式の分子は次の算式で計算した金額となります。

$$\text{譲渡した相続財産の相続税評価額} - \text{支払代償金} \times \left(\frac{\text{譲渡した相続財産の相続税評価額}}{\text{（相続税の課税価格）＋（支払代償金）}} \right)$$

（2）具体例（上記①の場合で長期譲渡所得の場合）

【例】	
・売却代金	1億2,000万円
・取得費	600万円
・譲渡費用	400万円
・相続税額	1億円
・取得した財産の価格	3億円
・取得した財産のうち譲渡した土地等の価格	9,000万円
・物納等	なし

取得費に加算する金額の計算は次のようになります。

$$1億円 \times \frac{9{,}000万円}{3億円} = 3{,}000万円$$

したがって、譲渡所得金額は次のように計算します。
特例あり：1億2,000万円－(600万円＋400万円＋3,000万円)＝8,000万円
特例なし：1億2,000万円－(600万円＋400万円)＝1億1,000万円

	譲渡所得の金額	所得税・住民税合計
取得費加算の特例適用あり	8,000万円	1,600万円※
取得費加算の特例適用なし	1億1,000万円	2,200万円※

※上記の税額計算では、復興特別所得税は考慮していません。

この特例の適用がない場合の金額を計算すると、取得費に加算する相続税額の分だけ所得が増え、この例の場合には上記の表のとおり所得金額が 1 億 1,000 万円になり、所得税額等が 2,200 万円になります。この特例を適用するかしないかで所得税等の額が 600 万円も異なることになります。

（3）空き家譲渡の特例との併用

この特例は、被相続人の居住用財産（空き家）譲渡の特例（P.74）とは選択適用です。

56. 相続した居住用財産（空き家）を売ったときの特例

Q 独り住まいだった親が亡くなり、その住宅を相続し、空き家になっていたものを売りたいのですが、特例があると聞きました。要件を教えてください。

A 空き家の発生を抑制する政策により一定の要件を満たした場合は譲渡所得について特別控除の適用があります。要件が細かいので譲渡時から確認して進めるのが良いでしょう。

解　説

相続又は遺贈（以下相続等といいます。）により取得した被相続人居住用家屋又は被相続人居住用家屋の敷地等を、平成28年4月1日から令和 9年12月31日までの間に売って、一定の要件に当てはまるときは、譲渡所得の金額から最高 3,000万円まで（※）控除することができます。

これを、被相続人の居住用財産（空き家）に係る譲渡所得の特別控除の特例といいます。適用要件と手続きを下記で確認しましょう。（※）令和 6年1月1日以後の譲渡については要件の改正あり。第1章参照。

【1】適用要件

<家屋>　被相続人居住用家屋とは、相続の開始の直前において被相続人の居住の用に供されていた家屋で、次の①～③の要件全てに当てはまる、主として居住していた一の建築物をいいます。

① 昭和56年5月31日以前に建築されたこと。

② 区分所有建物登記がされている建物（マンション等）でないこと。

③ 相続の開始の直前において被相続人以外に居住をしていた人がいなかったこと。相続の直前に老人ホーム等に入居していた場合も一定の要件の下で適用可となりました。

<敷地等>　被相続人居住用家屋の敷地等とは、相続開始直前に被相続人居住用家屋の敷地の用に供されていた土地又はその土地の上に存する権利をいいます。

<取得>　④ 売った人が、相続等により家屋及び敷地等を取得したこと。

<売却期間>　⑤ 相続開始の日から３年を経過する日の属する年の12月31日までに売ること。

<売却方法>　次の(イ)又は(ロ)の売却をしたこと。

(イ) 家屋を売るか、家屋とともに敷地等を売った場合。（注）家屋は次の⑥⑦の要件に、敷地等は次の⑥の要件に当てはまることが必要です。

⑥ 相続の時から譲渡の時まで事業の用、貸付けの用又は居住の用に供されていたことがないこと。

⑦ 譲渡の時において一定の耐震基準を満たすものであること（相続後の改修工事により耐震基準を満たすこととなった場合を含む（※））。

(ロ) 家屋の全部の取壊し等をした後に敷地等を売った場合。（※）

（注）家屋は次の⑧の要件に、敷地等は上記⑥及び下記⑨の要件に当てはまることが必要です。

⑧ 相続の時から取壊し等の時まで事業の用、貸付けの用又は居住の用に供されていたことがないこと。

⑨ 取壊し等の時から譲渡の時まで建物又は構築物の敷地の用に供されていたことがないこと。

<売却代金>　⑩ 売却代金の合計額が１億円以下であることを要します。

⑩ の判定は、居住用財産を一定期間に分割して売却した部分や他の相続人が売却した部分も含めた売却代金により行います。

＜注意点＞売った家屋や敷地等について、相続財産を譲渡した場合の取得費の特例（P.72）など他の特例の適用を受けていないことが要件です。

【２】適用を受けるための手続

この特例の適用を受けるためには確定申告の際に、登記事項証明書・ 売買契約書の写し・市区町村長から交付を受けた「被相続人居住用家屋等確認書」・（家屋を売却した場合は）耐震基準適合証明書等の添付が必要です。

57．収用の課税の特例

Q 私の所有する土地が国の事業のために収用されました。収用による財産の譲渡には特例があると聞きましたが、その特例について教えてください。

A 収用に関する課税の特例には譲渡益から5,000万円を控除する特別控除の特例と補償金で代替資産を取得する課税の繰延の特例の２つの制度があり、納税者の有利選択が認められていますが、制約もあるのでどちらを適用するかは検討が必要です。

解　説

（1）特別控除の特例

資産を収用により譲渡した場合において、課税の繰延の特例を選択しない場合には次の要件を満たせば譲渡益に対して5,000万円の特別控除を受けることができます。

〈要件〉

①その年中に収用された資産の全部について課税の繰延の特例の適用を受けないこと。

②収用された資産について、公共事業施行者から最初に買い取りの申し出を受けた日から６ヶ月以内に譲渡したこと。

③一つの事業につき、資産の譲渡が２年以上の年に分けて行われた場合には最初の年に譲渡した資産に限られること。

④公共事業施行者から最初に買い取りの申し出を受けた者が譲渡したものであること。

（2）課税の繰延の特例

特例の対象となる補償金（下記参照）の全部で代替資産を取得したときはこの特例を選択することにより、譲渡はなかったものとみなされ課税されません。ただし、代替資産の取得費は収用された資産の取得費を引継ぐので、代替資産を将来売却する場合には収用された元の土地の取得原価が取得費になります。例えば、5,000万円で購入した土地が１億円で収用され１億円で代替の土地を購入した場合、収用された年度の譲渡所得は課されませんが、後に代替の土地を売却する場合の取得費は5,000万円となり購入時と同じ１億円で売却しても譲渡所得が課税されることになります。また、代替資産の対象は限定されており、原則として同種の資産（個別法）とされるほか、収用された一組の資産と同じ効用をもつ資産（一組法）、事業用資産を収用された場合に購入した事業用資産（事業継続法）のいずれかに当てはまるものとされています。

（3）収用等の短期譲渡所得の税率の特例

譲渡した年の１月１日において所有期間が５年以下の土地等を収用等により譲渡した場合には、短期譲渡所得に対する税率を30％から15％に軽減する措置があります。（他に復興特別所得税の課税あり）

〈代表的な補償金の種類と課税の繰延の対象〉

・対価補償金……特例の対象になります。

・収益補償金
・経費補償金
｝特例の対象になりません。不動産所得・事業所得などの収入に加えます。

・移転補償金……特例の対象になりません。補償金の目的となる支出をした残額は一時所得になります。

58. 固定資産の交換の特例

兄弟間で土地を等価にて交換することになりました。この場合、特別な措置があると聞きましたが、どのようなものでしょうか。

以下の要件を満たせば、「固定資産の交換の特例」を受けることができ、譲渡所得の課税上、その譲渡がなかったものとみなされます。

解　説

特例の適用を受けるためには、次の要件をすべて満たさなければなりません。

(1) 交換譲渡資産および交換取得資産は次の区分に属する同種の固定資産であること。

資産の区分		
	①	土地、借地権および耕作権（権利の移転または解約について農地法の許可等が必要なものに限られる）
	②	建物（これに附属する設備および構築物を含む）
	③	機械および装置
	④	船　舶
	⑤	鉱業権（租鉱権等を含む）

(2) 交換譲渡資産は、１年以上所有の固定資産であること。

(3) 交換取得資産は、交換の相手が１年以上所有していた固定資産であり、かつ交換のために取得したものでないこと。

(4) 交換取得資産は、交換譲渡資産の譲渡直前の用途と同一の用途に供すること。その判定は、次の表の交換譲渡資産、用途の区分に応じます。

交換譲渡資産	用　途　の　区　分
土　地	宅地、田畑、鉱泉地、池沼、山林、牧場または原野、その他
建　物	居住用、店舗または事務所用、工場用、倉庫用、その他用
機械装置	耐用年数省令別表第二に掲げる設備の種類の区分
船　舶	漁船、運送船、作業船、その他

(5) 交換の時における交換取得資産の時価と交換譲渡資産の時価との差額が、これらのうちいずれか高い方の価額の20％以内であること。

交換譲渡資産の価額の20％以内の交換差金部分については、譲渡所得税が課税されます。
(時価に少々の差額がある場合でも、当事者間で等価交換であるとの合意がされて、差金の支払いがない場合は基本、課税の対象とはなりません。ただし、兄弟等の特殊関係者間において、時価が異なる不等価交換を行った場合は、交換の特例の適用がある場合であっても、その時価の差額については譲渡収入金額ではなく、経済的利益の供与として贈与税が課税されることになりますので注意が必要です。)

税制改正のあらまし
第Ⅰ章 所得税
第Ⅱ章 法人税
第Ⅲ章 相続税・贈与税
第Ⅳ章 その他
早見表

59. 特定事業用財産の買換え

古い賃貸アパートを取り壊して売却し、新たに賃貸アパートを購入したいと思っています。買換え特例の適用は可能でしょうか？

事業の用に供している土地建物等を譲渡して、一定期間内に土地建物等の資産を取得し、その取得の日から１年以内に買換資産を事業の用に供したときは、譲渡益の一部に対する課税を将来に繰り延べることができます。

解　説

特定事業用資産の買換特例とは、個人が事業用資産やその敷地を譲渡し、一定の要件に該当する事業用資産に買換えた場合、その譲渡資産の譲渡益の80％相当額まで「課税の繰延べ」が認められる制度です。

この特例の対象となる「事業用資産」とは、具体的には、工場用や店舗用の土地建物などをいいます。また、事業とまではいかないまでも、不動産の貸付けなどによって相当の対価を得て継続的に行うものは「事業に準ずるもの」とされ、これに使われる資産（賃貸用アパートなど）も対象となります。

なお、特定事業用資産の買換えの場合の課税の特例のうち、長期所有土地等の買換え特例の適用期限は令和5年３月末まで延長されています。

（1）譲渡所得と税額の計算

（イ）同額での買換えの場合
（譲渡代金＝買換代金）

（ロ）増額買換えの場合
（譲渡代金＜買換代金）

（ハ）低額買換えの場合
（譲渡代金＞買換代金）

① 1,000万円で取得した資産を１億で売却

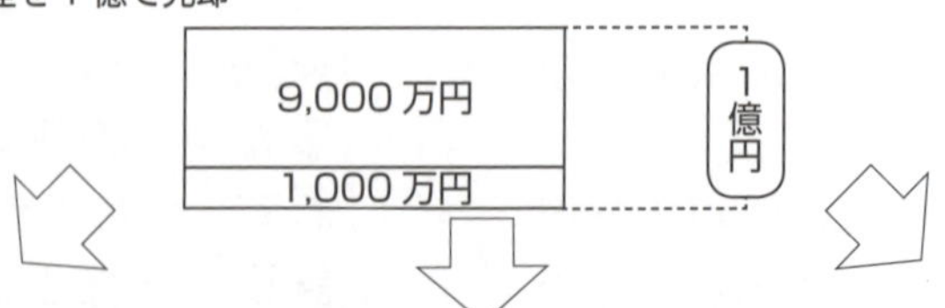

② 1億円で新たな資産を取得

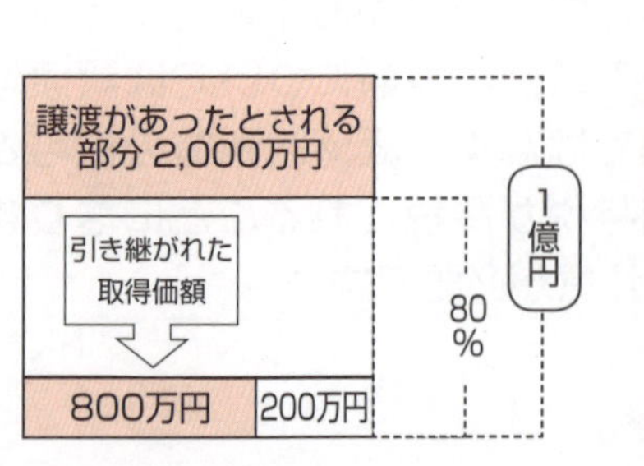

② 1億2,000万円で新たな資産を取得

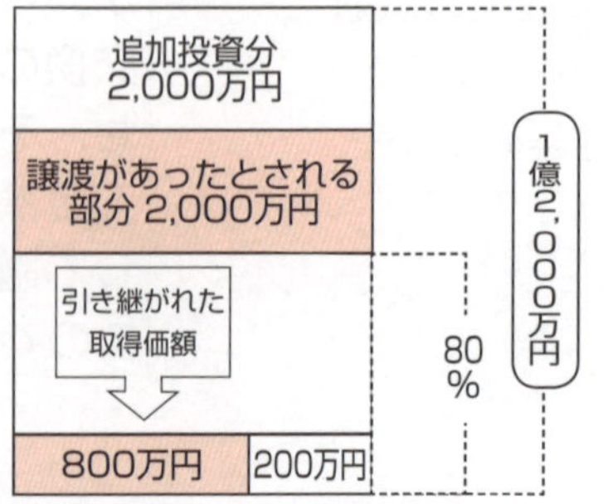

② 8,000万円で新たな資産を取得

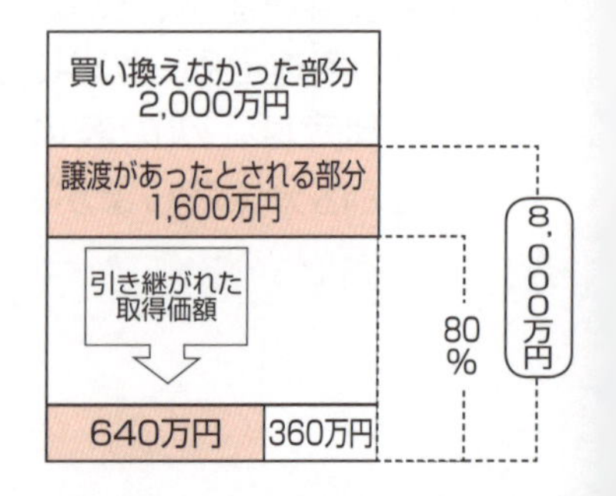

（イ）同額での買換え、（ロ）増額買換えの場合（譲渡代金≦買換代金）

譲渡所得の金額＝（１億円×20%）－（1,000万円×20%）＝1,800万円

（ハ）低額買換えの場合（譲渡代金＞買換代金）

譲渡所得の金額＝（１億円－8,000万円×80%）－$\left\{1,000万円\times\frac{１億円－8,000万円\times80\%}{１億円}\right\}$＝3,240万円

<税額の計算>

長期譲渡の場合の事例（長期譲渡の税率20%（所得税15%+住民税5%）を使用して算出）

	(イ)、(ロ)	(ハ)
買換えの特例を適用しない場合の税額	(1億円－1,000万円)×20%＝1,800万円	
買換えの特例を適用する場合の税額	1,800万円×20%＝360万円	3,240万円×20%＝648万円
税額差額	1,800万円－360万円＝1,440万円	1,800万円－648万円＝1,152万円

（注１）平成25年から令和19年までの所得については、この他に復興特別所得税が課されます。

（注２）令和５年度改正による変更点は下記の通りです。

① 既成市街地等の内から外への買換えを適用対象から除外します。

② 長期所有の土地建物等を譲渡し、買換資産の取得等をした場合の譲渡益に対する課税の繰延割合は、現行法においては原則80%とされていますが、以下の場合は、繰延割合が変更されました。

- 地域再生法の集中地域以外の地域への買換え：90%（現行80%）
- 集中地域以外の地域から東京都の特別区の区域への買換え：60%（現行70%）

（2）この制度の主旨は「課税の繰延べ」である

この特例の適用を受けた買換資産は、その後の減価償却費の額を計算する場合や、その買換資産を譲渡したときの取得価額を計算する場合には、買換資産の元々の取得価額（上記の図でいう 1億円 、 1億2,000万円 、 8,000万円 ）をそのまま使用するわけではなく、特例を適用した後の低い取得価額が使われます。

そのため、特例を適用しない場合と比べ、建物についてはその後の減価償却費が少なく計上されるため不動産所得が増加し、結果、税額も増加します。また、土地については、将来譲渡したときに譲渡益が大きくなり、それに係る所得税もまた増加します。

つまり、この特例はあくまでも買換えした時点での税額を軽減するものであり、将来的にはその軽減された分に見合った税額（場合によってはそれ以上の税額）を支払う可能性が残されるということにはご注意下さい。

そのため、この特例を活用するべきか否かの判断は慎重に行わなければなりません。

この特例の適用関係は複雑なものになっていますので、詳しくは専門家にご相談下さい。

60. 低額譲渡

Q 私は子供に土地を通常よりも安く譲渡しようと思っています。この場合、当然のこととしてお金を受取っているのですが、子供に贈与税がかからないかどうか心配です。どのようになるのでしょうか。教えてください。

親族に対して通常の価額よりも安く譲渡した場合には、原則として贈与税がかかることになります。

解　説

通常取引きされる価額よりも安い価格で譲渡があった場合の留意点は次のとおりです。

(1) 低額の基準

社会的常識の判断によりますが、その土地が当初の取得価額を下回って取引きされ、譲渡された側が経済的利益を得るような場合には贈与税の課税対象とされます。

※個人間の譲渡については、法人に対する低額譲渡の基準となる「資産の時価の2分の 1に満たない金額」により判定するものではありません。

(2) 実質的に贈与されたとみなされる額

譲渡された財産の価額[※1]－当事者間で実際に取引きされた価額＝実質的贈与の額

※ 1 譲渡された財産の価額は通常の取引価額によります。

つまり、この差額分が譲渡された側の経済的利益となり、贈与税の課税対象となります。

したがって、低額譲渡の場合の贈与税の計算は次のとおりとなります。

①譲渡された財産の価額－当事者間で実際に取引された価額＝贈与を受けた財産の価額
②（贈与を受けた財産の価額－基礎控除額 110 万円）×贈与税の税率－控除額[※2]＝贈与税額

※ 2 贈与税の速算表（P .239）参照

61．上場株式等及び公社債等の譲渡損失繰越控除

Q 私は今年、証券会社の特定口座（源泉徴収ありを選択）で取引を行いました。
上場株式等の譲渡所得…80万円　上場株式等の配当金…20万円
なお、前年から繰り越された上場株式等の譲渡損失の金額が200万円あります。
税額の計算はどのようになるのでしょうか？

A 本年分の上場株式等の譲渡所得等の金額(80万円)及び上場株式等に係る配当所得の金額(20万円)については、前年から繰り越された上場株式等の譲渡損失の金額(200万円)以下であるため、譲渡損失の繰越控除により課税所得がゼロとなり本年は課税されないことになります。

解　説

今回の事例では、前年から繰り越された譲渡損失の金額200万円と、本年分の譲渡所得（80万円）と配当所得（20万円）を相殺した残りの金額100万円が翌年に繰り越されます。

(1) 株式譲渡の損益通算

上場株式等及び公社債等の譲渡所得の利益と損失は、通算することができますが、控除しきれない損失額は、給与所得などの他の各種所得の金額から差し引くことはできません。

(2) 配当所得との損益通算

（1）によっても控除しきれなかった損失額のうち、上場株式等及び公社債等の譲渡損失の金額は、分離課税の配当所得として申告することを選択した、上場株式等に係る配当所得の金額と通算することができます。（源泉徴収ありの特定口座内では、上場株式等及び公社債等に係る譲渡損と配当等が損益通算されますので、他の上場株式譲渡益・配当等との損益通算や（3）の適用を受ける必要がなければ、確定申告は必要ありません。）

(3) 上場株式等及び公社債等の譲渡損失繰越控除

通算してもなお控除しきれない上場株式等の譲渡損失の金額は、売却の年の翌年以後３年間にわたり、連続して確定申告書を提出することを要件に繰り越すことができます。

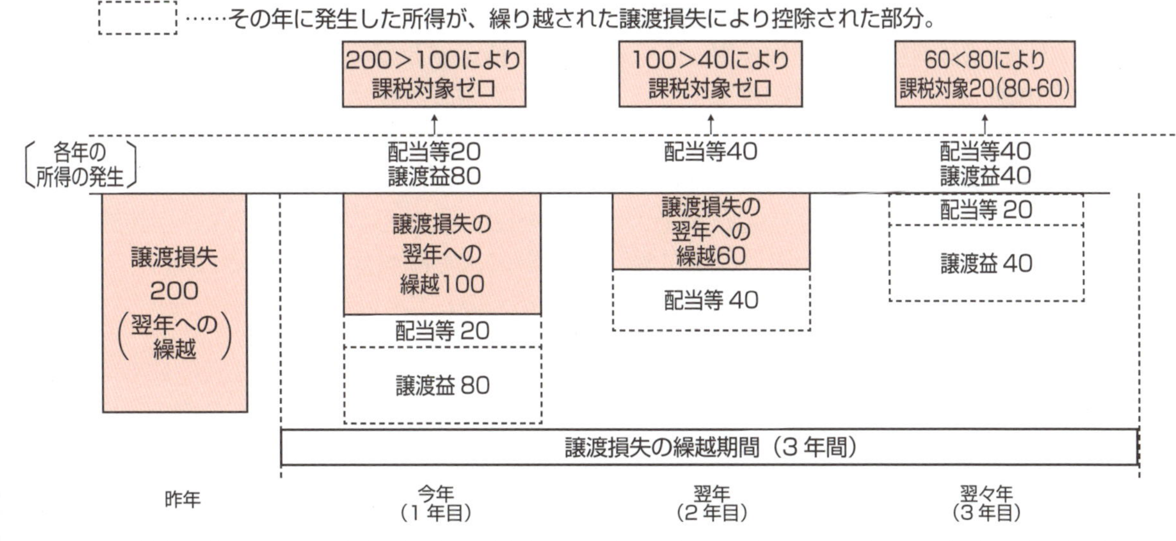

※今年中に株式等の売却をしていない場合でも、前年から繰り越した上場株式等の譲渡損失の金額を翌年以後に繰り越す場合には、確定申告書に「所得税の確定申告書付表（上場株式等に係る譲渡損失の損益通算及び繰越控除用）」を添付して提出する必要があります。なお、この付表は、翌年以後の申告で必要になりますので併せて写しを作成し保管して下さい。

第Ⅰ章　所得税
(5)所得控除

62. 所得控除・税額控除の種類

所得税を申告する際、いろいろな控除があると聞いたのですが、どのようなものがあるのか教えてください。

・・・・・・・・・・・・・・・・・・・・・・・・・・・・・

A　諸控除には所得控除と税額控除があります。この控除にはいくつかの種類があり、すべてを適用することができるわけではなく、申告する際に当てはまる控除だけを適用することになります。（詳細な一覧表は早見表（1）を参照）

解　　説

（1）所得控除

所得控除は、所得の金額を計算するときに考慮されなかった損失や支出について、税負担の調整を行うために設けられた制度です。

所得控除には、

①雑損控除
②医療費控除
③社会保険料控除
④小規模企業共済等掛金控除
⑤生命保険料控除
⑥地震（損害）保険料控除
⑦寄附金控除
⑧障害者控除
⑨寡婦・ひとり親控除
⑩勤労学生控除
⑪配偶者控除
⑫配偶者特別控除
⑬扶養控除
⑭基礎控除

があります。

①、②については担税力の減殺を考慮するため、③から⑦については社会政策上の要請により、⑧から⑩については個人的事情を考慮するため、⑪、⑬、⑭については最低生活費の考慮のため、⑫については世帯としての税負担の軽減を図るため、という目的を持って制度化されています。

（2）税額控除

左記の所得控除をした後の課税対象とされる金額（課税所得金額）を基に計算された税額からさらに控除するものです。

税額控除には、

①配当控除
②外国税額控除
③政党等寄附金特別控除
④（特定増改築等）住宅借入金等特別控除
⑤住宅耐震改修特別控除

などがあります。

①、②については二重課税に対する配慮のため、③から⑤については社会政策上の要請により制度化されたものです。

各控除については次のページから詳しく解説します。

63.「医療費控除」と「医療費控除の特例」

医療費がたくさんかかった場合、所得税の確定申告で控除できるそうですが、どのようなものでしょうか。

A 本人または本人と生計を一にする配偶者その他の親族の医療費を支払った場合にはその合計額を基に下記の計算によって算出された金額を所得から控除することができます（従来の医療費控除）。医療費控除の特例制度（セルフメディケーション税制）と選択適用できます。

解　　説

＜医療費控除の特例＞
平成29年1月から、市販薬を自ら購入したり、健康診断を受けたりするなどして健康管理を行う「セルフメディケーション（自主服薬）」に取り組む人を対象に、医療費控除の特例（セルフメディケーション税制）が施行されています。適用期限は令和8年12月31日までです。

(1)医療費控除

①医療費控除の対象となる金額
(支払った医療費の額－保険金等で補てんされる金額)－(「10万円」と「所得金額の合計額の5%」とのいずれか少ない方の金額)＝医療費控除額(最高で200万円)

②控除の対象

主な対象	控除の対象に含まれるものの例	控除の対象に含まれないものの例
◆医師・歯科医師による診療・治療 ◆介護福祉士等による喀痰吸引等	医師等による診療等を受けるために直接必要なもので、次のような費用 ・疾病の診療代・治療代 ・レーシック手術に係る費用 ・6か月以上寝たきりの人のおむつ代(医師発行証明書のある方) ・介護保険制度による一定の施設・居宅サービス等の対価	・人間ドックや健康診断のための費用(健康診断の結果重い病気だと診断され引き続きその疾病の治療を受けた場合には、控除の対象に含めることができます。) ・医師等に支払った謝礼金 ・美容整形手術の費用 ・診断書作成費 ・美容目的の歯の矯正費用
◆交通費	・通院のための電車、バスの利用料金(領収書等がない場合はメモ書き可) ・急病等やむをえない場合のタクシー代 ・医師の往診費用	・通院のための自家用車のガソリン代 ・駐車料金等、分娩のための実家への帰省費用

主な対象	控除の対象に含まれるものの例	控除の対象に含まれないものの例
◆入院	・入院の対価として支払う部屋代や食事代	・自己都合による差額ベッド代
◆施術	・鍼灸師・柔道整復師等有資格者による治療の為の施術代	・カイロプラクティック等、疲労回復や健康維持、また無資格者による施術代
◆医薬品	・治療のための医薬品の購入費用	・疾病予防の費用、健康増進のための医薬品の購入費
◆医療用器具	・医療用器具等の購入や賃借費用 ・医師の治療を受けるためのめがね、自己の日常最低限の用を足すための義手義歯等の購入費、補聴器※	・近(遠)視のめがねの購入費、かつらの購入費

※平成 30 年度から、「補聴器適合に関する診療情報提供書（2018）」（国税庁 HP よりダウンロード可能）に指定医の証明を受けて持参の上、購入した補聴器については一般的な水準の金額の範囲内の場合、適用ありとなっています。

③手続

㋑「医療費控除の明細書」を添付する方法

平成29年分の確定申告から、領収書に基づいて必要事項を記載した「医療費控除の明細書」(所定の様式あり)を確定申告書に添付することとされました。

(※)領収書については、「申告書への添付又は提出時の提示」は必要なくなっていますが、明細書の内容を確認するため申告期限から5年間、税務署から提出または提示を求められる場合がありますので保存する必要があります。

㋺「医療費通知」を添付する方法

医療保険者から交付を受けた「医療費通知」がある場合は、これを添付することにより、明細書の記入を省略できます。この場合、上記(イ)(※)の領収書の保存は不要になります。

保険者によっては通知が届く時期が異なりますので、未着の通知がある場合は、その期間については(イ)の明細書を作成し、(イ)(ロ)両方を添付することになります。薬局での医薬品の購入等がある場合もそれについては(イ)の明細書を作成し、(イ)(ロ)両方を添付します。

◎「医療費通知」とは次の6項目全てが記載されたものです。

①被保険者等の氏名　②療養を受けた年月　③療養を受けた者　④療養を受けた病院、薬局等の名称　⑤　被保険者等が支払った医療費の額　⑥保険者等の名称

(2)セルフメディケーション税制の概要

① 対象者

予防接種、がん検診、勤務先での定期健康診断、特定健康診査(メタボ健診)など一定の健診等を受けた方

② 対象医薬品

薬局やドラッグストアなどで販売される特定の市販薬(スイッチOTC医薬品)で、令和4年分から対象となる医薬品が見直されました。

※対象となる医薬品には、そのパッケージに共通識別マークが表示され、レシート(領収書)には対象製品であること(★印など)が表記されます。

③ 医療費控除できる金額

対象医薬品の年間購入費(本人または本人と生計を一にする親族)が1万2,000円を超えれば、その超えた金額(上限額は8万8,000円)を所得控除できます。

④手続

㈠領収書に基づいて必要事項を記載した「セルフメディケーション税制の明細書」(所定の様式あり)を確定申告時に提出することが必要です。

㈡令和2年分までは、健診等の受診を証明する書類(健診等の明細書又は結果通知表。写しでも可。)の提出も必要でしたが、改正により令和3年分以後の確定申告書を令和4年4月1日以後に提出する場合については、提出は不要となりました。

※健診等の例:インフルエンザ予防接種、市町村のがん検診、会社の定期健康診断、人間ドック等の健康診査(市町村が自治体の予算で住民サービスとして実施するものは対象外)

⑤書類の保存　㈠の領収書、㈡の書類は5年間の保存が必要です。

(3)具体例

(例)総所得金額500万円で税率が20%になる人が、医療費全体で13万円支払い、そのうち6万円がスイッチOTC医薬品だった場合は、下記の通り②の方が有利になります。

	所得控除額	税額の減額
①医療費控除では	13万円－10万円＝3万円	3万円×20%＝6,000円
②医療費控除の特例では	6万円－12,000円＝48,000円	4万8千円×20%＝9,600円

(逆に①のほうが有利になる場合もあります。)

64. 社会保険料控除

社会保険料控除は、支払っていた社会保険料の全額を差引くことができますか。

本人が直接支払ったまたは給与から控除された社会保険料の合計額（全額）を所得金額から控除することができます。

なお、農業を行っている人が特別加入によって掛金を支払う農業労災保険は、この社会保険料控除の対象になります。したがって、農業経営の必要経費には該当しないことになります。

解　説

納税者本人またはその本人と生計を一にする配偶者その他の親族が負担すべき社会保険料を本人が支払った場合にはその支払った金額の全額が控除されます。

〈社会保険料の範囲〉

- 健康保険の保険料
- 国民健康保険の保険料または国民健康保険税、介護保険の保険料
- 地方公共団体職員の相互扶助制度の掛金
- 厚生年金保険の保険料、厚生年金基金加入員の掛金
- 国民年金の保険料、国民年金基金加入員の掛金
- 農業者年金の保険料
- 労災保険の保険料
- 雇用保険の保険料
- 国家公務員等共済組合の掛金
- 地方公務員等共済組合の掛金
- 私立学校教職員共済組合の掛金
- 農林漁業団体職員共済組合の掛金
- 船員保険の保険料
- 長寿医療制度の保険料

なお、夫の社会保険料控除をする際、夫が支払ったと認められる妻の国民年金や長寿医療制度の保険料については、夫に控除が適用されます。

65. 小規模企業共済等掛金控除

私は小規模企業共済に入っています。この共済の掛金を小規模企業共済等掛金控除で差引くことができると聞きましたが本当ですか。

納税者本人が自分の小規模企業共済等掛金を支払った場合には、その支払った金額を所得金額から差引くことができます。

解　説

小規模企業共済等掛金控除の対象となる掛金は次の三つです。

①小規模企業共済法第２条２項に規定する共済契約に基づく掛金

②確定拠出年金法の規定により国民年金基金連合会に拠出する企業型年金加入者掛金（企業型 DC）又は個人型年金加入者掛金（iDeCo(イデコ))

③心身障害者扶養共済制度の掛金

掛金は、全額が「小規模企業共済等掛金控除」として課税所得金額から控除されます。

〈節税メリット〉

①掛金は所得控除の対象に。

②選んだ金融商品の運用益は非課税。

③給付を受け取るときは、退職所得控除または公的年金等控除等が適用可。

・共済金を一括で受け取る場合には退職所得扱いに。

・分割で受け取る場合には公的年金等の雑所得扱いに。

〈デメリット〉

・元本割れのリスク

(1)小規模企業共済法に規定する共済契約について

この小規模企業共済とは、加入者が毎月掛金を払い込むことで廃業したときなどに一定の共済金を受取ることができる制度のことをいいます。

加入資格は、常時使用する従業員が２０人以下の個人事業主（共同経営者で一定の要件を満たす方を含む。但し、一事業主につき「２名」まで。）または同規模の会社の役員などが対象になります。不動産賃貸業であれば、貸家５棟もしくは貸部屋１０室以上の規模が必要です。

(2)個人型確定拠出年金（iDeCo(イデコ)）の改正

①加入できる人の範囲

以前は企業年金の無い会社員と自営業者等が対象でしたが、平成 29 年１月から、確定給付年金の制度がある企業の会社員、公務員、専業主婦（専業主婦の掛金を夫が所得控除することはできないので、減税メリットはなし。）も加入できるようになり、さらに令和４年５月より原則 65 歳まで加入できるようになりました（改正前は 60 歳まで）。

②掛金の上限額

月 5,000 円から掛けられます。各々の立場で上限額は異なります。

③運用方法

運用により損失が生じることもあり、コストも加入時手数料、口座管理手数料、給付手数料がかかります。

④給付金の受給方法

受給については原則中途引出しはできません。受給時は一時金（退職所得）、年金（雑所得）、両方の併用、の中で選択できます。受取り開始可能年齢は令和４年４月より７５歳まで拡大されました（改正前は７０歳まで）。

(3)心身障害者扶養共済制度について

心身障害者扶養共済制度とは、地方公共団体の条例において精神または身体に障害のある者を扶養する者を加入者とし、その加入者が地方公共団体に掛金を納付し、当該地方公共団体が心身障害者の扶養のための給付金を定期に支給する事を定め一定の要件を備えている制度のことをいいます。

66. 生命保険料控除

所得税を申告する際、自分で生命保険などをかけていると所得から控除されると聞いたのですが本当ですか。

A 本人が、生命保険契約や個人年金保険契約などの保険料を支払った場合にこの制度が適用されます。ただし、社会保険料控除のように支払った金額すべてが控除されるわけではなく、支払金額に応じて支払った保険料の全額あるいは一部が控除されることになります。

解　説

生命保険料および個人年金保険料について、申告者本人が支払ったものについては下記のとおり控除することができます。

(1) 生命保険料控除の対象となる生命保険契約・個人年金保険契約

区　分	生命保険契約等	介護医療保険契約等	個人年金保険契約等
契約の範囲	①生命保険会社または外国生命保険契約事業者の締結した生命保険契約（保険期間が5年未満の生命保険契約のうち生存保険等および外国生命保険事業者が国外において締結したものを除く。） ②旧簡易生命保険契約 ③農業協同組合等の締結した生命共済にかかる契約（共済期間が5年未満の生命共済のうち生存保険等を除く。） ④財務大臣の指定した生命共済にかかる契約 ⑤法人税法第84条第3項に規定する適格退職年金契約	①左のうち医療費支払事由に基因して保険金等が支払われる保険契約 ②旧簡易生命保険契約又は生命共済契約等で、医療費等支払事由により保険金等が支払われるもの	①左のうち年金の給付を目的とするもの ②旧簡易生命保険契約で年金の給付を目的とするもの ③左のうち年金の給付を目的とするもの ④財務大臣の指定した生命共済にかかる契約（年金の給付を目的とするもの）
受取人	本人・配偶者・その他の親族		本人・配偶者
払込方法	限定無し		年金支払い開始前10年以上の定期払込み
受取方法	限定無し		年金の受取りは60歳以上で10年以上の定期年金または終身年金

(2) 控除額の計算方法

①平成24年1月1日以後に締結した保険契約（新契約）等に係る保険料
〈一般の生命保険料、介護医療保険料、個人年金保険料共通〉

年間正味払込保険料	控除される金額
20,000円以下	全額
20,000円超～40,000円以下	正味払込保険料×$\frac{1}{2}$＋10,000円
40,000円超～80,000円以下	正味払込保険料×$\frac{1}{4}$＋20,000円
80,000円超	一律 40,000円

※一般の生命保険料、介護医療保険料及び個人年金保険料の控除額はそれぞれ最高4万円ですから、生命保険料控除額は合わせて最高12万円となります。

②平成23年12月31日以前に締結した保険契約（旧契約）等に係る保険料の計算は P.223 参照
※一般の生命保険と個人年金保険の両方がある場合には控除額は両方の合計になります。
※個人年金保険の特約部分は一般の生命保険として控除します。

67. 地震保険料控除

Q 私は自宅の家屋に地震保険をかけています。その分について所得税の確定申告をする際に地震保険料控除の対象となると聞きましたが本当ですか。

A 納税者自身もしくは納税者と生計を一にする配偶者その他の親族の有する居住用の家屋の地震保険契約の保険料、または共済掛金を支払った場合には以下のようにして計算した金額を差引くことができます。

解　説

従来の損害保険料控除が廃止され、平成19年分以後の所得税から、地震保険料控除が適用されます。以下で、詳しい内容を解説していきます。

(1) 地震保険料控除

居住用家屋・生活用動産を保険または共済の目的とする、いわゆる「地震保険」にかかる地震等損害部分の保険料または共済掛金について適用があります。

(2) 控除限度額

控除額の計算方法と、限度額は以下の通りです。

平成19年以後	
対象となる払込保険料	控除限度額
払込保険料の全額	50,000円

(3) 経過措置

従前の損害保険料控除は廃止されましたが、平成18年12月31日までに締結した長期損害保険契約等（保険期間が10年以上で満期返戻金のある長期契約）にかかる保険料または共済掛金については、経過措置として、損害保険料控除の適用が認められています。

控除額の計算方法と、限度額は以下の通りです。

年間払込保険料	控除される金額
10,000円以下	全額
10,000円超～20,000円以下	払込保険料×１／２＋5,000円
20,000円超	15,000円

また、地震保険契約と経過措置が適用される長期損害保険契約の両方がある場合でも、控除限度額は地震保険料控除の限度額（5万円）となります。

68. 寄附金控除・政党等寄附金特別控除

私はある政党に寄附をしたのですが、所得税の確定申告の際に控除の対象とすることはできるのでしょうか。

政党および政治団体に対する寄附金で一定の要件を満たすものは、寄附金控除または政党等寄附金特別控除のどちらかの控除を受けることができます。

解　説

政治資金団体に対して支出した政治活動に関する寄附金（政治資金規正法に違反するものや寄附をした人に特別の利益がおよぶと認められるものを除く。）で政治資金規正法の規定による報告書によって総務大臣または都道府県の選挙管理委員会に報告されたものについては寄附金控除に代えて、支出した年の所得税額から下記の計算式で算出した金額を控除することができます。

①政党等寄附金特別控除額の計算（税額控除）

1　（政党等に対する寄附金の合計額（総所得金額等の40％相当額を限度） － 2,000円）× 30％ ＝ 特別控除額

2　その年の所得税額（税額控除適用前の税額）の25％

＊1，2のいずれか低い金額（100円未満切捨）

＊特定寄附金がある場合で、その年中に支出した特定寄附金と政党等に対する寄附金の合計額がその年分の総所得金額等の40％相当額を超えるときは、その40％相当額から特定寄附金の額を控除した残額となります。

＊上記1の 2,000円 については、他の特定寄附金がある場合には、2,000円から他の特定寄附金の額を控除した残額となります。

②寄附金控除額の計算（所得控除）

寄附金の支出額または
総所得金額等の40％の － 2,000円 ＝ 寄附金控除額
いずれか低い金額

政党等に対する寄附金については、確定申告において上記①または②のいずれか有利な方を適用することができますが、その年中に支出した金額についてどちらか一方の適用しかできません。税額控除を選択できるのは、下記に一部掲載しました「寄附金（税額）控除のための書類」の団体の区分欄の「1．政党又は政治資金団体」に丸が記載されている場合のみですのでご注意ください。

＜「寄附金（税額）控除のための書類」の「寄附を受けた団体」欄＞

名称		
所在地		
団体の区分（いずれか該当するものの番号を○で表示）	政党又は政治資金団体（租税特別措置法第41条の18第1項第1号又は第2号）	左記以外の特定の政治団体（租税特別措置法第41条の18第1項第3号又は第4号）
	1	2

69. ふるさと納税

ふるさと納税はどんな制度ですか。寄附（ふるさと納税）した金額は全額、税金から控除されるのでしょうか。

A ふるさと納税とは、自分の応援したい自治体へ寄附することによって、自分が納める所得税や住民税の一部を、その自治体に（寄附という形で）移せる制度です。一定限度額まで、原則として全額が所得税と住民税から控除されます。
自己負担が 2,000 円となる寄付額の目安については、P.226 の「ふるさと納税の上限額（目安）の早見表」を参考。（ご参考：総務省 HP「全額（※）控除されるふるさと納税額（年間上限）の目安　（※）2,000 円を除く」）

解　　説

例えば、年収 700 万円の給与所得者の方で扶養家族が配偶者のみの場合、30,000 円のふるさと納税を行うと、2,000 円を超える部分である 28,000 円（30,000 円－ 2,000 円）が所得税と住民税から控除されます。

←控除外→	←控除額		→
適用下限額 2,000 円	所得税の控除額 （ふるさと納税額－2,000円）×所得税率	住民税の控除額（基本分） （ふるさと納税額－2,000円）×住民税率（10%）	住民税の控除額（特例分） 住民税所得割額の 2 割を限度

(1)控除を受けるために

控除を受けるためには、原則として、ふるさと納税を行った翌年に確定申告を行う必要があります。ただし確定申告の不要な給与所得者等は、ふるさと納税先の自治体数が 5 団体以内である場合に限り、ふるさと納税を行った各自治体に申請することで確定申告が不要になる「ふるさと納税ワンストップ特例制度」を使うことができます。しかし、医療費控除その他の目的で確定申告を行う場合は、改めてそのふるさと納税を寄附金控除に含めた申告をする必要があります。令和 3 年分から、ふるさと納税を扱う特定事業者が発行する年間寄附額の「寄附金控除に関する証明書」（データ様式あり）により手続きの簡素化が可能となりました。

(2)返礼品（経済的利益）に対する課税

ふるさと納税の返礼品は一時所得に該当しますので、その返礼品を換算した金額の合計とその他の一時所得と合わせて、50 万円（特別控除額）を超える場合には、越えた部分の 2 分の 1 の金額が課税所得に加算されます（P.13 参照）。

70．障害者控除

私は66歳で不動産賃貸業を営んでいます。妻は65歳の特別障害者で、かつ同居しております。妻の収入は国民年金（老齢基礎と障害者基礎）のみです。私の所得税の申告に関して、どのような控除を受けられるのでしょうか。

A 奥様の配偶者控除（38万円）と同居特別障害者控除（75万円）を受けることができます。

解　説

障害者控除とは、納税者自身またはその控除対象配偶者および扶養親族のうちに障害者がいる場合には、障害者1人について27万円、特別障害者である場合には40万円、同居特別障害者である場合には75万円を差引くことができます。
（老人ホームなどへ入所している場合は、同居を常にしているとはいえませんので同居特別障害者には該当しません。）

なお、ご質問の場合にはあなたの奥様は控除対象配偶者となりますので、配偶者控除（38万円）も受けることができます。

（1）障害者の範囲

1．精神上の障害により事理を弁識する能力を欠く常況にある人又は児童相談所、知的障害者更生相談所、精神保健福祉センター若しくは精神保健指定医の判定により知的障害者とされた人
2．1に該当する人のほか、精神保健及び精神障害者福祉に関する法律第45条第2項の規定により精神障害者保健福祉手帳の交付を受けている人
3．身体障害者福祉法第15条第4項の規定により交付を受けた身体障害者手帳に身体上の障害がある者として記載されている人
4．1から3に該当する人のほか、戦傷病者特別援護法第4条の規定により戦傷病者手帳の交付を受けている人
5．3および4に該当する人のほか、原子爆弾被爆者に対する援護に関する法律第11条第1項の規定による厚生労働大臣の認定を受けている人
6．1から5までに該当する人のほか、常に就床を要し、複雑な介護を要する人
7．1から6までに該当する人のほか、精神又は身体に障害のある年齢65歳以上の人で、その障害の程度が1又は3に該当する人に準ずるものとして市町村長又は特別区の区長の認定を受けている人

（2）特別障害者の範囲

1．（1）の1に該当する人のうち、精神上の障害により事理を弁識する能力を欠く常況にある人又は児童相談所、知的障害者更生相談所、精神保健福祉センター若しくは精神保健指定医の判定により重度の知的障害者とされた人
2．（1）の2に該当する人のうち、精神障害者保健福祉手帳に精神保健及び精神障害者福祉に関する法律施行令第6条第3項に規定する障害等級が一級である者として記載されている人
3．（1）の3に該当する人のうち、身体障害者手帳に身体上の障害の程度が1級又は2級である者として記載されている人
4．（1）の4に該当する人のうち、戦傷病者手帳に精神上又は身体上の障害の程度が恩給法別表第1号表ノ2の特別項症から第3項症までである者として記載されている人
5．（1）の5又は6に該当する人
6．（1）の7に該当する人のうち、その障害の程度が1又は3に該当する人に準ずるものとして市町村長等の認定を受けている人

71．ひとり親控除・寡婦控除

配偶者と死別または離別をしている人や、未婚のひとり親に対して、税金面で優遇措置があると聞きました。それはどういったものなのでしょうか。

A 夫や妻と死別（相手の生死が明らかでない人も含む）または離婚をした人や、未婚のひとり親である人が一定の要件を満たす場合、ひとり親控除・寡婦控除というものを受けることができます。

解　説

従前は寡婦・寡夫控除という制度でしたが、婚姻歴の有無やひとり親の男性と女性との不公平を解消するために令和２年分から、「ひとり親控除・寡婦控除」として控除額と要件が以下の通りとなりました。相続開始があった年分において配偶者が下記の要件を満たせば適用があります。

①ひとり親控除

婚姻歴や性別にかかわらず、生計を同じとする子（総所得金額等＊が48万円以下に限る）を有する単身者について、同一の「ひとり親控除」（控除額35万円）を適用することになりました。

②寡婦控除

納税者が女性の場合、下記いずれかに該当すれば寡婦控除として、控除額27万円を適用することができます。

・子以外の扶養親族を持つ場合（死別又は離別の場合に限る）

・死別の場合は扶養親族がいなくても対象となる。

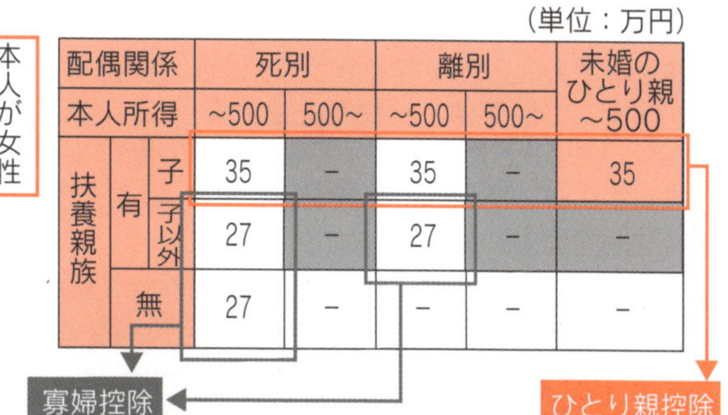

（単位：万円）

本人が女性

配偶関係			死別		離別		未婚のひとり親
本人所得			～500	500～	～500	500～	～500
扶養親族	有	子	35	–	35	–	35
		子以外	27	–	27	–	–
	無		27	–	–	–	–

本人が男性

配偶関係			死別		離別		未婚のひとり親
本人所得			～500	500～	～500	500～	～500
扶養親族	有	子	35	–	35	–	35
		子以外	–	–	–	–	–
	無		–	–	–	–	–

③適用要件（①と②で共通）

・事実婚である場合は対象から除かれるために、住民票の続柄に「夫（未届）」「妻（未届）」の記載がある者は適用外となります。

・納税者本人の合計所得金額＊が500万円（給与のみの場合は年収6,777,778円）以下であること。

＊「総所得金額等」、「合計所得金額」についてはP.95参照

（注）個人住民税についても令和３年度以後について同様の改正が適用されています。

72. 配偶者控除・配偶者特別控除

Q 配偶者に関する控除について教えてください。

A 配偶者に関する控除には「配偶者控除」と「配偶者特別控除」があります。所得税の確定申告をしようとする人に配偶者があり（内縁関係を除く。事業専従者を除く。）、一定の要件を満たしている場合にこの制度を適用することができます。

解　説 配偶者（特別）控除は、配偶者控除 38 万円（配偶者が 70 歳以上の場合は 48 万円）、配偶者特別控除 38 万円を限度とし、納税者本人の所得区分に応じて 3 段階に控除額が分けられ、配偶者特別控除については配偶者の所得が増えるにつれて控除額が減るようになっています。（下表参照）

⑴ 配偶者控除の要件

①納税者本人の合計所得金額 * が 1,000 万円（給与だけの場合、収入金額で原則として 1,195 万円（注）以下であること。

②配偶者については、納税者と生計を一にしていること、その配偶者本人の合計所得金額が 48 万円以下であること。（(5) 参照）

⑵ 配偶者特別控除の要件

①納税者本人の合計所得金額が 1,000 万円以下であること。

②配偶者については、納税者と生計を一にしていること、その配偶者本人の合計所得金額が 48 万円超 133 万円以下であること（給与だけの場合、収入金額で 103 万円超 2,015,999 円以下の場合が該当します。）、他の人の扶養親族になっていないこと。

⑶ 配偶者控除額・配偶者特別控除額

令和２年分以後の配偶者控除額及び配偶者特別控除額の一覧表		納税者の合計所得金額（括弧内は、納税者の収入が給与所得だけの場合の納税者の給与等の収入金額（注））			【参考】配偶者の収入が給与所得だけの場合の**配偶者の給与等の収入金額**
	配偶者の合計所得金額	900万円以下（1,095万円以下）	900万円超950万円以下（1,095万円超1,145万円以下）	950万円超1,000万円以下（1,145万円超1,195万円以下）	
配偶者控除額	48万円以下	38万円	26万円	13万円	1,030,000円以下
配偶者控除額	老人控除対象配偶者	48万円	32万円	16万円	
配偶者特別控除額	48万円超　95万円以下	38万円	26万円	13万円	1,030,000円超 1,500,000円以下
配偶者特別控除額	95万円超　100万円以下	36万円	24万円	12万円	1,500,000円超 1,550,000円以下
配偶者特別控除額	100万円超　105万円以下	31万円	21万円	11万円	1,550,000円超 1,600,000円以下
配偶者特別控除額	105万円超　110万円以下	26万円	18万円	9万円	1,600,000円超 1,667,999円以下
配偶者特別控除額	110万円超　115万円以下	21万円	14万円	7万円	1,667,999円超 1,751,999円以下
配偶者特別控除額	115万円超　120万円以下	16万円	11万円	6万円	1,751,999円超 1,831,999円以下
配偶者特別控除額	120万円超　125万円以下	11万円	8万円	4万円	1,831,999円超 1,903,999円以下
配偶者特別控除額	125万円超　130万円以下	6万円	4万円	2万円	1,903,999円超 1,971,999円以下
配偶者特別控除額	130万円超　133万円以下	3万円	2万円	1万円	1,971,999円超 2,015,999円以下
配偶者特別控除額	133万円超	0円	0円	0円	2,016,000円以上

・太枠は、控除額が満額の範囲となります。
・　　部分は「源泉控除対象配偶者」に該当する範囲です。納税者本人の給与等に対して毎月、源泉徴収税額表の甲欄を使用して源泉徴収税額を求める際、扶養親族等の数として1人分をカウントできる対象の範囲です。

⑷ 配偶者の収入と社会保険扶養要件・会社の配偶者手当との関係についての考慮点

配偶者の年間の給与収入の合計が150万円を超えるにつれて、納税者の「配偶者控除又は配偶者特別控除の額」が暫時減少していきます。配偶者の給与収入年間見込みが130万円以上になる等の条件で配偶者が納税者の社会保険の被扶養者ではなくなること(※)、納税者の勤務先が配偶者手当を支給しているような場合にはその基準との関係も考慮するのが良いでしょう。

（※）社会保険加入対象が拡大
従業員数を基準として、以前は500人超規模でしたが、令和4年10月より100人超規模、令和6年10月に50人超規模の事業所で、労働時間週20時間以上、賃金月額8.8万円以上、勤務期間2か月超等の要件を満たしている者に対し、社会保険加入対象が拡大されつつあることに注意しておきましょう。

⑸ 扶養等の所得要件と給与年収

改正により配偶者控除及び扶養控除の要件としての合計所得金額上限が従来の38万円から48万円に引き上げられました。その一方で給与年収850万円以下の人については給与所得控除の額が一律10万円下げられました。その結果、配偶者又は扶養親族が給与収入のみの者である場合は、これらの控除の要件の給与年収の基準が103万円以下であることは従来と変わりません。

（注）所得金額調整控除と合計所得金額の関係
その年の給与収入が850万円超の納税者で、一定の者に対しては所得金額調整控除が適用されることとなりました（P.98参照）。その場合、合計所得金額はこの調整を考慮した金額となります。

（*）合計所得金額とは、一言でいうと「純粋にその年に生じた所得の合計」といえるでしょう。各種所得の金額を、所定の手順で合計した金額（損益通算可の場合は通算後）であり、総合課税（長期譲渡所得と一時所得については1/2後の金額）と分離課税の金額（特別控除の適用を受ける場合はその特別控除の控除前の金額）を合計した金額のことです。
過年度の損失の繰越控除や各種の所得控除をする前の金額をいいます（源泉分離の預貯金利子、特定口座で申告不要とした有価証券の譲渡所得金額は含まない）。
参考：「総所得金額等」とは、過年度の損失の繰越控除を受けている場合は、その年分の合計所得金額から、その繰越控除分を控除した後の金額をいいます。

73. 事業専従者に対する配偶者控除

Q 私は農業を営んでいます。今年から青色申告を始めて妻に青色事業専従者給与を支払っています。今年は100万円支払ったので妻の給与所得は給与所得控除55万円を差引いた45万円となり、配偶者控除38万円を私の所得から控除しようと考えていますが、よいのでしょうか。

A 青色事業専従者給与を支払っている場合は配偶者控除の適用を受けることはできません。

解　説

確かに奥様の合計所得金額が48万円以下の場合、確定申告者のその年の合計所得金額が1,000万円以下であれば、一般には配偶者控除の適用を受けることができます（P.94参照）。しかし、青色事業専従者で専従者給与の支払いを受ける人、もしくは白色事業専従者に該当する人は、この適用から除外されることになっています。

したがって、青色事業専従者給与をもらっている人については、給与の額が少なくても配偶者控除の適用を受けることはできません。

また、配偶者特別控除の適用も、青色事業専従者給与をもらっている人もしくは、白色事業専従者の人については受けることができません。

また、息子さんに青色事業専従者給与を支払った場合についても同じ意味で扶養控除の適用を受けることはできません。

なお、法人にして、奥様と息子さんに給与を支払う場合は、個人事業主の専従者ではなくなりますので、給与の額が一定額以下であれば（給与所得だけの場合は、給与所得の金額が48万円以下。給与収入額では103万円以下。）、奥様を配偶者控除の対象に、息子さんを扶養控除の対象にすることができます。

74. 扶養控除

Q 私には、高校生（17歳）と小学生（11歳）の子供がいます。確定申告の際に扶養控除を受けられると聞きました。具体的な控除額と制度の詳細を教えてください。

A この事例の場合、高校生の方については一般の控除対象扶養親族に当たるため38万円となります。しかし、小学生のお子様については年少扶養親族に当たるため、扶養控除を受けることができません。したがって、扶養控除は合計38万円となります。

解　説

扶養親族とは、自己と同一生計親族（配偶者を除く。）、里子、養護受託老人でその者の合計所得金額＊が48万円以下であるものをいいます(P.95（5）参照)。ただし、その者が青色事業専従者で事業主から専従者給与を受けている場合や事業専従者に該当する場合には、たとえ合計所得金額が48万円以下でも適用になりませんのでご注意ください。

区　分	意　義	控除額
①一般の控除対象扶養親族	納税者と生計を一にする親族（16歳以上19歳未満、23歳以上70歳未満）で合計所得金額が48万円以下の者	38万円
②特定扶養親族	扶養親族のうち年齢19歳以上23歳未満の者	63万円
③老人扶養親族	扶養親族のうち年齢70歳以上の者（④に該当する者を除く）	48万円
④同居老親等である老人扶養親族	老人扶養親族のうち、納税者または配偶者の直系尊属かつ同居を常況とする者 （注）老人ホームなどへ入所している場合は、同居を常にしているとはいえません。養護受託老人は親族に該当しないため、同居老親等に該当することはありません。	58万円
⑤年少扶養親族	扶養親族のうち年齢16歳未満の者	0円

（表中の年齢は、その年12月31日現在の年齢を言います。）

＊合計所得金額についてはP.95参照

75. 基礎控除（参考：給与所得控除額・所得金額調整控除）

令和２年から、基礎控除の額が 10 万円引き上げられたと聞きますが、どの納税者も一律なのでしょうか。

A 基礎控除の額は、基本的には 48 万円に引き上げられました（令和元年以前は一律 38 万円でした）が、納税者の合計所得金額（P.95 参照）に応じて減少・消失する制度となりました。

解　　説

【基礎控除額】

納税者の合計所得金額	控除額
2,400 万円以下	48 万円
2,400 万円超 2,450 万円以下	32 万円
2,450 万円超 2,500 万円以下	16 万円
2,500 万円超	0 万円

【参考】

(1) 給与所得控除額・・・早見表 P.220 をご覧ください。

令和２年分以降の給与所得控除額は、改正により、給与収入 850 万円以下の人については一律 10 万円下げられました。一方、850 万円超の人については、給与所得控除額の上限が 1,950,000 円と下がったことにより原則増税となりましたが、その内一定の者については「所得金額調整控除」が適用されることとなりました。((2) ①参照)

(2) 所得金額調整控除

令和２年分より、下記の一定の給与所得者の総所得金額を計算する場合に、それぞれ所定の金額を給与所得の金額から控除する所得金額調整控除が創設されました。対象者によって次の二種類があります。

(注) 合計所得金額はこの調整控除の適用後の金額となりますので、各種の特例の要件を検討する際、該当する方は注意が必要です。

① その年の給与収入が 850 万円超の者で「本人もしくは同一生計配偶者もしくは扶養親族の中に特別障害者に該当する者がいるもの」または「23 歳未満の扶養親族を有するもの」

➡{給与等の収入金額（1,000 万円超の場合は 1,000 万円）－ 850 万円} × 10%＝控除額※

※ 1 円未満の端数があるときは、その端数を切り上げます。

② その年分の給与所得控除後の給与等の金額と公的年金等に係る雑所得の金額がある給与所得者で、その合計額が 10 万円を超える者

➡{給与所得控除後の給与等の金額（10 万円超の場合は 10 万円）＋公的年金等に係る雑所得の金額（10 万円超の場合は 10 万円）} －10 万円＝控除額（注）

(注) 上記①の所得金額調整控除の適用がある場合は、①の適用後の給与所得の金額から②を控除します。

76. 住宅を取得等したときの税額控除（住宅ローン控除等）

Q マイホームの取得等をした時は所得税の税額控除を受けられる場合があると聞きました。具体的な要件を教えてください。

A ローン等を利用して住宅の取得等をした場合、一定の要件を備えていれば、税額控除を受けることができます。また、認定住宅の新築等をした場合は、ローン等の利用の有無を問わない税額控除の制度もあります。

解　説

住宅ローン控除（住宅借入金等特別控除）は、マイホームの新築、建売の取得、中古住宅の取得または増改築等（「取得等」という）が対象となります。令和4年度改正により控除率が原則1%から原則0.7%に縮小されましたが、控除期間は従来の原則10年から原則13年となり、限度額は低炭素住宅等を手厚くする内容となりました。

【1】住宅借入金等特別控除

＜1＞ 概要

この特例は、適用期間中に居住開始した場合で、＜2＞の要件を満たすときは、「年末借入残高（注1）（住宅の区分に応じた限度額あり）×　控除率（原則0.7%）の額」を居住開始年以降、控除期間中の各年分の所得税額から控除できる制度です。また、所得税から引ききれなかった金額がある場合は、翌年度の住民税から特別の手続きなしで控除できます。

≪①　所得税の控除≫

居住時期による区分	対象の住宅区分 *		年末借入残高（注1）限度額	控除率	各年の控除限度額	控除期間	最大控除額
平成26年4月～令和3年12月（措置❷の要件を満たす場合は令和4年12月迄の居住が対象。）	認定住宅		5,000万円	1.0%	50万円	措置❶❷の場合13年	600万円
						10年	500万円
	一般住宅		4,000万円	1.0%	40万円	措置❶❷の場合13年	480万円
						10年	400万円
令和4年（措置❷参照）・令和5年（注2）	認定住宅		5,000万円	0.7%	35万円	13年	455万円
	ZEH水準省エネ住宅		4,500万円		31.5万円		409.5万円
	省エネ基準適合住宅		4,000万円		28万円		364万円
	一般住宅（上記以外をいう）		3,000万円		21万円		273万円
令和6年・令和7年	認定住宅		4,500万円	0.7%	31.5万円	13年	409.5万円
	ZEH水準省エネ住宅		3,500万円		24.5万円		318.5万円
	省エネ基準適合住宅		3,000万円		21万円		273万円
	一般住宅（上記以外をいう）（注3）	㋑㋺の要件に該当	2,000万円		14万円	10年	140万円
		㋑㋺の要件に該当せず	住宅ローン控除の対象外				

*　・認定住宅とは認定長期優良住宅と認定低炭素住宅のことをいう。ZEH（ゼッチ）水準省エネ住宅とは断熱性を高めるなどによりエネルギーの使用の合理化に著しく資する住宅に該当する証明がされたものをいう。
・東日本大震災の被災者の住宅の再取得等の場合は別途定められています。

●増改築等の場合は令和4年～7年度において、合計所得金額要件2,000万円以下、対象借入限度額は2,000万円で、控除期間は一律10年間となりました。
●中古住宅の場合は令和4年～7年度において、対象借入限度額は一般住宅の場合2,000万円、認定住宅等の場合は3,000万円で、控除期間は一律10年間となりました。

(注1)「年末借入残高」の対象：
マイホームの取得等の「対価の額」がその年の年末借入残高より少ない時は、この「対価の額」がこの限度額となります。「住宅取得等資金の贈与の特例」を併用する場合は、その適用を受ける贈与に係る金銭の額を、この「対価の額」から控除してから適用することとなります。

(注2)通常、床面積50㎡以上が要件ですが、令和5年以前に建築確認を受ける新築住宅は、40㎡以上50㎡未満でも適用可となりました。ただしその場合は合計所得金額1,000万円以下の年のみ適用可です。(★)

(注3)一般住宅に令和6年以降に入居する場合は、原則として特例の適用対象外となります。ただし、㋑令和5年12月31日までの建築確認を受けたものまたは㋺令和6年6月30日までに建築（登記簿上の建築日付）されたものの場合については借入限度額を2,000万円として10年間の控除が受けられます。特例居住用家屋（床面積が40㎡以上50㎡未満であるものをいう）に該当する場合は、令和5年12月31日までに建築確認を受けたもののみが控除の対象となります。

《参考》直近の措置❶❷の概要
【措置❶】令和元年度改正により消費税10%住宅の取得等に対し控除を13年間とした措置をいう。
【措置❷】令和3年度改正による控除13年間の措置
取得等の契約が、一定期間内で令和4年中に入居した場合、令和3年中の住宅ローン控除の内容を適用して、控除期間を13年とする措置の対象としました。（措置❷においては、面積制限が40㎡と引き下げになりましたが、床面積が40㎡以上50㎡未満の住宅の取得等の場合は、控除期間のうち合計所得金額1,000万円以下の年のみに、適用が可となります。(★)）

なお、措置❶❷において、適用11年目から13年目までの各年の控除限度額は原則として建物購入価格×2%（消費税8%からの増加分）をこの3年間に等分して控除する方法となります。

≪② 所得税から引ききれない場合に翌年度住民税から控除する限度額≫

居住時期	控除限度額
令和4年 1月～令和7年 12月	前年分の所得税の課税総所得金額等×5% (最高97,500円)

＜2＞適用要件
住宅ローン控除を受けるためには住宅の区分によって次の全ての要件を満たす必要があります。
[1] 一般の住宅の場合

《1》新築の場合

対象者	①住宅ローン等で住宅及び敷地を取得し、取得等の日から6ヶ月以内に居住している。 ②特別控除を受ける年分の合計所得金額が2,000万円以下である。((★)の場合は1,000万円以下。) ③各年12月31日まで引き続き居住している（転勤命令等のやむを得ない事由の場合は、一定の要件の下で適用が認められます）。 ④住宅の買換えを行う場合は、「新住居に入居した年及びその前2年または後3年の計6年間」に旧住居の譲渡に関して、課税の特例（3,000万円特別控除、買換えの特例など）の適用を受けていないこと。

対象ローン	⑤返済期間が 10 年以上のローンである。 ⑥社内ローンによる取得の場合には、利率が年 0.2%以上。
対象住宅	⑦住宅の床面積は 50 ㎡以上である。((★) の場合は 40 ㎡以上。) ⑧住宅の床面積の 2 分の 1 以上は専ら自己の居住の用に供している。 ⑨一定の親族等から取得したものではない。

《2》中古の場合:上記①〜⑨の要件に加えて、新耐震基準適合が要件となりました。(登記簿上の建築日付が昭和57 年以降の家屋の場合は同基準に適合しているとみなします。)

[2] 認定住宅の場合
上記 [1] ①〜⑨の要件に加え、認定住宅であることについて認定通知書等により証明されたものであることが要件です。

[3] 増改築の場合は P.102【1】を参照して下さい。

<譲渡所得の特例と【1】住宅ローン控除との併用>
① 新住居に入居した年または前 2 年または後 3 年(※)の 6 年間に、旧住居の譲渡所得につき課税の特例(3000 万円特別控除、買換え・交換の特例など。P 〇〇参照)を適用するときは、新住居に係る住宅ローン控除は通常の控除可能期間の全期間にわたって受けられなくなりますので要注意です。(※)令和 2 年 3 月 31 日以前の旧住居の譲渡については、「後 2 年」として適用。
② 一方、既に住宅ローン控除の適用を開始している住居を譲渡することになった場合において、その譲渡した年に上記①の譲渡の特例を受けた場合は、前 2 年以内の住宅ローン控除は適用ありのままなので、前 2 年についての修正申告は不要です。

<3> 添付書類の簡素化(令和 4 年度改正)

居住年が令和 5 年以後である者が令和 6 年 1 月 1 日以後に行う確定申告で、住宅ローン控除の適用を受けようとする際には、当該借入金の年末残高証明書及び新築工事の請負契約書の写し等については添付が不要となりました(5 年間の保存義務あり)。翌年からの年末調整の際の借入金の年末残高証明書の添付も不要です。

【2】「認定住宅の新築等をした場合の特別税額控除」(ローン無しも適用対象)

居住者が認定長期優良住宅又は認定低炭素住宅に該当するマイホームを新築等し、一定の要件を満たすとき、「標準的な性能強化費用相当額(※)」(限度額 650 万円)の 10% 相当額を、その年分の所得税額から控除できるという制度です。改正により ZEH 水準省エネ住宅が対象に加わり、適用期限は令和 5 年 12 月 31 日まで 2 年延長となっています。その年分で控除しきれない金額がある場合には、翌年分の所得税額から控除できることとされます。(その年分の合計所得金額が 3,000 万円以内である年に限る。)ローンを利用した方は上記「[2] 認定住宅の場合」との選択適用になります。
(※) 令和 2 年 1 月以降に居住した場合の「標準的な性能強化費用相当額」は、住居の構造に関わらず、「床面積 1 ㎡あたり 45,300 円×認定住宅の床面積」となります。

〈認定住宅の新築等をした場合の税額控除〉

居住年	対象	控除対象限度額	控除率	最大控除額
令和4年1月 〜令和5年12月	・認定住宅 ・ZEH 水準省エネ住宅	650万円	10%	65万円

77. 住宅の増改築等をしたときの税額控除（リフォーム控除）

マイホームの増改築等をした時は所得税の税額控除を受けることができる場合があると聞きました。どんな制度があるのでしょうか。

住宅の増改築等や耐震・バリアフリー等の改修工事を行った場合、要件を備えていれば、税額控除を受けることができます。

解　説

個人がマイホームについて増改築等又は特定改修をし、特例の適用期間内に自己の居住の用に供した場合、一定の要件の下で一定の金額をその年又はその年以降の所得税額から控除する下記の制度があります。ローン等の利用が無くても受けられる税額控除の制度もあります。

【1】住宅借入金等特別控除（増改築の場合）

ローン等を利用してマイホームの増改築等をし、P.100の①～⑥、⑧、⑨の要件に加え次のすべてに該当するときは、P.99【1】住宅借入金等特別控除の適用が受けられます。

(1) 増改築の工事費用は100万円を超えていること。

(2) 対象の工事内容であることについて建築士等が発行する増改築等工事証明書等により証明がされたものであること。

(3) 自己の居住の用に供される部分の工事費用が総額の2分の1以上であること。

(4) 増改築後の住宅の床面積は50㎡以上である。（P.100措置❷の★）の場合は40㎡以上。）

【2】既存住宅に係る特定の改修工事をした場合の所得税額の特別控除

省エネ等の特定の改修工事をして令和4年及び令和5年に居住の用に供した場合の標準的な工事費用の額に係る控除対象限度額及び控除率は下表の通りとなりました。ローンを利用している場合は、【1】との選択になります。

居住	対象工事	控除対象限度額	控除率
令和4年・5年	バリアフリー改修工事	200万円	10%
	省エネ改修工事	250万円（350万円）	
	三世代同居改修工事	250万円	
	耐震改修工事又は省エネ改修工事と併せて行う耐久性向上改修工事	250万円(350万円)	
	耐震改修工事及び省エネ改修工事と併せて行う耐久性向上改修工事	500万円(600万円)	

※カッコ内の金額は、省エネ改修工事と併せて、太陽光発電装置を設置する場合の控除対象限度額です。

78. 家屋が共有されている場合の住宅ローン控除の適用

Q 私は子供と2分の1ずつ自宅（時価2,400万円）を共有し、同居しています。本年、この自宅の増改築を行ったのですが、その資金1,200万円は子供が借入れを行って全額支払い、その負担額に基づいて持分の変更登記（私：3分の1、子：3分の2）を行っています。

この場合、住宅ローン控除の基礎となるローン残高はどのように計算するのでしょうか？

A 増改築後（変更登記後）の3分の2の持分を基準とするので、800万円が住宅ローン控除の基礎となるローン残高となります。

解　説

一方の共有者が費用を全額負担して増改築を行っても、その増改築部分の所有権は共有者の持分に応じて他の共有者にも帰属することになります。そのため、工事費用を全額負担した子供に、その工事費用の額に相当した所有権を持たせる必要から、増改築工事の後に変更登記を行うのが通常です。

この場合、親の持分1/6（2,400万円×1/6＝400万円）を子へ譲渡し、その代金と親の負担すべき増改築費用（1,200万円×1／3＝400万円）を相殺したことになります。親の持分1/6の譲渡所得については、親子間の譲渡のため、居住用財産の特別控除の適用はありません。

この変更登記を行わなければ、子供が親の負担を肩代わりしたものとみなされ、親に贈与税が課税されるおそれがあります。

変更登記を行うことで、増改築の費用で共有持分の一部を取得して増改築したものとして取り扱うため、住宅ローン控除の計算は変更登記後の子供の持分割合である3分の2を使うことになります。

なお、住宅ローン控除は納税者が所有していることが条件になっているため、共有持分のない家屋に増改築を行い、その後、変更登記によって持分を取得しても適用はありません。

＜上記の場合の、登記上の持分＞

①増改築前

親　1／2	子　1／2

②親は持分を譲渡して、増改築費と相殺する

親　1／3		子　2／3

↑400万円分を親から子へ

③増改築後

(旧宅部分)→	親　1／3	子　2／3
(増改築部分)→	400万円	800万円

↑控除対象

コラム

法人化で所得税・相続税対策と経営の見直しをしましょう

個人事業主が不動産管理会社等の法人を設立すると、税金が軽減されるという話がよく聞かれます。法人化でどのように税金が軽減され、どんな効果が考えられるのでしょうか？

【1】法人設立のメリットとデメリット

（1）所得税が軽減されます

①所得の分散で税率が下がる

個人で事業を経営している場合には、その所得が個人事業主に集中し、超過累進税率（税率が一定ではなくて、所得が多くなるほど税率も高くなる方式）を採用している我が国では、所得が大きくなるほど税負担も重くなります。この所得を会社と家族従業員に分散させれば、各人の税率は低く抑えられ、結果として税金の総額は小さくなります。

②給与所得控除が利用できる

法人役員・従業員に対して支払う給与については法人の経費になり、受取った給与について各人に給与所得控除が適用され、控除を二重に受けられることになります。

③退職金を経費に

役員や従業員に支払う退職金についても損金に算入することができます。

（2）経営上のメリットもあります

①法人の場合、個人経営と比較して経理をより明確にしなければなりません。そのため社会的信用が増し、従業員の採用がしやすくなったり、借入れの手段が増えたりするなど有利な点があります。

②合資会社の無限責任社員及び合名会社の社員以外は出資者の責任が有限であり、仮に事業に失敗したとしてもその出資の範囲内の損失で済みます。ただし、個人保証をした場合は別です。

③個人の生活費と事業の経理を明確に分けることができます。

④家族従業員に対して給与が支払われるので、事業に対する意欲が向上します。

（3）相続税の軽減ができます

①所得を給与の支払いという形で家族に分配することができるので、贈与税を負担することなく資産の分散をすることができます。

②分配された給与により、相続人は将来予想される相続税の納税資金を確保することができます。

③出資持分の配分により、事業の承継をスムーズに行うことができます。

（4）法人設立には次のようなデメリットもあります。

①法人を設立するには、定款の作成、認証（合同会社では不要）、設立登記を行う必要があり、印紙税や登録免許税の納付が必要です。これらの手続を司法書士等に依頼すれば、さらに手数料がかかることになります。株式会社ではさらに役員の任期満了の都度、その変更登記が必要です。

②法人の場合は所得がなくても住民税の均等割（最低７万円ただし地域により異なる。）が課されます。このため、事業規模の小さい法人では個人よりも税負担が増加する場合があります。

③交際費や寄付金は、事業に必要な支出であっても、一定限度額を越える金額は損金に算入すること

が認められません。
④経理・申告事務の煩雑さにより、税理士等に依頼する経費負担が多くなる場合もあります。

【2】節税額の概算例

例としてサブリース方式による不動産管理会社（P.106）を設立した場合の納税額を比較してみましょう。下表は、法人設立後、配偶者（花子さん）が農業の専従者のままで、親族Aさんに役員給与を支払う場合です。

【法人設立による節税額の概算例】

（単位：万円）

		現在の納税額		法人を設立した場合の納税額			
		事業主	専従者	事業主	専従者	役員	設立法人
		太郎さん	花子さん	太郎さん	花子さん	Aさん	
収入	農業	1,166	0	1,166	0	0	0
	不動産	5,845	0	4,968	0	0	5,845
	給与	0	360	0	360	480	0
収入計		7,011	360	6,134	360	480	5,845
経費等	農業	645	0	645	0	0	0
	不動産	3,077	0	2,788	0	0	289
	その他経費等(※1)	425	116	474	116	140	5,585
経費計（青色申告控除含む）		4,147	116	3,907	116	140	5,874
(合計)所得金額		2,864	244	2,227	244	340	-29
所得控除計(※2)		135	48	183	48	117	0
課税される所得		2,729	196	2,044	196	223	-29
税額	法人税	0	0	0	0	0	0
	所得税(※3)	829	10	549	10	13	0
	住民税	273	19	205	19	22	7
	事業税（農業は非課税）	124	0	92	0	0	0
	消費税(簡易課税の場合)(※4)	21	0	21	0	0	0
各人の税金合計		1,247	29	867	29	35	7

①個人事業の場合の納税額：1,276万円

②法人を設立した場合の納税額：938万円

①-②=1年間における節税額：338万円

家業から生ずる所得について、個人事業の場合の納税額は1,276万円でしたが、法人設立後は938万円に抑えることができています。その差は約338万円にもなり、節税効果は大きなものといえるでしょう。

〔注意〕法人から給与支払いを受ける方（Aさん）は、ご自分の配偶者の勤務会社で、配偶者控除や扶養手当がなくなる場合があることを考慮して下さい。

〔参考〕農業その他の事業所得が少ない場合は、花子さんを法人の役員にして給与を支払う等の工夫もできるでしょう。

（※1）その他経費等：法人から太郎さんへの支払賃借料、支払（専従者）給与、給与所得控除（改正により概ね10万円減額されました。）、社会保険料、税理士顧問料概算を計上。

（※2）所得控除計：社会保険料控除、基礎控除（従来38万円でしたが、令和2年以降概ね48万円に増額されました。ただし合計所得金額2,400万円超の場合は32・16・0万円と逓減し、2,500万円超では0になります。）のみ計上。

（※3）所得税：復興特別所得税を含む。

（※4）消費税：農業のみなし仕入れ率は70%から80%へ改正されました。

79. 不動産管理会社の事業形態

Q 私は不動産賃貸業を行っています。不動産管理会社を設立し節税を図りたいと考えているのですが、どのような事業形態があるのかを教えてください。

A 不動産をお持ちの個人事業主が、賃借人との取引について、同族会社である「不動産管理会社」を介して取引をすることとなります。物件の特徴に応じた事業形態を考えるのがよいでしょう。

解　説

不動産管理会社の事業形態には以下のものがあります。

1．不動産管理会社方式

サブリース方式と管理委託方式があります。

（1）サブリース（転貸）方式
・・・いわゆる「一括借上」方式

①運営形態
個人から不動産管理会社が賃貸物件を一括借上げし、賃借人に対してその物件を賃貸します。家賃をすべて収益に計上し、個人へは賃借料を支払います。

②メリット
管理委託方式よりも高い収益を得ることができます。

③注意点
賃借料を毎月一定額にすると、空室が多いときは利益が圧迫されるため計画が立てにくくなります。

（2）管理委託方式
・・・いわゆる「仮受金管理」方式

①運営形態
個人と不動産管理会社が管理委託契約を締結し、賃料の回収、入居募集等、不動産の管理を代行します。

②メリット
空室が出ても、管理手数料は売上に対する一定の割合であるため、管理会社のリスクが少なくなります。

③注意点
管理すべき部屋数等が多い場合には、事務が煩雑になります。リスクが少ないため、手数料を高く設定できません。

※（1）（2）とも、管理料は実態によって異なり、外部の不動産会社へ委託した場合の金額を基に設定します。

2．不動産所有会社方式

土地は個人所有、建物は会社所有として、個人に地代を支払う方法のことです。賃貸料は全額会社に入ることになり、不動産管理会社より所得の分散効果が高くなります。

【借地権の贈与の認定課税を受けないために！】
不動産所有会社方式の場合には、「個人から法人へ借地権を贈与している状態ですねと認定される課税（認定課税）」を受けないために、
①「相当の地代」（その土地の更地価額（実務的に相続税評価額で可とされています。）のおおむね年6%程度の金額）を個人へ支払うか、あるいは②その土地の固定資産税年額の２～３倍程度の地代を年間で支払って「土地の無償返還に関する届出書」を所轄税務署長へ提出するかのどちらかが必要です。

3．会社管理節税システム

物件を複数所有の場合、物件の特徴に応じて、上記各形態をミックスして節税を図るとさらに節税効果が上がります。これを「会社管理節税システム」と言います。

ご検討されたい方は、不動産管理会社に強い専門家にご相談下さい。

80. 法人設立手続きの流れ

節税のために不動産管理会社を設立したいと思っています。設立に際してどのような手続きを行えばよいのでしょうか。

以下に手続きの流れをまとめますが内容が煩雑なため、税理士・司法書士等に相談するとよいでしょう。

解　説

①まず初めに会社の名前（商号）※1、資本金の額※2、出資者（株主）、各々の出資額（株数）、役員、事業内容、決算月、本店所在地などを税理士と相談し決めます。その際、出資者とその金額については後の相続を考慮したほうがよいでしょう。

②会社の実印、認印などの印鑑一式を取揃えます。

③設立書類に押印し、公証役場で認証を受けます。

④資本金を取引先の金融機関に振込み、その振込金額が記載された通帳のコピーを用意します。

⑤設立登記申請のための書類を作成します。

⑥司法書士が法務局に登記申請します。この日が会社の設立日になりますので、予め希望の日付を司法書士に伝えておくとよいでしょう。

⑦一連の手続きが済み次第、税理士等に連絡をして今後の会社運営について検討します。

この事例の場合、不動産管理会社ですので入居者の方への振込先変更のお知らせや、諸関連先などへの通知等の手続きがあり意外に時間のかかるものです。設立から決算月までは時間的に余裕をもたれたほうがよいでしょう。

※1 不正目的や同一住所での同一商号の登記は禁止されています。

※2 会社法施行前は資本金の額に関して、株式会社であれば1,000万円以上、有限会社であれば300万円以上という制限が設けられていましたが、会社法の施行により、最低資本金制度が撤廃され、資本金が0円でも法人を設立することができるようになりました。また、会社法の施行により有限会社制度が廃止され、株式会社制度に一本化されたため、有限会社を設立することはできなくなりました。

（注）　これまで法人を設立する際には、複数の各種手続を行政機関毎に個別に行う必要がありましたが、令和3年2月26日より法人設立ワンストップサービスを利用することで、定款認証・設立登記や国税・地方税に関する設立届といった一連の手続をオンラインで一度に行うことができるようになりました。

81．法人税の算出方法

株式会社を設立し決算を迎えました。法人税の税額は収入から費用を差引きした金額に税率を乗じて算出すればよいのでしょうか。

法人税の場合、会計上の利益ではなく税務上の利益によって所得金額を確定します。詳細については以下で説明します。

解　説

1．法人税の場合、会計上の利益は個人所得と同様に「収益－原価・費用・損失」で求められますが、税法上、収益のことを"益金"、費用のことを"損金"といい、会計上の利益に申告調整（加算・減算）を行い、所得金額を確定します。具体的な申告調整には、交際費等の損金不算入、受取配当等の益金不算入などがあります。

2．法人で税務上の利益が黒字になった場合は、法人税（国税）、法人事業税（地方税）、法人市県民税（地方税）が課せられます（各種税率につきましては早見表をご参照ください。）。

赤字になった場合は、法人市県民税（地方税）の均等割額のみが課せられ、その他の税金（消費税等を除く）は課税されません。したがって、法人県民税の２万円、法人市民税の５万円のみになります（ただし、税額は地方自治体及び法人規模により異なります。）。

82. 役員給与

役員に対して支給した給与は、全額を費用として処理（全額損金に算入）することができるのでしょうか。

A 役員に対して支給した給与（隠蔽または仮装処理により支給されたものを除く）のうち、一定の要件を満たすものについては損金の額に算入することができます。ただし、それが過大な役員給与とみなされる場合には、その不相当に高額な部分の金額については、損金の額に算入することができません。

解　説

役員に対して支給した給与のうち、一定の限度額を超える部分については損金の額には算入できません。

（1）役員に対して支給した給与のうち、①定期同額給与、②事前確定届出給与、③業績連動給与に該当しないものは損金に算入できません。また、不相当に高額な部分の金額は損金の額には算入できません。ただし、退職給与（業績連動給与に該当しないものに限る。）、使用人兼務役員の使用人分給与は上記給与から除かれます。

①定期同額給与とは、その支給時期が１か月以下の一定の期間ごとであり、各支給時期における支給額（又は支給額から源泉税等の額を控除した金額）が同額であるものをいいます。ただし、会計期間開始から３か月経過日等になされる定期給与の改定、その役員の職制上の地位の変更によりなされた定期給与の改定、その法人の経営状況の悪化によりなされた定期給与の改定があった場合は、その改定後の各支給時期における支給額が定期同額給与の条件をみたしていれば損金算入が認められます。

②事前確定届出給与とは、その役員の職務につき所定の時期に確定額を支給する定めに基づいて支給する給与で、所轄税務署長にあらかじめ届け出ているもの（ただし、定期同額給与、業績連動給与、同族会社に該当しない内国法人が定期給与を支給しない役員に対して支給する給与を除く）をいいます。

届出期限は、株主総会等の決議によりその定めをした場合は決議の日から１か月、又はその会計期間開始日から４か月のいずれか早い日までです。

③業績連動給与とは、利益の状況等の法人の業績を示す指標に基づいて算定される額の金銭等による給与で、その金額等が役務の提供期間以外の事由で変動するものをいい、そのうち損金算入となるのは、業務執行役員に対して支給される、下記要件を満たす給与に限られます。

ｉ）利益の状況等を示す指標を基礎とした客観的なもので、確定額等を限度とし、かつ他の業務執行役員に支給するものと算定方法が同一であること、所定の期間内に報酬委員会等の機関によりその算定方法が決定され、その内容が遅滞なく有価証券報告書等に記載されていること。

ⅱ）所定の期限までに交付されること

ⅲ）損金経理をしていること

（2）役員給与のうち次に掲げるものについては損金に算入することができません。

①役員給与のうち不相当に高額な部分

次のｉ､ⅱに掲げる金額をいいます。ただし、両方に該当する場合にはいずれか多い金額とします。

ⅰ）実質基準…役員給与の額が、その役員の職務内容、類似法人の役員給与の支給状況に照らし、その職務に対する対価として相当な額を超える場合、その超える部分の金額

ⅱ）形式基準…役員給与が定款や株主総会の決議で定められた範囲を超える場合には、その超える部分の金額（役員給与は、毎年株主総会において、その年に支払うべき給与の額について承認を得なければなりません）

②仮装隠蔽により支給する役員給与

法人が事実を隠蔽または仮装して経理することにより支払われた給与の額は、損金不算入になります。

83. 家族従業員の賞与

Q 私の会社は家族だけで構成されているのですが、今回売上が大きく伸びたため、賞与の支給を考えています。家族従業員に対して賞与を支払うと余分に税金がかかると聞きましたが、本当でしょうか。

A 実質的に経営に従事している家族従業員は、役員と同等であるとして、「みなし役員」とされます。役員に対する労働の対価は、あらかじめ決められた金額を決められた時期に支給するもの（Ｐ.109 参照）でなければ損金算入できませんので、今回のようなケースにおいては税金がかかってしまうことになります。

解　説

(1) みなし役員

法人税法上の役員は、会社法等に規定している者のほかに、次の者が役員としてみなされます（みなし役員）。

①法人の使用人以外の者でその法人の経営に従事している者

②同族会社の使用人のうち、次の要件をすべて満たしている者で、その会社の経営に従事している者

ｉ）持株割合が最も大きい株主グループから順次順位を付し、その所有割合を順次加算した場合において初めて50%を超えるときの上位３順位のいずれかに所属していること

ⅱ）所属する株主グループ持株割合が10%を超えていること

ⅲ）その使用人（その配偶者およびこれらの者の持株割合が50％超である会社を含む。）の持株割合が５%を超えていること

(2) 役員に対する賞与

あらかじめ支給時期と金額を決めておくことで、役員に対しても従業員の賞与支給と同時期に「ボーナス」を支給することができますが、そうでないものについては法人の所得の計算上損金とはされません。ですから、家族従業員に対して今回のような賞与を支払った場合には法人税が課税され、また受け取った個人に対しては所得税・住民税が課税されることになります。

84. 死亡退職金・弔慰金

Q 当社は同族会社ですが、当社の代表取締役が勤務中に死亡しました。死亡した代表取締役に対し、退職金3,000万円および弔慰金300万円を支給したいと思います。相続税・法人税の申告を考慮した場合、適正な金額はどのように判定すればよいのでしょうか。

A 〈法人税からの見地〉法人税法では退職給与について、不当に高額である場合には、損金の額に算入しないこととしています。なお、弔慰金についての損金算入基準は明示されていません。

〈相続税からの見地〉退職慰労金については課税財産となります。ただし退職金の額が500万円×法定相続人の数の範囲内である場合には非課税となります。また、弔慰金については原則非課税ですが、不当に高額である部分については退職金として取扱うこととされています。

解　　説

(1) 退職慰労金

①法人税からの見地

法人税法では、役員の退職給与について不当に高額である場合には損金の額に算入しないことになっています。また、不当に高額であるかどうかはその役員の業務従事期間・退職の事情・同様の規模の法人の役員退職給与の額等に照らして判断することとされています。

②相続税からの見地

〔退職手当金等について〕被相続人の死亡に伴い、退職手当金・功労金その他これらに準ずる給与で死亡後3年以内に支給が確定したものの支給を相続人等が受けた場合には、相続財産とみなされます。なお、被相続人の死亡後3年以内に支給が確定したもののその額が決定しない場合には相続財産には当てはまらず、受取った人に対して所得税等が課税されることになります。

退職手当金の範囲は次に該当するかどうかによって判定します。

i）退職給与規定等に基づいている場合、これにより判定

ii）その他の場合は被相続人の地位・功労等を考慮し、また類似する職種における被相続人と同様の地位にあるものが受取ると認められる金額を基準に判定

〔退職金の非課税範囲について〕相続人の生活安定の見地から非課税の範囲が設けられています。相続人の取得した退職手当金等の合計額のうち、500万円×法定相続人の数までの部分については非課税となります。

(2) 弔慰金

被相続人の死亡により相続人等が弔慰金・花輪代・葬祭料の支給を受けた場合には弔慰金として取扱い、次の条件を超える金額については退職手当金として取扱うこととされています。

i）業務上の死亡である場合には、死亡時における賞与以外の普通給与の3年分に相当する額

ii）それ以外の場合には死亡時における賞与以外の普通給与の半年分に相当する額

85. 社員の慰安旅行

Q 当社では全従業員の参加で、２泊３日・一人あたり３万円程度の慰安旅行に行くことにしました。この旅行費用については、社員に対して給与として課税しなくてもいいのでしょうか？

A 通常の従業員慰安旅行の費用については課税する必要はありません。

解　説

従業員の慰安旅行を行った場合、使用者が負担した費用が参加した人の給与として課税されるかどうかは、その旅行の条件などから判定します。

以下の要件を満たしているものであれば、原則として課税する必要はありません。

①旅行に要する期間が４泊５日以内であること。
（海外旅行の場合には、外国での「滞在日数」が４泊５日以内であること。）

②旅行に参加する従業員等の数は全従業員等の50%以上であること。
（工場や支店ごとに行う旅行は、それぞれの職場ごとの人数の50%以上が参加することが必要です。）

この事例の場合、上記の条件すべてを満たしているので、原則として社員に対して給与課税する必要はありません。

なお、次のようなものについては、その旅行に係る費用は給与、交際費などとして適切に処理する必要があります。

旅行の実態	取扱い
役員だけで行う旅行	役員給与*
取引先に対する接待、供応、慰安等のための旅行	交際費
実質的に私的旅行と認められる旅行	役員給与*、給与手当
金銭との選択が可能な旅行	役員給与*、給与手当

＊役員給与とされる部分の金額が事前に計算ができる場合には、所轄税務署長に対し事前確定届出給与としての届出が行われることにより役員給与として損金算入が認められます。

86. 社内会議における飲食費

Q 社内会議における飲食費について会議に関連する必要経費とする額には一定の限度があると聞きましたが、それはどのようなものでしょうか。

A 普通、会議を行う場所において、通常提供される程度の食事であれば会議費（損金）として差支えありません。ただし、通常提供される食事等の程度を超えている場合には交際費として計上することになります。

解　説

会議に関連して、お茶・お茶菓子・弁当およびこれらに類する飲食物を提供するために通常かかる費用は、交際費には含まれません。ここで言う「通常かかる費用」に該当する食事の程度とは「社内または通常会議を行う場所において通常供与される昼食の程度」と定められています。したがって、食堂・レストラン等で提供されるランチや少々の酒類を伴うものでも差支えありません。しかし、逆に食事として通常会議に持込まれないような高級なディナーのようなものや、主として酒類を提供するような場所での接待等は会議に関連してかかる費用とすることはできないので、交際費として計上することになります。

なお、来客との商談・打合わせ等についても会議に含まれますので、来客との商談・打合わせ等の際に昼食程度の飲食物を提供しても交際費等には含まれません。

87. 交際費

法人の事業を円滑に行うために交際費をよく使うことがあります。この交際費の支出額について全額は税務上経費とはならないそうですが、それはどのようになるのでしょうか。

資本金の額によって損金の額に算入できる額が異なります。交際費等の支出額が損金算入限度額を超えた額については、損金の額に算入されません。

解　説

交際費等の額が損金算入限度額を超える場合は、その超える部分の金額は損金の額に算入できません。定額控除限度額は期末資本金の額により算定されます（下表参照）。

期末資本金の額	1億円以下（※1）	1億円超
事業年度開始日	平成25年4月1日から令和6年3月31日の間	～令和6年3月31日
定額控除限度額	800万円	0円
損金算入限度額	原則：定額控除限度額と支出交際費のいずれか少ない金額 特例：（※2）	原則：0円（全額損金不算入） 特例：（※2）

＊事業年度が1年に満たない場合の定額控除限度額は、表中の限度額に$\frac{当期の月数}{12}$を乗じます。

（※1）期末に大法人（資本金額5億円以上）との間にその大法人による完全支配関係がある普通法人等を除きます。

（※2）平成26年4月1日以後開始事業年度より、社内接待費を除く接待飲食費の50％が損金の額に算入される特例が適用されています（令和2年度改正により資本金の額等が100億円超の大法人に限ってこの特例は廃止されました。）。期末資本金額が1億円以下の中小法人等については、定額控除限度額との選択適用となります。

交際費の損金不算入の計算に当たって、次のものは除外されます。

⑴カレンダー・手帳・扇子・うちわ・手ぬぐい等の贈答品にかかる通常の費用…広告宣伝費

⑵会議に関連して茶菓・弁当およびこれらに類する飲食物を提供するための通常の費用…会議費

⑶新聞・雑誌等出版物を編集するために行われた座談会、その他記事の収集のために要する通常の費用…取材費

⑷飲食費で、支出額を参加者の数で割って計算した金額が5,000円以下である費用
…交際費（損金不算入の計算対象としては除外されます。）

ただし、次の事項を記載した書類を保存している場合に限り適用されます。

①飲食等の年月日

②飲食等に参加した得意先、仕入先その他事業に関係のある者等の氏名又は名称及びその関係

③飲食等に参加した者の数

④その費用の金額並びに飲食店等の名称及び所在地（店舗がない等の理由で名称又は所在地が明らかでないときは、領収書等に記載された支払先の名称、住所等）

⑤その他参考となるべき事項

88．法人で加入する共済

Q　法人で養老共済に加入しようと思うのですが、①契約内容によっては被共済者の給与になってしまうことがあるというのは本当ですか。②また、加入した被共済者の死亡時にはどうなるのでしょうか。

・・・・・・・・・・・・・・・・・・・・・・・・

以下のようになります。

解　説

①本当です。法人が特定の役員または従業員のみを対象とした共済に加入すると給与とみなされてしまう場合があります。

税務上の取扱いは下記のとおりとなります。

②加入した被共済者の死亡時には、法人が受取人の場合、法人の収入になりますが、その被共済者に対する退職金としてその金額を支払うことにより益金と損金を相殺できます。

死亡退職金・弔慰金に関してはP．112を参照してください。

令和元年７月８日以後に法人が契約者になり、役員又は従業員を被共済者とする共済に加入した場合に、支払った共済掛金の取扱は次のとおりです。

共済の種類	共済金等受取人		税務上の処理	
	死亡等	満期	主契約掛金	特約掛金
養老生命共済	法人	法人	資産	（注２）
	遺族	法人	1/2 資産 1/2 損金（注１）	
	遺族	役員・従業員	給与	
定期生命共済及び第三分野共済（注３）（多額の前払掛金が含まれるものを除く）（注４）	法人	－	損金	（注２）
	役員・従業員（又はその遺族）	－	損金（注１）	
定期生命共済及び第三分野共済（多額の前払掛金が含まれるもの）			当期分支払掛金のうち最高解約返戻率（注５）の区分に応じて計算される一定額を一定期間資産に計上し、残額は損金に算入する。資産計上額は所定の期間経過後に取崩して損金に算入する。（次表参照）	（注２）

（注１）役員又は特定の使用人のみを被共済者としている場合には、その役員又は使用人に対する給与になる。
（注２）その特約の内容に応じて養老生命共済又は定期生命共済及び第三分野共済の掛金の取扱による。
（注３）第三分野共済（保険）とは、被共済者が病気やけがなど及びこれらに関する治療を受けたこと等の一定の事由に該当した場合に共済金又は給付金が支払われるものをいう。
（注４）多額の前払掛金が含まれるものとは、共済期間が３年以上の定期生命共済又は第三分野共済のうち最高解約返戻率が50％を超えるものをいう。
（注５）最高解約返戻率とは、その共済（保険）の共済（保険）期間を通じて解約返戻率が最も高い割合となる期間におけるその割合をいう。

最高解約返戻率Ⓐの区分	資産計上期間	資産計上額（当期分支払掛金Ⓑに対する割合）	取崩期間
50％＜Ⓐ≦70％	共済期間開始の日から その期間の40％を経過する日まで	Ⓑ×40％	共済期間の75％相当期間経過後から共済期間終了の日まで
70％＜Ⓐ≦85％		Ⓑ×60％	
85％＜Ⓐ	共済期間開始の日から最高解約返戻率となる期間終了の日まで	Ⓑ×（Ⓐ×70％）（共済期間開始から10年を経過する日まではⒷ×（Ⓐ×90％）の額）	解約返戻金相当額が最も高くなる期間経過後から共済期間終了の日まで

なお、令和元年７月８日前に契約した共済については、従来の取扱いを継続する経過的取扱が設けられており、特約掛金は原則損金処理（ただし、一部上記（注１）の取扱いが適用されるものがある）、また第三分野共済及び多額の前払掛金が含まれるものの取扱いは適用されません。

共済に加入することによって法人が受取人の場合、被共済者死亡時に法人が死亡共済金を受取り、それを原資に退職金を支払える点で加入のメリットがあります。

※死亡退職金の相続税上の取扱いについてもP.112を参照してください。

役員および従業員に対する共済の加入については上記保険の他、長期平準定期保険や逓増定期保険等の共済がありますので、法人の経営状態、役員・従業員の方の資産内容をあわせて加入の検討をしたほうがよいでしょう。

第Ⅲ章　相続税・贈与税
(1)相続税の仕組み

89.　相続の開始から申告までの日程

Q 相続が発生し、相続税の申告をしなければならないのですが、いつまでに申告書を提出し、それまでにどのようなことをするのでしょうか。また、納付方法にはどのようなものがあるのでしょうか。

・・・・・・・・・・・・・・・・・・・・・・・・・・・・・・

A 相続税の申告書は、被相続人の死亡（相続の開始）を知った日の翌日から10ヶ月以内に提出しなければなりません。そのため、相続開始から3～4ヶ月までの間に相続人、財産・債務を確認し、それらを基に遺産分割、納付方法、納税資金等について検討しながら申告書を作成していきます。

また、納付方法には金銭で一括納付、延納、物納と3つの方法があります。延納、物納については、申告書の提出日までに申請書類を提出しなければなりません。その間の日程や、内容については目安として下記のとおりです。

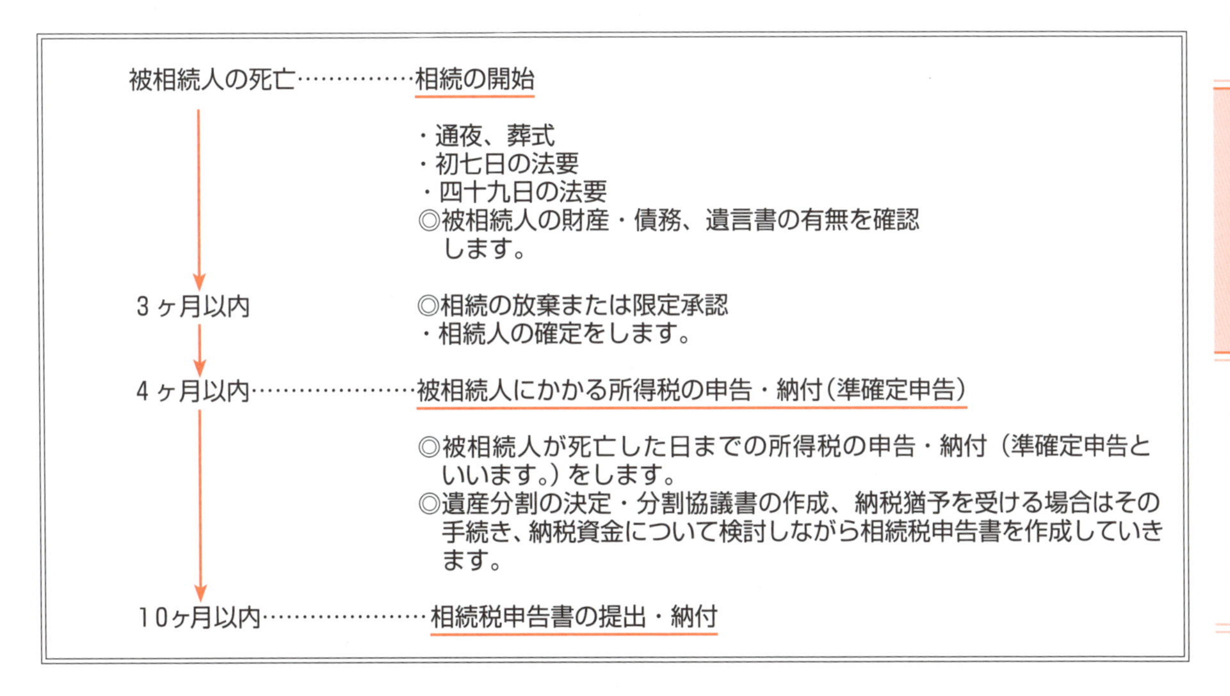

90. 相続発生時の必要書類

Q 私の父が亡くなり、相続税の申告をすることになったのですが、申告に際して、集めなければいけない資料や、提出しなければならない資料にはどういったものがあるのか教えてください。

A 相続税を申告する際に、必要となる資料をおおまかにまとめると、下図のようになります。

〈相続税申告に関する書類〉

	必要書類	交付機関	確認事項
申告書等	相続税の申告書・税務代理権限書	―	提出の期限は相続の開始を知った日の翌日から10ヶ月以内です。
	贈与契約書・贈与税申告書控等	―	被相続人から過去3年以内に暦年課税の贈与を受けているもしくは相続時精算課税制度の適用を受けている場合に必要となります。
	過去5年分の所得税・消費税の確定申告書	―	確定申告をしている場合には必要となります。
	過去の相続税の申告書	―	被相続人が今回の相続開始前に相続により財産を取得している場合に必要となります。
遺産分割	遺言書	公証役場等	公正証書遺言または家庭裁判所の検認を受けた遺言書
	贈与契約書	―	死因贈与がある場合に必要となります。
	遺産分割協議書	―	相続税の各種の特例を受ける際に必要となります。
被相続人	略歴書	―	学歴・職歴等について
	戸籍（除籍）謄本・改製原戸籍	本籍地の市区町村役所（場）	法定相続人や、養子の人数を確認します。
	住民票の除票	住所地の市区町村役所（場）	本籍と現住所が異なる場合に必要となります。
相続人	戸籍謄本（又は法定相続情報一覧図の写し）	本籍地の市区町村役所（場）（法務局）	養子縁組・代襲相続人・非嫡出子・父母の一方のみを同じくする兄弟姉妹がいるか確認します。
	住民票	住所地の市区町村役所（場）	本籍地の記載があるものになります。
	印鑑証明書	同上	相続人全員分が必要となります。
	特別代理人選任の審判の証明書	家庭裁判所	相続人に未成年者がいる場合には税額控除があります。
	成年後見登記事項証明書	法務局	相続人に成年被後見人がいる場合には必要となります。
	障害者手帳等	―	相続人に障害者がいる場合には税額控除があります。
	家庭裁判所の相続放棄申述受理証明書	家庭裁判所	相続を放棄した人がいる場合には必要となります。

〈相続財産に関する書類〉

	確認書類	交付機関	確認事項
土地・建物等	名寄帳又は納税通知書の課税証明書	所在地の市区町村役所（場）	土地や建物を評価するのに必要となります。
	固定資産税評価証明書	同上	
	登記事項証明書	法務局	
	公図又は測量図	法務局	
	土地家屋の賃貸借契約書	―	賃貸借している土地・建物がある場合に必要となります。
	小作に付されている旨の農業委員会の証明書	農業委員会	
	農業振興地域農用地証明書	所在地の市区町村役所（場）	農用地がある場合に必要となります。
	農業委員会の適格者証明書	農業委員会	相続税の納税猶予の適用を受ける場合には必要となります。
	納税猶予の特例適用農地等該当証明書	所在地の市区町村役所（場）	特定市の区域内の農地等である証明書になります。
	贈与税の免除届出書・申告書の控	―	贈与税の納税猶予の特例の適用を受けていた場合に必要となります。
	その他　土地の無償返還に関する届出書等	―	法人税法・相続税法等に基づく通達の規定等による、土地の賃借に関する届出書類を提出している場合には、その確認が必要となります。
現金・預貯金	預貯金残高証明書・預貯金通帳・定期預金証書・解約計算書等	取扱金融機関	名義は異なっても、被相続人に帰属するものも含まれます。
	過去5年分の預金取引明細表もしくは過去5年分の預金通帳	同上	過去に申告がされていない金銭の贈与等が無いかの確認を行います。
有価証券	株券・国債等又はその取引残高報告書、出資証券	証券会社・信託銀行	名義は異なっても、被相続人に帰属するものも含まれます。
生命保険金・退職手当金等	死亡保険金等の支払調書	取扱生命保険会社等	生命保険金（死亡保険金）がある場合に必要になります。
	保険証書の写し、支払保険料計算書、確定申告書等	同上	被相続人が保険料を負担していた生命保険契約等がある場合に必要となります。
	相続開始後支給された退職金の支払い調書等	勤務先会社等	退職手当金等がある場合に必要となります。
事業（農業）用財産・家庭用財産	決算書・減価償却内訳明細書・償却資産申告書・総勘定元帳等	―	事業（農業）用財産がある場合に必要となります。
	現物を確認できるもの	―	高額な家庭用財産がある場合には必要となります。
その他の財産	金銭消費貸借契約書	―	貸付金がある場合に必要となります。
	年金手帳の写し・恩給の通知	―	年金・恩給の未収分、過払い分の確認を行います。
	死亡後の給与明細書等	―	給与・賞与等の未収分の確認を行います。
	会員証	―	ゴルフ会員権や、レジャークラブ会員権等がある場合に確認が必要となります。
	保険証券等	―	長期の火災保険や、建物更生共済契約等がある場合に確認が必要となります。

〈債務・葬式費用に関する書類〉

	確認書類	交付機関	確認事項
債務	借入金の残高証明書・金銭消費貸借契約書・請求書等	取扱金融機関等	借入金がある場合に必要となります。
	納付書・納税通知書・所得税、消費税の準確定申告書	―	未納となっている租税公課がある場合に必要となります。
	賃貸借契約書等	―	預かり敷金・保証金等がある場合に必要となります。
	医療費の領収書	医師・病院	未払となっている医療費がある場合に必要となります。
	売買契約書・請求書等	―	その他未払金等がある場合に必要となります。
葬式費用	葬式費用の明細書、領収書、葬儀諸経費控帳、メモ書等	―	葬式費用を確認する際に必要となります。

91．法定相続情報証明制度

Q 父の相続が発生し、父名義の預金の払戻し等において法定相続情報証明制度を利用すれば、戸除籍謄本等の束を各種窓口に何度も出し直す必要がないと聞きましたが、どのような手続きをすればよいのですか。

平成 29 年 5 月 29 日から全国の登記所（法務局）において、各種相続手続に利用することができる「法定相続情報証明制度」が始まりました。

解　説

相続手続では，相続登記や被相続人名義の預金の払戻し等において、被相続人の戸除籍謄本等の束を各種窓口に何度も出し直す必要があり相続人にとって負担となっていました。

法定相続情報証明制度は、相続関係を一覧に表した図（法定相続情報一覧図）を作成し、登記所（法務局）に戸除籍謄本等の束を一度提出すれば、登記官がその一覧図に認証文を付した写しを必要な部数だけ無料で交付します。

その後の相続手続は，法定相続情報一覧図の写しを利用することで、
戸除籍謄本等の束を何度も出し直す必要がなくなります。

登記所提出する必要書類と交付の流れ

1. 被相続人が生まれてから亡くなるまでの戸籍関係の書類等の収集
2. 上記1．の記載に基づく法定相続情報一覧図の作成※ P.121 参照
（被相続人の氏名，最後の住所，最後の本籍，生年月日及び死亡年月日並びに相続人の氏名，住所，生年月日及び続柄の情報）
3. 1．, 2．を法務局に提出
4. 法務局の登記官が上記の内容を確認した後，認証文付きの法定相続情報一覧図の写しが、必要な枚数分無料で交付されます。

✓相続人又は代理人が以下のような法定相続情報一覧図を作成

最後の住所は、一覧図と共に提出される住民票の除票や戸籍の附票の除票により確認（申出人の任意により、最後の本籍地を記載することも可）

相続人の住所は、任意記載のため、一覧図に記載されない場合もある。

記載例

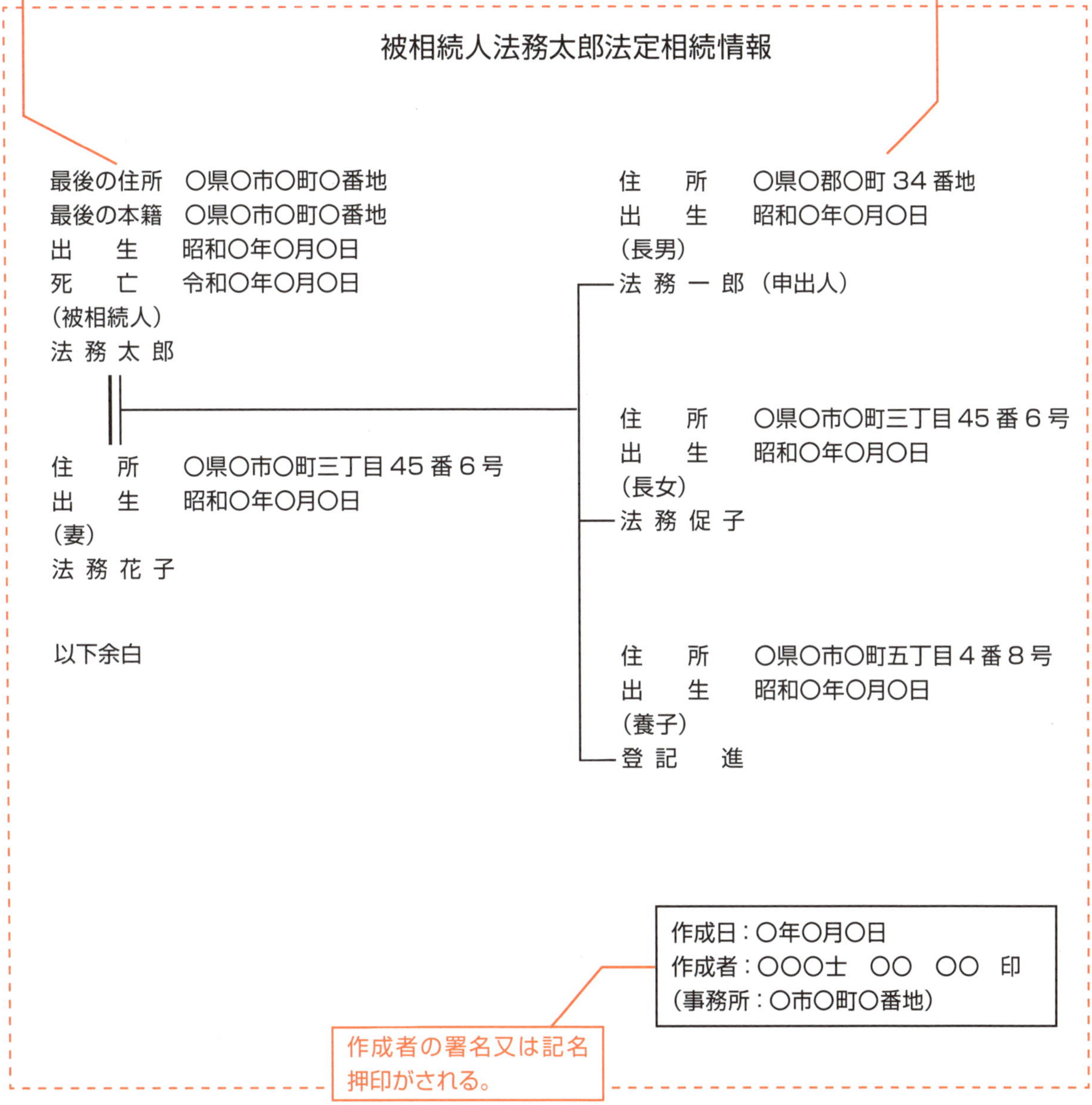

被相続人法務太郎法定相続情報

最後の住所　○県○市○町○番地
最後の本籍　○県○市○町○番地
出　　生　昭和○年○月○日
死　　亡　令和○年○月○日
（被相続人）
法 務 太 郎

住　　所　○県○市○町三丁目 45 番 6 号
出　　生　昭和○年○月○日
（妻）
法 務 花 子

以下余白

住　　所　○県○郡○町 34 番地
出　　生　昭和○年○月○日
（長男）
法 務 一 郎（申出人）

住　　所　○県○市○町三丁目 45 番 6 号
出　　生　昭和○年○月○日
（長女）
法 務 促 子

住　　所　○県○市○町五丁目 4 番 8 号
出　　生　昭和○年○月○日
（養子）
登 記　進

作成日：○年○月○日
作成者：○○○士　○○　○○　印
（事務所：○市○町○番地）

作成者の署名又は記名押印がされる。

✓上記のような図形式のほか、被相続人及び相続人を単に列挙する記載の場合もある。
✓作成は A4 の丈夫な白紙に。手書きも "明瞭に判読" できるものであれば可とする。

92. 相続税の計算方法

相続税はどのようなしくみになっているのか、教えてください。

相続税は、人の死亡により、その亡くなった人（被相続人）の残した遺産を相続した人（相続人）が取得した財産に対して課税される税金です。

解　説

相続税は、各人の課税価格の合計額からその遺産にかかる基礎控除額を控除した金額を、法定相続分に応じて計算された各取得金額につき、超過累進税率を適用して計算されます。

各人が納付すべき相続税額の計算は、相続税の総額を按分し、その金額から税額控除額を差引いた金額となります。

相続税は次のようにして計算することになります。

①相続財産－非課税財産＝遺産総額

②遺産総額－（債務＋葬式費用）＋生前贈与加算＝課税価格

③課税価格－基礎控除額（3,000万円＋600万円×法定相続人の数）＝課税遺産総額

④法定相続人の法定相続分×税率＝各人の相続税額（各人の相続税額の合計が相続税の総額）

⑤相続税の総額×各人の課税価格／課税価格の合計額＝各人の取得財産に応じた相続税額

（注）法定相続人の数は、相続の放棄をした人がいても、その放棄がなかったものとした場合の相続人の数をいいます。

【事例】

〈前提条件〉

相続人：妻、子３人（長男、長女、次女）

課税価格の合計額：10 億円

分割形態：妻 50%、長男 50%

相続財産
- 非課税財産
- ① 遺産総額
  - 土地等
  - 建物
  - 現金
  - 預金
  - 有価証券
  - 生命保険金
  - 退職金
  - その他の財産

- 債務
- 葬式費用
- ② 課税価格 10 億円
  - 純資産価額
  - 相続開始前３年以内の生前贈与財産

基礎控除額

3,000万円＋
600万円×
法定相続人の数（4 人）

- 基礎控除 5,400万円
- ③ 課税遺産総額 94,600万円

法定相続割合		④			実際の相続割合 ⑤				
妻（1/2）47,300万円	×税率	19,450万円	合計 33,268万円	×	妻（1/2）16,634万円	−	配偶者の税額軽減 16,634万円	=	0
長男（1/6）15,766万円	×税率	4,606万円			長男（1/2）16,634万円	−	0	=	16,634万円
長女（1/6）15,766万円	×税率	4,606万円			長女 0円	−	0	=	0
次女（1/6）15,766万円	×税率	4,606万円			次女 0円	−	0	=	0

93．相続人の順位

私の夫が亡くなり相続税の申告をしなければなりません。下記の図の場合には相続人はどのようになるのでしょうか。

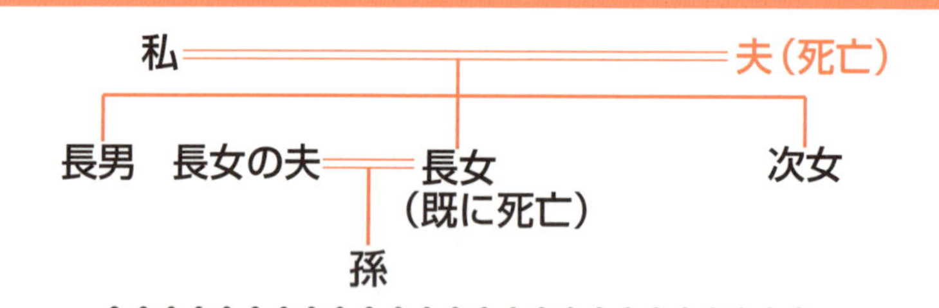

A あなたと長男・次女・孫（長女の代襲相続人）が相続人になります。なお、それぞれの法定相続分はあなたが1/2、長男、次女、孫がそれぞれ1/6ずつになります。

解　説

民法では相続人の範囲を、被相続人からみた次の人と定めています。

・配偶者：夫または妻は常に相続人になります（先妻、先夫、内縁者は相続人にはなれません）。

・子：子が先に死亡している場合には、子の子である孫（直系卑属）が相続人（代襲相続人）になります。また養子も相続人になります。税法上、相続税の総額を計算する上では養子については、実子がいる場合には一人まで、いない場合には二人までと定められています（定められた人数以上の養子がいる場合でも相続することはできます。）。民法上は養子が何人でも差支えありません。

・親：被相続人に子がいない場合、親が相続人になります。その親も死亡している場合は親の親である祖父母（直系尊属）が相続人になります。

・兄弟姉妹：被相続人に子、親共にいない場合には、兄弟姉妹が相続人になります。さらに兄弟姉妹が先に死亡している場合には、その兄弟姉妹の子が相続人になります。

上記のとおり、一定の順序に従って相続人となる人および相続権を主張できる割合が定められています。

〈相続順位と法定相続分〉

順　　位	法定相続人と法定相続分	
第１順位	子（直系卑属）$\frac{1}{2}$	配偶者 $\frac{1}{2}$
第２順位	親（直系尊属）$\frac{1}{3}$	配偶者 $\frac{2}{3}$
第３順位	兄　弟　姉　妹　$\frac{1}{4}$	配偶者 $\frac{3}{4}$

94. 行方不明者がいる場合

Q 私の父が亡くなってしまい、相続税の申告をすることになりましたが、弟が家出をしたまま行方不明になっています。このような場合、申告はどのようにすればよいのでしょうか。

A 弟さんは相続人であり、申告義務が生じます。一般的に住民票等で現住所の確認をすることで相続人の住所を確認することはできると思いますが、行方不明の場合には各相続人で申告することも可能です。

解　説

相続人の中に行方不明の人や生死すらわからない人がいると、遺産分割の協議を進めることができず、困ったことになります。そのような場合には、次のような措置をとることができます。

(1) 不在者財産管理人をおく

民法では、相続人の中に行方不明者がいる場合、相続人一同で行方不明である相続人について、不在者財産管理人を選任してもらうよう家庭裁判所に申出ることができます。

この不在者財産管理人は、行方不明の相続人の相続分の目録を作り、それを保管できる権限を持ちます。また、家庭裁判所の許可を受ければ、不在者財産管理人は他の相続人と分割協議を行うことができます。

(2) 失踪宣告を申し立てる

行方不明者の生死が7年間不明のときには、家庭裁判所に失踪宣告の申立てをすることができます。失踪宣告を受けた者は7年間の期間の満了した時点で死亡したものとみなされ、戸籍にもそのように記載されます。

なお、船の沈没やその他の事故に遭遇し、その事故に遭った者の生死が1年間不明である場合、危難失踪宣告を申立てることができます。

上記の措置を通じて、相続人は遺産分割の協議を進めることができます。

このような場合では、円滑な相続手続きを行うためには、遺言書を作成しておくことが重要です。

95. 遺産分割協議が遅れる場合（その１）

Q 父が亡くなったため相続税の申告をしなければなりません。現在、遺産分割協議を進めている最中ですが、兄弟間でもめてしまい、遺産の分割が決定するまでには相当の時間がかかりそうです。この場合、相続税の申告をするにあたって何か問題はあるのでしょうか。

A 遺産分割をいつまでにしなくてはならないという期限は特にありませんが、相続税の申告期限内（相続発生から10ヶ月）に遺産分割が決まらなかった場合、相続税の計算上不利になる可能性があるので注意が必要です。

解　説

申告期限内に遺産分割が決まらなかった場合、不利になる点は以下のとおりです。

①配偶者の税額軽減の特例の適用が受けられない。
②小規模宅地等の評価減の特例の適用が受けられない。
③物納することができない。
④農地の納税猶予の特例の適用が受けられない。

ただし、相続税の申告書に「申告期限後３年以内の分割見込書」を添付して提出しておき、相続税の申告期限から３年以内に分割された場合には①と②の適用は遡って受けることができます。

また、相続した財産を申告期限後３年以内に売却した場合、相続税の取得費加算の特例を受けることができますが、分割協議が長引いた場合、この特例の適用も受けられなくなります。

したがって、申告期限内に遺産分割を決めてしまうのが一番ですが、遅くとも申告期限後３年以内には遺産分割を決めるのが相続税上有利といえます。

96. 遺産分割協議が遅れる場合（その2）

相続税の申告期限までに遺産の分割が決まりそうもありません。この場合にどうすればよいのでしょうか。

民法に規定されている相続分により計算された金額で申告し、分割が決まり次第、あらためて申告することになります。

解　説

原則として、被相続人から取得した財産について遺産の分割をし、各相続人の取得部分を確定して提出期限までに申告をしなければならないのですが、遺産の分割が決まらないためにそれができない場合があります。このように申告期限までに分割が決定せず、分割協議が行われない場合は、民法で規定する相続分により取得する財産と承継する債務の金額を計算し、申告をします。後日、分割協議が終わり次第、下記のとおり申告することになります。

・分割の決定により、1回目の申告時より税金が多く出た場合
　⇒「修正申告書」を提出し、税金を納付します。
・分割の決定により、1回目の申告時より税金が減った場合
　⇒「更正の請求」を提出し、1回目に多く払った税金を還付してもらいます。

なお、配偶者の税額軽減や小規模宅地の特例を受ける場合には、申告期限までに申告書と一緒に「申告期限後３年以内の分割見込書」を提出しなければならないので、注意が必要です。

97. 代償分割

Q 父が亡くなり、長男の私が自宅と農地を相続（相続税評価額6,000万円、代償分割時の時価7,500万円）する予定です。他に分割できるような財産がない場合、妹にはどのような形で財産を分ければスムーズな相続ができるのでしょうか。

A 代償分割という方法があります。代償分割とは、特定の相続人が多く遺産を取得し、他の相続人に対して遺産の代わりに相続人固有の財産を支払う方法です。

解　説

遺産のほとんどが自宅や事業用の土地・建物である場合など、現物分割では当事者の合意が得られないことがあります。そのような場合に、「代償分割」が有効な方法となります。

(1) 相続税の課税価格

①代償財産を交付した人

相続又は遺贈により取得した現物財産の価額 － 交付した代償財産の価額

②代償財産の交付を受けた人

相続又は遺贈により取得した現物財産の価額 ＋ 交付を受けた代償財産の価額

ただし、代償財産の価額は、代償分割の対象となる財産が特定され、かつ、その財産の分割時の時価をもとに決められているときは次の算式で計算した金額となります。

$$\text{交付した代償財産の価額} \times \frac{\text{代償分割の対象となる財産の相続開始時の価額}}{\text{代償分割の対象となる財産の分割時の時価}}$$

(2) ご質問のケースで、長男から妹に現金3,000万円を支払うことにした場合

①長男の課税価格

$$6{,}000\text{万円} - 3{,}000\text{万円} \times \frac{6{,}000\text{万円}}{7{,}500\text{万円}} = 3{,}600\text{万円}$$

②妹の課税価格

$$3{,}000\text{万円} \times \frac{6{,}000\text{万円}}{7{,}500\text{万円}} = 2{,}400\text{万円}$$

ただし、①3,000万円②3,000万円として課税価格を計算することもできます。

＊代償財産が長男所有の土地の場合には、妹に土地を売却したものとして、長男に譲渡所得税が課税されます。

> 相続の際、分割が困難だと思われる場合には生命保険や共済を利用して代償分割に備えておく方法があります。
> 生命保険の非課税枠（500万円×法定相続人の数）があり、相続財産が分割しやすくなるというメリットがあります。相続財産が不動産だけといったケースでは、兄弟間で平等に財産を分けようとしても、分けられずにトラブルが起きてしまうことも少なくありません。このような場合に、生命保険は“争族”対策として有効に活用することもできるのです（P.165参照）。

98. 相次相続

Q 私の母が亡くなり相続税の申告をしなければなりません。母方の祖父は２年前に亡くなっており相続税の申告をしています。その際に母は祖父から財産を取得しており、その内容は以下のとおりです。母の相続人は私一人です。今回の相続税の申告でいくらか控除されると聞いたのですが本当でしょうか。

祖父の相続税の申告の内容

・母が取得した財産の金額	1億6,000万円
・債務の金額	3,000万円
・相続税額	4,000万円

母の相続税の申告の内容

・私が取得した財産の金額	1億1,000万円
・債務の金額	1,000万円

今回の申告で、あなたは相次相続控除を受けることができます。相次相続控除とは、10年以内に相次いで相続が発生した場合の税額の軽減措置です。

解　　説

計算方法

A：母が祖父から取得した財産に課せられた相続税額

B：母が祖父から取得した財産の価額（債務を差引いた金額）

C：母から各相続人が取得した財産の価額の合計額（債務を差引いた金額）

D：母から相続人である私が取得した財産の価額（債務を差引いた金額）

E：祖父が亡くなってから母が亡くなるまでの年数(1年未満の端数は切捨て)

$$A \times \frac{C^{※}}{B-A} \times \frac{D}{C} \times \frac{10-E}{10} = \text{相次相続控除額}$$

※求めた割合が 100% を超える場合には100%

今回の相続の場合には計算は次のようになります。

$$4{,}000\text{万円} \times \frac{1\text{億円}}{1\text{億}3{,}000\text{万円} - 4{,}000\text{万円}} \times \frac{1\text{億円}}{1\text{億円}} \times \frac{10-2}{10} = 3{,}200\text{万円}$$

したがって、今回の相続の場合、通常の相続税額は1,220万円ですので1,220万円 < 3,200万円となり納税額が０円となります。

99. 遺留分

Q 私の父は、財産のすべてを内縁の妻に遺贈する旨の遺言を残して亡くなりました。母は15年前に亡くなっていて、法定相続人は子である私（長男）と弟の2人です。私は、父の不動産賃貸業を継いで生計を立てていますが、この事業を維持するためには父の財産である土地と建物はどうしても必要です。しかし、これもすべて内縁の妻が遺贈によって取得することになります。私たち兄弟は、相続人として何らかの保護を受けることはできないのでしょうか。

A 子であるあなたたちには、遺留分が認められます。相続開始および遺留分を侵害する贈与または遺贈のあったことを知ったときから１年間、相続開始のときから10年間に限り、内縁の妻に対して遺留分侵害額請求ができます。

解　説

遺言による遺贈は、法定相続人の相続分に対する権利よりも優先されますが、そうすると相続人の権利が多大に侵害される可能性があるので、一定の遺留分を定め相続人の権利を保障しています。そのため、遺贈によって財産を取得しようとしても、相続人が遺留分の権利を主張（「遺留分侵害額請求」という）すれば、遺留分侵害額相当額の金銭の支払いを求められることになります。遺留分の割合は相続人によって以下のようになります。この事例の場合、法定相続人は子のみですので、遺留分は子２人の合計で1/2となり、各人が内縁の妻に対して相続財産の1/4相当額の金銭の支払いを請求することができます。

〈法定相続分と遺留分〉

相　続　人	相　続　分	遺　留　分
配偶者 子（または孫）	配偶者　1/2 子　1/2	配偶者　1/4 子　1/4
配偶者 父母（または祖父母）	配偶者　2/3 父母　1/3	配偶者　1/3 父母　1/6
配偶者 兄弟姉妹（または甥・姪）	配偶者　3/4 兄弟姉妹　1/4	配偶者　1/2 兄弟姉妹　なし
配偶者のみ	全　部	1/2
子（または孫）のみ	全　部	1/2
父母（または祖父母）のみ	全　部	1/3
兄弟姉妹（または甥・姪）のみ	全　部	なし

コラム

相続税の税務調査

相続税の税務調査のポイントは、預金の流れをマスターすることです。具体的にどのような調査が行われるのか説明します。

1　午前は聞き取り、午後は書類の確認を

税理士法に定められている書面添付制度に基づく書面が申告書に添付されている場合には、納税者に税務調査の事前通知が行われる前に、税務代理権限証書を提出している税理士に対して添付された書面の記載事項に関する意見陳述の機会が与えられます。その後、税務調査という事になれば、原則として、納税者に対し調査の開始日時・開始場所・調査対象税目・調査対象期間などが通知されます。その際、税務代理を委任された税理士に対しても同様に通知されます。当日は朝１０時から調査が始まり午後５時位までかかりますが、午前中に終了ということもあります。調査は通常２名の税務署職員が相続人の家に訪れ、午前中は聞き取り調査、午後は通帳・権利書等重要書類の確認を行います。

〈相続税の税務調査でよく質問される項目〉

午前	午後（主に現物調査）
□被相続人の仕事、趣味、性格、入院歴、病気の状況の確認	□被相続人が生前に財産（預金通帳、権利書等）を保管していた場所の確認
□亡くなる前の意思があったか	□二次相続の場合には一次相続で名義の書き換えをしているかどうか（一次相続の時にその配偶者が相続したものが漏れていないかどうかの確認）を前の相続税申告書と突き合わせをする（特に預貯金）
□財産（主に預貯金）の管理者は誰だったのか	□被相続人からの贈与についての確認（金額、時期、申告の有無）とその贈与後の通帳・証書の保管者の確認
□医療費はどこから出していたか	□各印鑑の使用方法の確認（家に保管してある全ての印鑑の印影をとる）
□生活費はどのように捻出していたか	□預金通帳について家族全員分の金融機関・番号・残高・取引内容の確認
⇩ **ポイント** 「亡くなった方の財産が生前の収入に対して適正な額か」 「贈与税の申告もなく家族の名義になった財産はないか」	□縄延びの確認(土地の測量図が家に残っていないかを確認) ＊縄延びとは、登記簿上の土地面積より実測面積が大きいことをいいます

2　税務調査は現預金の流れが最重要ポイント

相続税の税務調査で一番問題になるのは現金預金の取引内容です。特に名義預金の関係は詳しく調べられます。名義預金というのは、亡くなった方の預貯金が贈与の手続きを経ずに他の家族の名義になっているものです。税理士によっては申告書作成時には被相続人の過去何年間かの預貯金の流れも確認します。特に大きい出金に関してはどこへいったのか、亡くなった日現在で他の家族の名義になっていないか等をよく調べます。税務署に相続税の申告書が提出されると、税務署の担当官から関係のありそうな全ての金融機関に、相続が発生した日現在の被相続人、相続人やその家族の預貯金の残高と過去何年間かの預貯金の取引明細の問い合わせがあります。

3　税務調査を終えて

税務調査を終えて後日、問題があれば、税務署・納税者・税理士との間で調整し、税金を納める場合には修正申告書を提出します。事前に被相続人の生前の入出金についてしっかり把握し、贈与の申告等の漏れがないか再度確認してみることが、後で困らないために大切なことです。

100. 相続財産

相続財産とはどのようなものでしょうか。家財道具やお墓などは含まれるのでしょうか。

A 相続や遺贈によってもらうすべてのものが相続財産に含まれます。ただし、課税財産と非課税財産があります。例えば、家財道具などは課税財産に含まれますが、お墓は非課税財産となります。また、借入金や未払金などは債務として控除することができ、葬式費用も同様に控除することができます。

解　説

（1）課税財産の一部

種　　類	内　　容
土地	宅地、田、畑、山林など
家屋・構築物	居住用家屋、貸家、倉庫、庭園設備など
事業用財産	機械、器具、商品、製品、原材料など
有価証券	株式、出資金、公社債、投資信託受益証券など
現金、預貯金	現金、預貯金、小切手など
家庭用財産	家具、什器、備品、貴金属など
その他の財産	生命保険、退職金、立木、ゴルフ会員権、特許権、貸付金、未収金、電話加入権など

（2）非課税財産の一部

a）墓地、仏壇、仏具など

b）生命保険金

相続人が受取った生命保険金のうち、（500万円×法定相続人の数）まで非課税

c）退職金

相続人が受取った死亡退職金のうち、（500万円×法定相続人の数）まで非課税

d）国などに寄附した相続財産

（3）債務控除

葬式費用や預かり敷金、借入金や未払医療費などは債務控除の対象となります。

101．預貯金

相続税における預貯金の取扱いについて教えてください。

財産を所有していた人が亡くなった日現在の残高が相続財産となります。なお、定期預金等については相続開始日までの利息も含まれます。

解　説

預貯金の場合、それぞれの口座がある金融機関に、亡くなった日現在の残高証明書を発行してもらいます。残高証明書は、普通預金・定期預金に関わらず、すべて発行してもらう必要があります。定期預金の場合には、亡くなった日現在の利息計算書も発行してもらってください。

預貯金の価格は、財産を持っていた人が亡くなった日現在の預入残高と、亡くなった日に解約したとしたらもらえる利息の合計から利息にかかる税金を差引いた金額を合計して計算します。

この利息について定期性のない預貯金については、利息の額が少額の場合、預入残高のみで評価し、利息を含めなくても差支えありません。

また、口座名義人が亡くなった人以外のものであっても、実際に亡くなった人が金融機関に預け入れていたものは亡くなった人の財産となるので、そのような「名義預金」があればそれらの預金についても申告することが必要です。

なお、預貯金等は通常所有者が亡くなった時点で凍結され、相続人全員の同意または遺産分割の協議が済むまでは、解約や名義変更等はできません。

評価とは別ですが、亡くなった日からさかのぼって過去の取引明細書も必要です。これは高額取引があった場合、亡くなった人から相続人に財産が移動していないかどうか調べるためや、亡くなる直前に引出したり解約したりした預貯金がないかどうかを確認するためです。

この取引明細書は各金融機関で発行してもらうことができますが、手数料がかかりますので通帳が保管されているなら、通帳でも差支えありません。

102. 相続開始前の贈与（令和５年までの贈与）

Q 私の父は令和5年の6月18日に亡くなりました。相続税の申告をしなければなりませんが、相続人である私に下記のような生前贈与を行っています。贈与税は既に納付していますが、相続税の申告をする際にこれらの贈与は関係するのでしょうか。なお、相続人は私一人です。

・令和４年　3月13日　株式　180万円（贈与税7万円）
・令和３年　9月 5日　現金　270万円（贈与税16万円）
・令和2年　5月15日　宅地　2,000万円（贈与税585万5千円）※

※直系尊属からの贈与により財産を取得した受贈者に係る特例税率を適用

相続開始前３年以内に行われた贈与については、相続財産に加えることになります。

解　説

相続開始前3年以内に行った相続人等に対する贈与については、その贈与時の価額を相続財産に加えなければなりません。これは相続が近いことを知った相続人等が、被相続人の生前に贈与を受けることで相続税の負担を不当に軽減することを防止するためで、相続税法に規定されています。この事例の場合には、令和４年と令和３年に贈与された財産については、相続財産に加えなければなりません。なお、３年以内に納付した贈与税については算出された相続税額から差引くことができます。これにより、相続税と贈与税の二重課税を防止しています。

103. 相続開始前の贈与（令和６年以後の贈与）

Q 令和６年１月１日以後に贈与を行う場合、相続時精算課税と暦年課税の各制度では、その制度の選択によって将来の相続税計算にどのような影響が生じるでしょうか。

A 生前贈与でも相続でもニーズに即した資産移転が行われるよう、資産移転の時期の選択により中立的な税制を構築していく意味合いで、令和５年度税制改正により相続時精算課税と暦年課税における相続前贈与の加算について大幅な見直しが行われました。

どちらの制度を選択したかによって、相続税の計算における相続前贈与の加算が異なります（次ページの図を参照）。

解　説

１．相続時精算課税

相続時精算課税は、贈与時には累積贈与額２,５００万円までは非課税、２,５００万円を超えた部分に一律２０％が課税され、相続時には累積贈与額を相続財産に加算して相続税の計算を行う制度です（納付済みの贈与税は税額控除・還付される）。

令和５年度税制改正では、暦年課税と相続時精算課税の選択制は引き続き維持した上で、次の見直しが行われました。

① 相続時精算課税で受けた贈与については、暦年課税の基礎控除とは別の基礎控除として、毎年１１０万円まで課税しない（令和６年１月１日以後に贈与により取得する財産に係る相続税又は贈与税について適用）。

② 相続時精算課税で受贈した土地・建物が、災害により一定の被害を受けた場合は、相続時の再計算を可能とする（令和６年１月１日以後に生ずる災害により被害を受ける場合について適用）。

２．暦年課税における相続前贈与の加算

暦年課税は、各年の贈与額に対し、基礎控除１１０万円控除後の残額に対し累進税率が適用され、相続時には死亡前３年以内の贈与額が相続財産の額に加算され、相続税の計算を行う制度です（加算された贈与額に対する納付済みの贈与税は税額控除される）。

令和５年度税制改正では、次の見直しが行われました（令和６年１月１日以後に贈与により取得する財産に係る相続税について適用）。

① 死亡前贈与額の加算期間を３年間から７年間に延長。

② ①において延長された４年間に受けた贈与については、総額１００万円まで相続財産に加算されない。

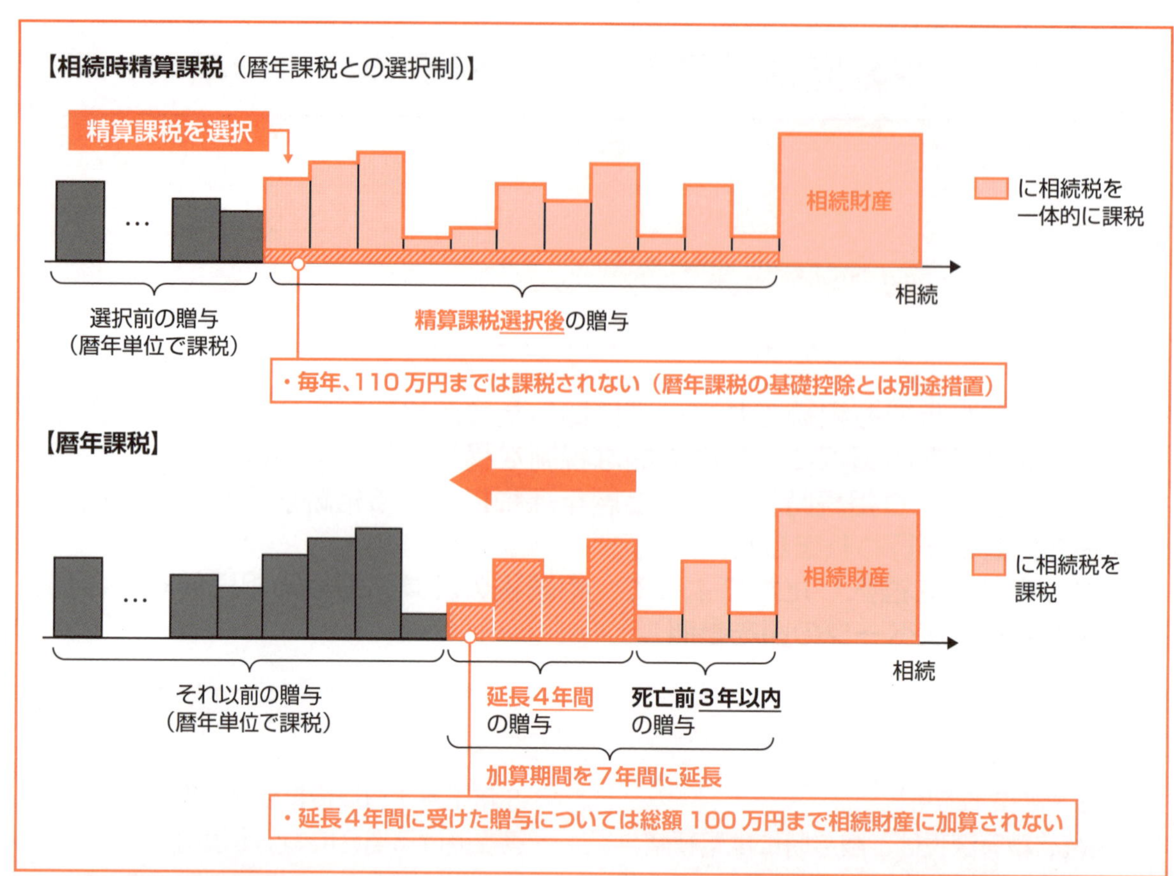
【相続時精算課税（暦年課税との選択制）】
精算課税を選択
…
相続財産
に相続税を
一体的に課税
相続
選択前の贈与
（暦年単位で課税）
精算課税選択後の贈与
・毎年、110万円までは課税されない（暦年課税の基礎控除とは別途措置）
【暦年課税】
…
相続財産
に相続税を
課税
相続
それ以前の贈与
（暦年単位で課税）
延長４年間
の贈与
死亡前３年以内
の贈与
加算期間を７年間に延長
・延長４年間に受けた贈与については総額100万円まで相続財産に加算されない

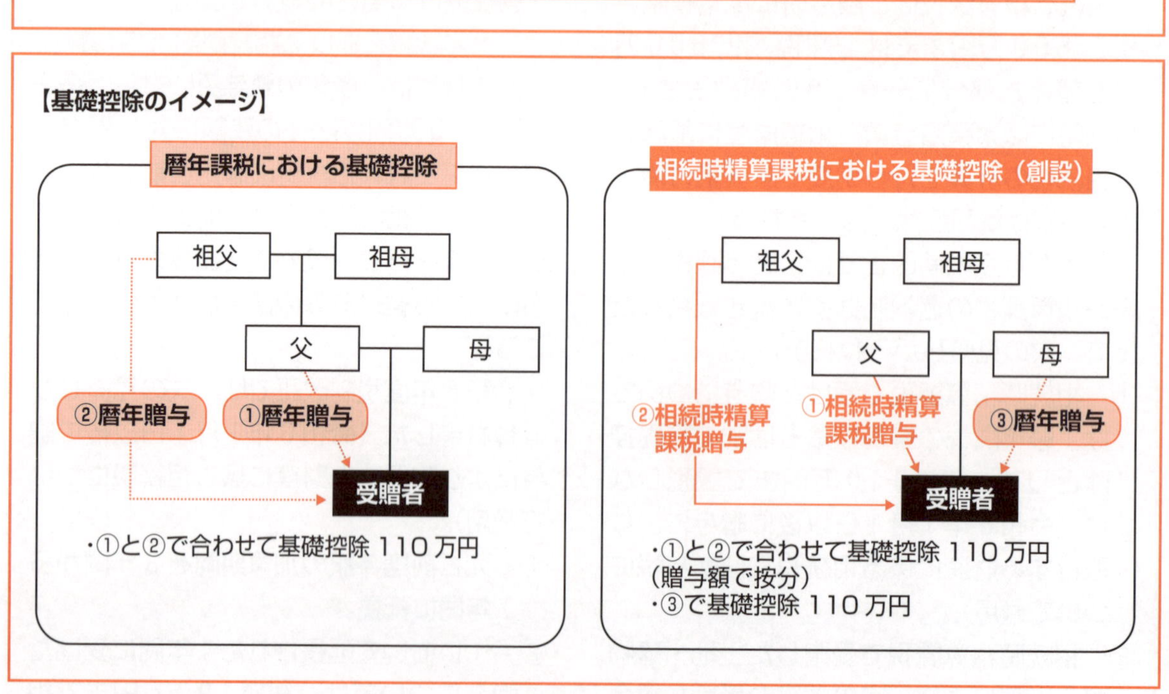
【基礎控除のイメージ】
暦年課税における基礎控除
祖父
祖母
父
母
②暦年贈与
①暦年贈与
受贈者
・①と②で合わせて基礎控除110万円
相続時精算課税における基礎控除（創設）
祖父
祖母
父
母
②相続時精算
課税贈与
①相続時精算
課税贈与
③暦年贈与
受贈者
・①と②で合わせて基礎控除110万円
（贈与額で按分）
・③で基礎控除110万円

104. 土地の評価方法

Q 相続税を計算する場合、土地の評価はどのように行うのでしょうか。

その土地の面している道路に付されている路線価を基準として評価する「路線価方式」と、固定資産税評価額に一定の倍率をかけて評価する「倍率方式」があります。

解 説

土地は評価する際、宅地・田・畑・山林・原野・牧場・池沼・鉱泉地・雑種地に分けられます。相続税の評価のときは、登記簿に記載されている地目（土地の種類）に関わらず、相続開始日現在の土地の状況により地目が判断されます。

評価は地番ひとつずつではなく、利用状況に応じて一区画ごとに行います。

評価方法は「路線価方式」と「倍率方式」の2種類があります。路線価や倍率は毎年7月頃に各国税局が定めます。

「路線価方式」というのは、その土地の面している道路に付された標準価格（路線価）を基準に評価する方法です。これにその土地の奥行き・間口・形状・角地かどうかなど、土地の価格に影響を与える条件を考慮して、最終的な評価額を算出します。この方法による評価は、その土地の形状や状況（がけや傾斜があるとか、道路に面していないなど）によってだいぶ評価額が変わってきます。

「倍率方式」は固定資産税評価額に一定の倍率をかけて評価する方法です。市区町村役場で評価証明書をとり、国税庁が公表している倍率表に載っている倍率を固定資産税評価額にかければ求められます。固定資産税評価額は土地の形状や状態などを考慮して定められているため、路線価方式のように複雑な計算は必要ありません。

土地の評価に必要な書類は、①土地の登記事項証明書②公図③住宅地図④固定資産税評価証明書⑤路線価図または倍率表、などです。上記の書類は①から③については所轄の法務局で、④についてはその土地を管轄する市区町村役場で、⑤については最寄りの税務署や国税庁HPでそれぞれ入手または閲覧することができます。

評価の例　1

〈路線価方式〉

所在地：横浜市緑区中山町○○番

地目：宅地

地積：180㎡

間口：10m

奥行：18m

路線価：26万円（1㎡あたり）

評価額

26万円×180㎡＝4,680万円

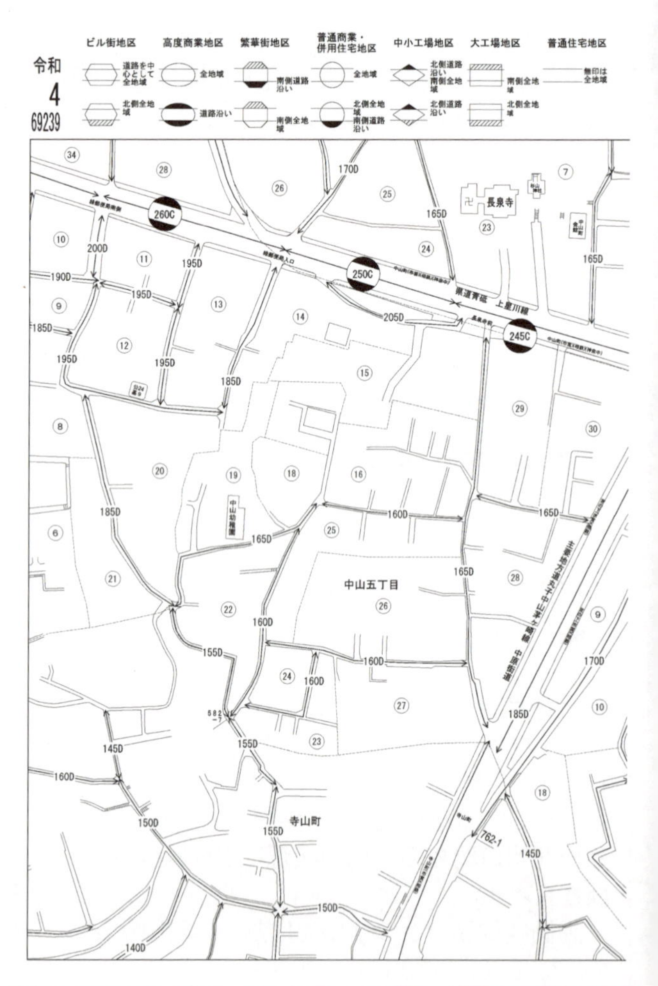

評価の例　2

〈倍率方式〉

所在地：横浜市緑区台村町△△番

地目：畑

地積：142㎡

固定資産税評価額：7,339円

倍率：113倍

評価額

7,339円×113倍＝829,307円

令和 4年分　　倍　率　表　　1頁

市区町村名：横浜市緑区　　緑税務署

音順	町（丁目）又は大字名	適用地域名	借地権割合	固定資産税評価額に乗ずる倍率等 宅地	田	畑	山林	原野	牧場	池沼
			%	倍	倍	倍	倍	倍	倍	倍
あ	青砥町	市街化調整区域								
		1　農業振興地域内の農用地区域				純 69				
		2　上記以外の地域	50	1.1		中 87	中 66			
		市街化区域	—	路線	比準	比準	比準	比準		
た	台村町	1　特別緑地保全地区					中 148			
		2　上記以外の地域	50	1.0		中 113	中 74			
		市街化区域	—	路線	比準	比準	比準	比準		
	竹山４丁目	市街化調整区域	50	1.1						

105. 市街化調整区域内の雑種地

Q 私の所有する土地が市街化調整区域内にあり、登記簿上の地目は畑なのですが、実際には駐車場として利用しています。このような土地の場合はどのように評価されるのですか。

A 実際に駐車場として利用しているということですので、雑種地として評価していきます。評価方法としては（1）近傍の宅地に比準する方法、（2）近傍の畑に比準する方法の2つが考えられます。

解　説

雑種地とは、評価区分上、宅地、山林、田、畑、原野、牧場、池沼および鉱泉地以外の土地のことをいいます。雑種地の評価は、その土地と状況が類似する付近の土地1㎡あたりの価額をもとに、雑種地との位置や形状等の条件差を考慮して行っていきます。

しかし、市街化調整区域内の雑種地については、状況が類似する付近の土地を判定するのが難しいため、評価対象地の周囲の状況を考慮して判定します。

（1）近傍の宅地に比準する方法

市街化調整区域内の雑種地を付近の宅地に比準して評価する場合には、市街化の度合いによって斟酌して評価します。

一般的な市街化調整区域内にある雑種地の場合、原則として建築に対して大きな制限があり、建物を建てることができないため、近傍の宅地に比準して求めた評価額から50％減額して評価します。

また、評価対象地が市街化区域付近や幹線道路沿いの境界線付近にある雑種地の場合、近隣に宅地が多く存在し、用途制限が比較的緩い場合が多く、宅地化の可能性があるため、近傍の宅地に比準して求めた評価額から30％減額して評価します。

ただし、周囲に郊外型店舗などが建ち並んでいるような場合には宅地に比準し評価し、減額はできません。

（2）近傍の畑に比準する方法

評価対象地の周辺が純農地、純山林、純原野の場合、その雑種地は宅地化による利益を見込むことはできません。雑種地の周辺が純農地等である場合には、付近の宅地ではなく、純農地等の価額をもとに評価を行っていきます。

ただし農地等の価額を基にして評価する場合で、評価対象地が資材置場、駐車場等として利用されているときは、その土地の価額は、原則として（農業用施設用地の評価）に準じて農地等の価額に造成費相当額を加算した価額により評価を行います。

106. 地積規模の大きな宅地の評価

私の家は先祖代々の農家で、自宅の敷地は他の住宅に比べて広く、相続の際に心配です。どのように評価されるのでしょうか。

A 広い土地をお持ちの場合、「地積規模の大きな宅地の評価」という評価方法を用いることができる可能性があります。適用が可能な場合、比較的評価額が低くなる傾向があります。

解　説

地積規模の大きな宅地とは、次の①～④のいずれかに該当する宅地を除き、三大都市圏においては500㎡以上の宅地、三大都市圏以外の地域においては1,000㎡以上の宅地をいいます。

①市街化調整区域（都市計画法の規定に基づき宅地分譲に係る開発行為ができる区域を除く）に所在する宅地

②都市計画法の用途地域が工業専用地域に指定されている地域に所在する宅地

③指定容積率が400%（東京都の特別区においては300%）以上の地域に所在する宅地

④大規模工場用地

(1)「地積規模の大きな宅地の評価」の対象となる宅地

「地積規模の大きな宅地の評価」の対象となる宅地は、路線価地域に所在するものについては、地積規模の大きな宅地のうち、普通商業・併用住宅地区及び普通住宅地区に所在するものとなります。また、倍率地域に所在するものについては、地積規模の大きな宅地に該当する宅地であれば対象となります。

(2)地積規模の大きな宅地の評価方法

①　路線価地域に所在する場合

評価額＝路線価×奥行価格補正率× 不整形地補正率等の各種画地補正率 ×規模格差補正率×地積（㎡）

②　倍率地域に所在する場合

本来の倍率方式により評価した価額と、その宅地が標準的な間口距離及び奥行距離を有する宅地であるとした場合の1㎡当たりの価額を路線価であるとみなし、かつその宅地が普通住宅地区に所在するものとして上記算式により算定した価額との、いずれか低い価額により評価します。

(3)規模格差補正率

規模格差補正率は、次の算式により計算します（小数点以下第２位未満は切り捨て）。

$$\text{規模格差補正率}=\frac{\text{Ⓐ}\times\text{Ⓑ}+\text{Ⓒ}}{\text{地積規模の大きな宅地の地積(Ⓐ)}}\times 0.8$$

上記算式中の「Ⓑ」及び「Ⓒ」は、当該宅地の所在する地域に応じて、それぞれ次の表のとおり定められています。

イ　三大都市圏に所在する宅地

地区区分	普通商業・併用住宅地区、普通住宅地区	普通商業・併用住宅地区、普通住宅地区
地積＼記号	Ⓑ	Ⓒ
500㎡以上　1,000㎡未満	0.95	25
1,000㎡以上　3,000㎡未満	0.90	75
3,000㎡以上　5,000㎡未満	0.85	225
5,000㎡以上	0.80	475

ロ　三大都市圏以外の地域に所在する宅地

地区区分	普通商業・併用住宅地区、普通住宅地区	普通商業・併用住宅地区、普通住宅地区
地積＼記号	Ⓑ	Ⓒ
1,000㎡以上　3,000㎡未満	0.90	100
3,000㎡以上　5,000㎡未満	0.85	250
5,000㎡以上	0.80	500

（注）
「三大都市圏」とは、次の地域をいう。
イ　首都圏整備法（昭和31年法律第83号）第2条（（定義））第3項に規定する既成市街地又は同条第4項に規定する近郊整備地帯
ロ　近畿圏整備法（昭和31年法律第129号）第2条（（定義））第3項に規定する既成都市区域又は同条第4項に規定する近郊整備区域
ハ　中部圏開発整備法（昭和41年法律第102号））第2条（（定義））第3項に規定する都市整備区域

しかしながら、時価1億円の土地が6,000万円で評価された場合、本来であれば1億円で売ることができる土地を6,000万円で物納してしまう危険性があるというデメリットもあります。

107. 不動産鑑定評価による土地評価(その1)〈筆者:不動産鑑定士 芳賀 則人〉

不動産の評価方法について、路線価方式ではなく鑑定評価による方法でも問題はないのでしょうか。

A これを読んでいる方々の多くは土地資産家です。当然たくさんの不動産をお持ちの方々ばかりです。これらの人々は全財産の80%近くが不動産で占めているという統計もあります。いや課税対象で言えば90%以上が不動産になるでしょう。

つまり不動産に関する評価方法、法律、税制等を知らなければ、より良い相続(家族が円満に、トラブルがなく、出来るだけスリムに納税し、今後の土地経営にも夢が持てる相続)は果たせないのです。

今回は土地の評価額について解説したいと思います。

例えば正面路線価300千円で間口10m、奥行12m、長方形状の120㎡の更地。路線価評価方式では3,600万円になります。

鑑定評価では(=時価は) 4,500万円程度になりますから、鑑定評価の必要はありません。

しかし〈図〉のような、面積もやや大きく地形が特殊な場合が問題です。路線価方式では限界があることが分かります。

そこで鑑定評価による方法で価格を査定します。

路線価評価方式　　7,900万円
鑑定評価方式　　　6,500万円(税務署もこの価格で是認しました)
この差額は1,400万円です。
実際売却価格　　　6,350万円(相続時点の6ヶ月後に売買成立)

路線価方式で一度試算してみて、それが時価を反映しているかどうか検証して、疑問を感じたら鑑定評価を採用することを検討するのが重要です。

〈図〉不整形地の評価
●所在地　神奈川県○○市
●面　積　土地475㎡
●用途地域　第1種住居専用地域
(建ぺい率:60%、容積率:200%)

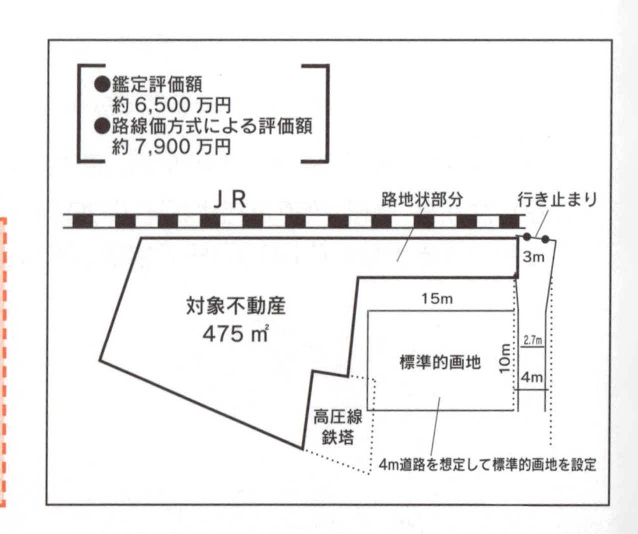

解　説

地形が極端に不整形である土地、道路に接する間口が2m以下である土地など、標準的な土地に比べて条件が劣るものについては、鑑定評価を検討すべきです。

108. 不動産鑑定評価による土地評価（その2）〈筆者：不動産鑑定士 芳賀 則人〉

自宅敷地など面積の大きい土地についても鑑定評価が有効だと聞いたのですが、本当でしょうか。尚、既に路線価方式で評価して、申告してしまったのですが、更正請求は可能でしょうか。

A 相続時における土地評価の方法には、２通りの方式があります。
①路線価評価方式…普通の土地にはこれで対応します。
②鑑定評価方式…1,000㎡を超えるような大きい土地傾斜地、山林、条件の劣る土地等々

解　説

地主さんの多くは、様々な土地をお持ちです。自宅でも2,000㎡～3,000㎡の敷地に住んでおられることも稀ではありません。このように面積の張る土地の評価は極めて難しく微妙な感性が要求されます。もちろん不動産鑑定士が鑑定評価をするわけですので、相続税の申告のためだけの評価ではなく、実際の売却に際して参考にならなければ意味がありません。残念ながら、路線価評価方式で出した評価額は、相続の申告のためだけに有用であって本当の意味での時価の評価ではありません。

では、なぜ大きい土地は鑑定評価をする必要があるかです。それは路線価評価方式では、時価を把握することが困難だからです。

では、既に路線価評価方式で土地の評価額を計算して相続税の申告を終えてしまった方が、もしこの文章を読んでおられるとしたら、心配無用です。申告時期から５年間は更正請求といって、税金の還付請求ができます。

実際に行った鑑定評価の実例を見て解説します。
（所在地：神奈川県Ｙ市、44,000㎡の広大地、現況ゴルフ練習場）

結論：路線価評価方式15億円
　　　鑑定評価方式　5億円　差額10億円

標高60～70ｍの山林を利用して（一部を切り崩して）ゴルフの練習場として使用していた土地です。

問題が1つありました。実測図がない事と、実測をすると大幅な縄伸びが見込まれることでした。登記簿面積は9,000㎡だったのです。つまり実測をしたら5倍になったのです。面積が5倍になっても鑑定評価をしてもいいのかはじめは疑問を持たれていましたが、結果的には造成費、有効宅地化率、金利、諸経費の項目を適正にはじき妥当な鑑定評価を出すことができました。その後、税務署の調査がありましたが全く問題なく済みました。

109. 建築中の家屋の評価

父は生前、建築業者と家屋の工事請負契約を締結しましたが、完成する前に死亡しました。相続税を申告するのに、この未完成の家屋はどのように評価すればよいのでしょうか。

A その家屋の工事進行状況に応じて、その費用の70％相当額で評価します。

解　　説

請負契約における建築中の家屋は、厳密にいえば引渡しが済むまでは注文者のものではありません。そこで、請負業者に支払った金額を前払金として財産に含めるという考え方ができます。

しかし、最近の請負契約における家屋の建築の実体は、請負業者が材料調達を行うために注文者に数回に分けて代金を支払ってもらうという形になっており、結果的には注文者が請負業者に対して工事の進み具合に応じて材料を供給しているといえます。

以上のことから、請負契約における建築であっても、「建築中の家屋」として、死亡した時点での工事の進み具合に応じて、その家屋の費用現価の70％で評価することになります。

計算例　1

- 請負契約金額：4,000万円
- 死亡するまでに支払った金額：3,000万円
- 工事進行度合：4分の3程度
- 工事進行度合に相当する費用：3,000万円

評価額　3,000万円×70％＝2,100万円

計算例　2

- 請負契約金額：4,000万円
- 死亡するまでに支払った金額：3,000万円
- 工事進行度合：2分の1程度
- 工事進行度合に相当する費用：2,000万円

評価額　2,000万円×70％＝1,400万円

＊支払った金額3,000万円と工事進行度合に相当する費用2,000万円との差額の1,000万円は債権（前払金）として財産に含めることになります。

110. 小規模宅地等の軽減措置

Q 相続税の申告において一定面積以下の宅地については、評価上の軽減措置があるそうですが、それはどのようなものか教えてください。

相続または遺贈によって取得した財産のうち、被相続人または被相続人と生計を一にしていた親族の事業（不動産の貸付を含む）に使用されていた宅地や居住用として使用されていた宅地等で建物や構築物の敷地として使用されているものについて、それぞれ限度面積まで一定割合を減額できます。

解　説

この特例は、1回の相続について、下記の面積まで適用を受けることができます。

区分	選択特例対象宅地等	上限面積	軽減割合
A	特定事業用宅地等	400㎡	80%
B	特定居住用宅地等	330㎡	
C	貸付事業用宅地等	200㎡	50%

※ C に適用した場合は、次の算式により計算した面積が限度です。

$A \times 200/400 + B \times 200/330 + C \leqq 200$ ㎡

C に適用しなければ A400 ㎡と B330 ㎡の完全併用（合計 730 ㎡）が可能となります。

〈特定事業用宅地等〉

被相続人等（同一生計親族を含む）の事業に供されていた宅地等で、その事業を申告期限までに承継し、かつ、申告期限まで引続きその事業（不動産貸付業等は除く）を営んでいる場合などをいう。

〈特定居住用宅地等〉

被相続人の居住の用に供されていた宅地等で、その宅地等の取得者が配偶者である場合、あるいは同居親族※で申告期限までその宅地等を有し、かつその宅地等に居住している者である場合などをいう。

※同居していない親族であっても、一定の要件を満たす者が申告期限までその宅地等を有している場合も含まれます。その要件については「家なき子」（P.146）を参照してください。

なお、貸付事業用宅地等では、相続開始前３年以内に貸付けを開始した不動産については、一定の場合を除いて特例の適用を認めないこととされています。また、特定事業用宅地等については、相続開始前３年以内に新たに事業の用に供された宅地等が除かれています。（ただし、その宅地等の上で事業の用に供されている減価償却資産の価額が、その宅地等の相続時の価額の 15%以上である場合を除く）。

111. 家なき子

Q 被相続人と同居していなかった場合でも小規模宅地等の特例の適用が可能な「家なき子」という制度があると聞きましたが、どのような場合に適用を受けることができるのでしょうか。

A 小規模宅地等の特例で問題となってくるのが、被相続人と相続人が同居していたかですが、被相続人と一緒に住んでいなかった親族でも、ある一定の要件を満たせば、特定居住用宅地等として上限面積 330 ㎡まで 80%減で評価できます。通称「家なき子の特例」と呼ばれています。

解　説

特例適用のために持ち家がない状態を無理やり作る租税回避行為が横行したため、平成 30 年度の改正※で特例を適用するための要件が厳しくなりました。
※令和 2 年 3 月 31 日までに発生した相続については経過措置が有ります。

「家なき子の特例」を使うための要件ですが、次の⑴から⑹の要件を全て満たすことが必要です。
⑴　居住制限納税義務者又は非居住制限納税義務者のうち日本国籍を有しない者ではないこと
⑵　被相続人に配偶者がいないこと
⑶　相続開始の直前において被相続人の居住の用に供されていた家屋に居住していた被相続人の相続人（相続の放棄があった場合には、その放棄がなかったものとした場合の相続人）がいないこと
⑷　その宅地等を相続開始時から相続税の申告期限まで有していること
⑸　相続開始前 3 年以内に日本国内にある取得者、取得者の配偶者、取得者の三親等内の親族又は取得者と特別の関係がある一定の法人が所有する家屋（相続開始の直前において被相続人の居住の用に供されていた家屋を除きます。）に居住したことがないこと
⑹　相続開始時に、取得者が居住している家屋を相続開始前のいずれの時においても所有していたことがないこと

「家なき子の特例」を使えるか使えないかでは大きく相続税が変わります。
一つ一つの要件を確認し、現状で「家なき子の特例」が使えるのかを把握しておいたほうがよいでしょう。

112. 小規模宅地等の範囲

二世帯住宅や被相続人が老人ホームに入居した場合にも、小規模宅地等の特例の適用を受けることはできるのでしょうか。

A 建物内部で二世帯の居住スペースがつながっていない場合でも、一定の要件を満たせば、小規模宅地等の特例の適用を受けることができます。また、被相続人が老人ホーム入所時に健常者であっても、相続開始時点で要支援・要介護状態である等の要件を満たしていれば、適用を受けることができます。

解　説

内階段がなく、外階段のみで行き来する一棟の建物に別々に居住していた場合においても、建物全体を被相続人の居住用として特例の適用を受けることができます。ただし、区分登記がされている場合には、被相続人の居住部分のみが対象となります。

また、被相続人が老人ホームに入所し、老人ホームの所有権や終身利用権を取得していたとしても、自宅を貸し付けの用に供していない等の要件を満たしている場合には、特例を適用できます。これは、被相続人が入所段階で介護の必要がなく健常者であっても、その後悪化し、相続開始時点では「要支援又は要介護、若しくは障害者支援区分の認定を受けていた」状態であった場合も含まれます。

113. 配偶者居住権

Q 被相続人の配偶者には、配偶者居住権という権利が認められるそうですが、これには相続税が課税されますか。また、課税されるとすれば、その評価はどのようにするのですか。

A 配偶者居住権は、平成30年の民法改正によって創設された制度で、相続開始の時に配偶者が被相続人所有の建物に住んでいた場合に、終身又は一定期間無償で住み続けることができる権利です。

この権利は、遺産分割や被相続人による遺贈等によって配偶者が取得できるものですが、従来の建物所有権が、配偶者居住権付き建物の所有権と配偶者居住権に分割されたものと考えられ、相続財産を構成することから、相続税が課税されることになりました。

評価方法は、まず、この権利の存続期間満了時点における建物所有権の価額を算定し、これを一定の割引率により現在価値に引き直すことにより、相続開始時点の配偶者居住権付き建物の所有権の評価額を算定します。そして、この価額を建物の時価から控除して、間接的に配偶者居住権の評価額を計算することとされました。したがって、配偶者居住権の評価額と配偶者居住権付き建物の所有権の評価額の合計額は、この権利が設定されていない建物の評価額と一致することになります。

配偶者居住権付き建物の敷地となっている土地等の評価方法も、同様に相続税法に定められています。

解　説

配偶者居住権の評価額は、相続税の原則的評価方法である「時価」によるのではなく、相続税法に定められた方法により計算する必要があります。これは、配偶者居住権が譲渡を禁じられているところから、時価による評価には馴染まないこと等が考慮されたためです。

その評価方法は次のとおり法定されています。

イ　配偶者居住権

建物の時価－建物の時価×{(残存耐用年数－存続年数)／残存耐用年数}×存続年数に応じた民法の法定利率による複利現価率

ロ　配偶者居住権が設定された建物（以下「居住建物」）の所有権

建物の時価－配偶者居住権の価額

ハ　配偶者居住権に基づく居住建物の敷地の利用に関する権利

土地等の時価－土地等の時価×存続年数に応じた民法の法定利率による複利現価率

ニ　居住建物の敷地の所有権等

土地等の時価－敷地の利用に関する権利の価額

(注 1) 上記の建物又は土地等の「時価」は、配偶者居住権が設定されていない場合の時価（具体的には建物においては固定資産税評価額、土地等においては路線価方式又は倍率方式による評価額）をいいます。
(注 2) 上記の「残存耐用年数」とは、居住建物の所得税法に基づいて定められている耐用年数(住宅用）に 1.5 を乗じて計算した年数から、その築後経過年数を控除した年数をいいます。
(注 3) 上記の「存続年数」とは、配偶者居住権の存続期間が配偶者の終身である場合は配偶者の平均余命年数をいい、その他の場合は遺産分割協議等により定められた存続期間の年数（配偶者の平均余命年数を上限とする）をいいます。

配偶者居住権等の評価の考え方

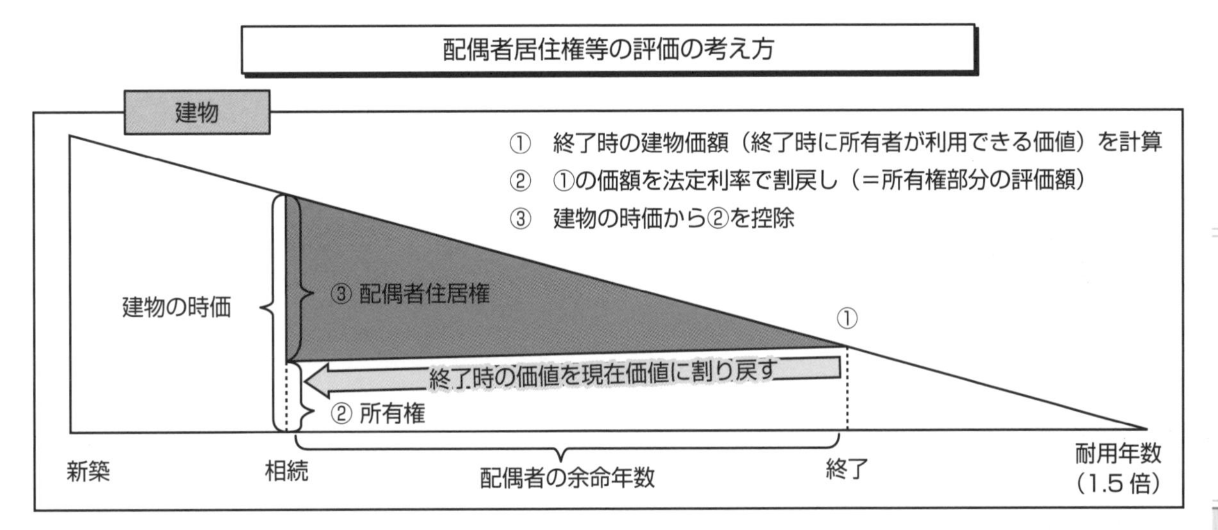

具体的計算の例
前提：
建物（木造、築 8 年)、相続税評価額 1,200 万円
イ　建物及び土地は子が相続し、配偶者（妻）が配偶者居住権を取得
ロ　配偶者居住権の存続年数は終身（配偶者は相続開始時に 73 歳）
ハ　使用する数値
(イ)　建物の耐用年数…… 22 年× 1.5 ＝ 33 年
(ロ)　存続年数…… 17 年（73 歳女性の平均余命年数（厚生労働省・簡易生命表））
(ハ)　複利現価率…… 0.605（法定利率 3%　17 年間）
計算：
1　配偶者居住権の評価
　1,200 万円－ 1,200 万円× {(33 年－ 8 年－ 17 年) ／ (33 年－ 8 年)} × 0.605 ＝ 968 万円
2　居住建物の所有権部分の評価
　1,200 万円－ 968 万円＝ 232 万円

居住建物の所有権の評価額が意外に低いと思われるかもしれません。一般的に築年数が古いほど、また配偶者の年齢が若いほど配偶者居住権の評価額の割合は高く、逆に居住建物の所有権の評価額の割合は低くなります。そして配偶者居住権はその存続期間の満了又は配偶者の死亡によって消滅し、贈与税又は相続税の対象にはならないものとされています。このため、配偶者居住権を設定することで相続税の節税が可能であるとも言われています。

114. 退職金・弔慰金

Q 私の夫は勤務中に死亡し、勤務先であるX社から特別弔慰金300万円、退職金3,000万円、退職慰労金200万円が支給され、私がそれぞれを受取りました。相続税の申告の際、どのように取扱えばよいのでしょうか。

A 退職慰労金については、退職手当金等に該当し課税財産となります。ただし、退職金の金額が、「500万円×法定相続人の数」の範囲内である場合は非課税となります。

また、特別弔慰金については原則非課税です。ただし、一定の条件を超える金額については退職手当金等として取扱うこととされています。

解　説

弔慰金について…被相続人の死亡により相続人等が弔慰金、花輪代、葬祭料の支給を受けた場合には、弔慰金として取扱い、非課税財産となります。ただし、次の条件を超える金額については退職手当金等として取扱うこととされています。

1．業務上の死亡である場合は、死亡時における賞与以外の普通給与の3年分に相当する額
2．それ以外の場合は、死亡時における賞与以外の普通給与の半年分に相当する額

退職手当金等について…被相続人の死亡に伴い、退職手当金、功労金その他これらに準ずる給与で死亡後3年以内に支給が確定したものの支給を相続人等が受けた場合には、相続財産となります。なお、被相続人の死亡後3年以内に支給が確定していてもその額が確定していないものは、相続財産には当てはまりません。

退職手当金等の範囲…次の方法で退職手当金等に該当するかどうか判定することとされています。

1．退職給与規程等に基づいている場合は、これにより判定
2．その他の場合は、被相続人の地位、功労等を考慮し、また類似する職種における被相続人と同様の地位にある者が受取ると認められる金額を基準に判定

退職手当金等の非課税範囲について…相続人の生活安定の見地から非課税の範囲が設けられています。相続人の取得した退職手当金等の合計額のうち、500万円×法定相続人の数（＝退職手当金等の非課税限度額）の範囲内の金額については非課税となります。

115. 生命保険金

Q 私は、父の死亡により3,000万円の生命保険金を受取りましたが、この保険契約にかかる保険料は、父が200万円、私が100万円を負担しました。この場合、すべての金額が相続財産になるのですか。相続人は私一人です。

1,500万円が相続税の課税財産となります。なお1,000万円は本人の一時所得として所得税の対象となります。

解　説

(1) 課税財産の範囲

被相続人が保険料を負担していた生命保険金（損害保険契約の保険金は偶然な事故による死亡により支払われた場合のみ）を被相続人の死亡により相続人等が取得した場合には、その負担していた保険料に相当する保険金額を相続により取得したものとみなされます。

なお、相続により取得したものとみなされる保険金には、一時に支払いを受けるもののほか、年金の方法により支払いを受けるものも含まれます。

また、保険契約に基づき分配を受ける剰余金、割戻しを受ける割戻金及び払戻しを受ける前納保険料の額で、当該保険契約に基づき保険金とともにその保険金受取人が取得するものも含まれます。

$$\text{受取った生命保険金} \times \frac{\text{被相続人が負担した保険料の額}}{\text{相続開始の時までの払込保険料の全額}}$$

（注）被相続人および保険金受取人以外の人が支払った保険料の金額に対する保険金は贈与税の対象となり、また、保険金受取人自身が支払った保険料に対する部分は、一時所得として所得税の対象となります。

(2) 非課税財産の範囲

相続人の生活安定を図る見地から、相続人の取得した生命保険金について、「500万円×法定相続人の数」を限度額として非課税とされます。

したがって、この事例の場合の相続税と所得税の課税対象額の計算は以下のとおりになります。

相続税課税財産

受取った保険金		被相続人が負担した保険料		相続開始までの払込保険料
3,000万円	×	200万円	÷	(200万+100万円)=2,000万円

		相続税の非課税限度額		相続税の課税される額
2,000万円	−	(500万円×1人)	=	1,500万円

所得税の課税対象額（一時所得）

受取った保険金		相続税の課税対象		所得税の対象となる金額
3,000万円	−	2,000万円	=	1,000万円

＊前提条件
被相続人　:夫
受取保険金　: 9,000万円
その他の財産　: 2,000万円
法定相続人　: 4人
妻の所得　: 0円
その他の贈与財産 : 0円
支払った保険料 : 50万円

〈受取保険金等の課税関係〉

保険料負担者	被保険者	受取人	税金の種類		税額
夫	夫	妻	相続税		0
妻	夫	妻	所得税・住民税		1,968万円※1
妻	夫	子	贈与税	一般税率	4,489万円※2
				特例税率	4,249万円※3

※1 {(9,000万円−50万円（支払保険料）−50万円（特別控除額）)×0.5}×(45%（所得税率）+10%（住民税率）)−479万円（速算控除額）
上記の税額計算では、復興特別所得税は考慮していません。
※2 (9,000万円−110万円)×55%−400万円
※3 (9,000万円−110万円)×55%−640万円
直系尊属（父母・祖父母等）からの贈与により財産を取得した18歳以上（贈与年の1月1日現在）の子・孫等の受贈者について適用。令和4年3月31日以前の贈与については、「18歳」が「20歳」となります。

116. 定期金に関する権利の評価

Q 父が個人年金を受け取っていましたが、相続人である私がその年金受給権を相続した場合の評価（定期金に関する評価）の計算方法を教えてください。

A 年金の受け取りが既に開始しているもの（給付事由が発生しているもの）については、解約返戻金、一時金の金額、もしくは年金額に一定率を乗じて計算した金額のいずれか多い金額で評価します。

なお、年金の受け取り開始前の相続（給付事由が発生していないもの）なら、解約返戻金又は払込保険料に一定率を乗じた金額により評価します。

解　　説

（1）定期金の給付事由が発生しているもの

定期金の受給事由が発生しているものに関する権利（生命保険契約を除く）を評価する場合は、有期定期金、無期定期金、終身定期金の区分に応じて、以下のようにそれぞれ①～③のいずれか多い金額で評価します。

有期定期金	無期定期金	終身定期金
① 解約返戻金の金額	同左	同左
② 定期金に代えて一時金の給付を受けることができる場合には、当該一時金の金額	同左	同左
③ 給付を受けるべき金額の1年当たりの平均額×残存期間に応ずる予定利率による複利年金現価率	③ 給付を受けるべき金額の1年当たりの平均額÷予定利率	③ 給付を受けるべき金額の1年当たりの平均額×平均余命に応ずる予定利率による複利年金現価率

（2）定期金の給付事由が発生していないもの

定期金の受給事由が発生していない場合は、原則として解約返戻金の金額により評価しますが、解約返戻金を支払う定めがない場合は、以下のように一時払いと一時払い以外に分けて評価します。

解約返戻金を支払う旨の定めあり	解約返戻金を支払う旨の定めなし	
	一時払いの掛金	一時払い以外の掛金
解約返戻金の金額	経過期間につき、掛金（保険料）払込金額に対し、予定利率の複利による計算をして得た元利合計金額× 0.9	経過期間に応じ、掛金（保険料）の金額の1年当たりの平均額に、予定利率による複利年金終価率を乗じて得た金額× 0.9

117．有価証券の評価（上場株式）

上場されている株式の評価は、具体的にどうすればよいのでしょうか。

上場されている株式の評価は、基本的には被相続人が亡くなった日（相続開始日）の価格になります。

解　説

上場株式とは全国の金融商品取引所（東京、札幌、名古屋、福岡など）に上場されている株式のことをいいます。評価の原則は、その株式が上場されている金融商品取引所における相続開始日の最終価格になります。ただし、株価は常に動いていますので、評価の安全性を考慮して次に掲げる金額の最も低い価格で評価します。

① 課税時期（相続開始日）の最終価格
② 課税時期の属する月の毎日の最終価格の月平均額
③ 課税時期の属する月の前月の毎日の最終価格の月平均額
④ 課税時期の属する月の前々月の毎日の最終価格の月平均額

例：被相続人がA社の株式を1，000株所有
課税時期（相続開始日）令和5年5月24日
① 課税時期の最終価格……………………………1，330円
② 令和5年5月の毎日の最終価格の月平均額……1，350円
③ 令和5年4月の毎日の最終価格の月平均額……1，320円
④ 令和5年3月の毎日の最終価格の月平均額……1，370円

よって最も低い価格は令和5年4月の毎日の最終価格の月平均額になりますので、A社の株式の評価額は次のとおりです。

評価額＝1，320円×1，000株＝132万円

※外国の金融商品取引所に上場されている株式の評価も同様に行います。

118. 有価証券の評価（取引相場のない株式）

Q 私は、自分が社長をしている法人の全株式の6割を所有しており、妻と合せると8割を超えます。このような株式の相続時の価格は、上場されていないのでわかりません。どう評価したらよいのでしょうか。

A この事例の場合、原則として純資産価額方式にて評価します。取引相場のない株式の評価は細かく規定されているので、かなり複雑ですが、基本的には株主の地位と会社の規模による2つのポイントがあります。

解説

(1) 株主の地位による評価の違い

株主が社長や社長の親族の場合、一般的に持株数も多く、当然会社に対する支配権も大きいわけ（支配株主）ですから、その他の株主に比べて株式の評価は高くなります。

➡ 原則的評価方式

一方、その他の株主は会社に対する支配権がないため（少数株主）、もっぱら配当金を受取る期待のみとなりますので、株式の評価は低めになります。

➡ 配当還元方式

(2) 会社の規模による評価の違い

会社に対して支配権を持つ株主の株式を原則的評価方式にて評価する場合に、会社によっては非上場でも上場会社に近いものから、個人商店に近いものまで様々なものがあります。そこで、上場会社に近い会社（大会社）については、会社の配当金額、利益金額、純資産価額を同業種の上場会社の平均と比較して上場会社に準じて評価します。

➡ 類似業種比準価額方式

一方、個人商店に近い会社（小会社）については、会社の純資産（資産－負債）価額を基に評価します。

➡ 純資産価額方式

なお、上場会社と個人商店の中間にあるような会社（中会社）は、類似業種比準価額方式と純資産価額方式を併用して評価します。

➡ 併用方式

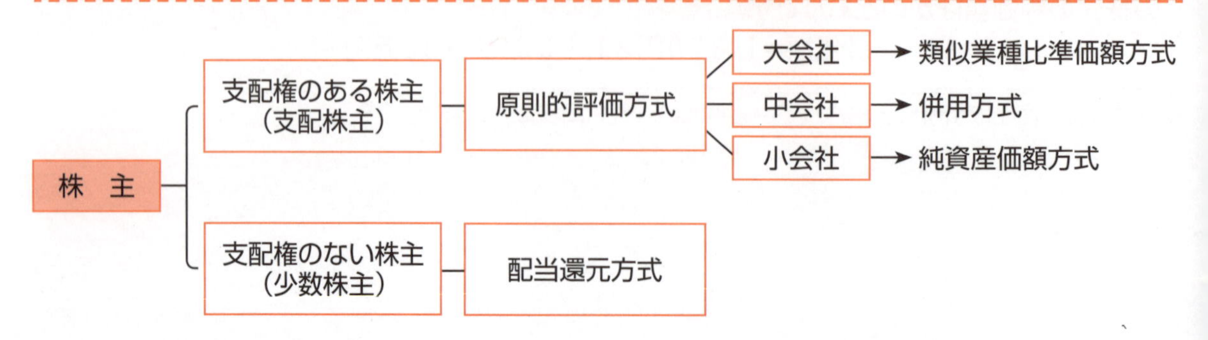

119. 金融資産の評価

父の死亡により相続税を申告することになりましたが、相続財産の中に預貯金以外の金融資産がありました。財産評価の方法をいくつか教えてください。

A 主なものについては、以下のようになります。

解　説

(1) 公社債 (上場)

券面額100円あたりの金額※×$\frac{\text{公社債の券面額}}{\text{100円}}$

※券面額100円あたりの金額とは以下のとおりです。

①利付公社債……最終価格＋源泉所得税相当額控除後の既経過利息の額

②割引発行の公社債……最終価格

(2) ゴルフ会員権 (取引相場のあるもの)

課税時期の通常の取引価格×70％

ただし、取引価格に含まれない預託金などがある場合には上記の算式による評価額に加えることになります。また株主でなければ会員となれないゴルフ会員権については株式として評価することになり、ゴルフ場で単にプレーするだけのものについては評価しません。

(3) 生命共済 (保険) 契約に関する権利

共済 (保険) 事故が発生していない生命共済 (保険) 契約の共済掛金 (保険料) を被相続人が支払っていた場合には、その保険の解約返戻金相当額のうちその被相続人の保険料負担部分が相続財産となり、その価額で評価します。

なお、解約返戻金とともに前納保険料などが支払われることとなる場合には、生命共済 (保険) 契約に関する権利の価額は、解約返戻金と前納保険料などの合計額により評価することとなります。

コラム

相続登記の義務化

相続登記とは、相続を原因とする所有権移転登記です。全国的に所有者不明土地が増えており、公共事業や災害復興が進まない、不動産取引の支障になる、周辺環境が悪化する等の問題が生じています。この背景として、相続登記や住所等の変更登記を申請しなくても不利益を被ることが少ないことなどが指摘されています。したがって、相続登記や住所等変更登記の未了に対応するため、不動産登記法の改正等によってこれらの申請を義務化するとともに、申請義務の実効性を確保するための方策が導入されます。

1．義務化の時期

相続登記の義務化は令和６年（２０２４年）４月１日から施行されます。また、住所等の変更登記の義務化は令和８年（２０２６年）４月までに施行される予定です。

2．義務化の内容

相続の開始かつ所有権の取得を知った日から３年以内に相続登記の申請が義務付けられます。正当な理由なく相続登記を怠った場合は１０万円以下（正当な理由なく住所等の変更登記の申請を怠った場合は５万円以下）の過料に処するとされています。

3．過去の相続分の登記義務

過去の相続分も遡及適用されます。令和６年（２０２４年）４月１日以前に発生した相続については、令和６年（２０２４年）４月１日から３年以内の相続登記が義務となります。

4．相続登記の手続簡便化

義務化に伴って手続を簡便化する措置は以下の通りです。

（ア）相続人申告登記制度

法務局の登記官に所有権の登記名義人が亡くなったことと、自身が相続人であることを申告する手続により、相続登記の申請義務を履行したものとみなされる制度です。相続登記の申請義務を履行したものとみなされるため、過料の対象から外されます。この制度は遺産分割に争いなどがあり、３年以内に所有権移転登記が困難な場合の応急処置的な申告が想定されます。この場合でも、後に遺産の分割によって所有権を取得した際は、当該遺産分割の日から３年以内に所有権移転登記を申請する義務が生じます。

（イ）所有不動産記録証明制度

相続登記では相続する不動産を調べる必要がありますが、登記識別情報や固定資産税の課税通知書が見当たらない場合等は調査が困難になります。相続人が被相続人の所有不動産を把握しきれていなかった場合は、相続登記漏れの原因となっています。

この所有不動産記録証明制度では、相続人が法務局から、被相続人が名義人となっている不動産の一覧の証明書を取得できるようになり、登記識別情報や固定資産の課税通知書が見当たらなくても所有不動産を調べることや相続人が把握していなかった被相続人所有不動産を知ることができると考えられます。なお、この証明書は自己所有不動産の一般的な確認方法としての利用も想定されます。

なお、上記以外に「相続土地国庫帰属制度」が創設されました。相続や遺贈によって土地の所有権を取得した相続人が、法務大臣（申請窓口は法務局）の承認により、土地を手放して国庫に帰属させることを可能にする制度が令和５年４月２７日から開始されています。この利用には、審査手数料や１０年分の土地管理費相当額の負担金を納付する必要があります。

120. 相続財産から差引かれるもの

相続する財産には債務も含まれるのですか。また、葬儀にかかった費用は相続財産から差引くことができるのでしょうか。

債務も含まれますが、相続財産から控除されます。また葬式費用も控除の対象になります。

解　説

(1) 債務

相続財産から控除される債務は、相続開始日において確実であるものに限られます。不確実なものは対象になりません。なお、支払わなければならないことが確定しているものについては、必ずしも書面での証拠が必要となるわけではありません。

債務の種類には、公租公課（税金）・銀行借入金・借入金・未払金・買掛金等があります。

公租公課については、相続開始日において未払いのものの他に、準確定申告の際に納付した所得税も含まれます。固定資産税、都道府県民税、市町村民税等は納税義務が確定する日（固定資産税の場合はその年の1月1日）が債務の確定日になりますので、それ以降に相続が発生し、なおかつ相続開始日現在でそれらの税金が未払いの場合、その金額が控除されます。なお、公租公課のうち相続人の責めによる延滞税等は控除対象にならないので注意してください。銀行借入金、借入金等については被相続人本人が借入れをしている場合には控除対象となりますが、保証債務（何らかの契約で保証人になっているもの）や連帯債務（何らかの契約で連帯保証人になっているもの）については取扱いが異なるので注意してください。

保証債務については、主たる債務者が弁済不能であるために債務を履行し、かつ主たる債務者からその金額を回収できる見込みがないとき、また連帯債務については、負担すべき金額が明らかになっている部分について相続財産から控除することができます。

(2) 葬式費用

葬式費用になるものとならないものは、下記のとおりです。

葬式費用になるもの	葬式費用にならないもの
・お通夜、告別式にかかった費用 ・葬儀に関連する料理代 ・火葬料、埋葬料、納骨料 ・遺体の搬送費用 ・葬儀場までの交通費 ・お布施、読経料、戒名料 ・お手伝いさんへのお礼 ・運転手さん等への心付け ・その他通常葬儀に伴う費用	・香典返し ＊香典をいただいたことに対するお返しなので含まれません。 ・生花、盛籠等 ＊喪主・施主負担分は葬儀費用になります。 ・位牌、仏壇、墓石の購入費用 ・法事（初七日、四十九日）に関する費用 ・その他通常葬儀に伴わない費用

121．未払医療費

Q 同居していた父が亡くなり、相続税の申告をしなければなりません。私は父が亡くなった後に請求された医療費を、家にあった父の現金から支払いました。死亡後に支払った医療費などは相続財産から引けると聞きましたが本当ですか。また、父の所得税の申告（準確定申告）で医療費控除の対象にもなるのでしょうか。

死亡後に支払った医療費は相続財産から控除されます。また、準確定申告をする際には医療費控除の対象にはなりません。

解　説

被相続人の医療費を死亡後に相続人が支払った場合の取扱いは次のようになります。

（1）相続税の申告

死亡後に支払った医療費については、相続税の計算上、債務控除の対象になります。

（2）準確定申告

死亡後に支払った被相続人の医療費は、被相続人の医療費控除の対象にはなりません。

（3）相続人の所得税の確定申告

死亡後に支払った父の医療費は、その金額を負担した（その債務を相続した）相続人の確定申告での医療費控除の対象になります。

この事例の場合には、家にあった父の現金から医療費を支払っていますが、家にあった現金は相続財産になりますので、その相続財産を取得する人が医療費を支払ったことになり、支払った人の確定申告の際に医療費控除の対象とすることができます。

122. 障害者控除・未成年者控除

Q 私の父が亡くなり相続税の申告をしなければなりません。相続人は私を含め兄弟3人です。私は障害者で、末っ子が未成年者なのですが、障害者や未成年者について相続税の減額はできるのでしょうか。

A 障害者、未成年者については、各人の相続税から次の計算方法で障害者控除額と未成年者控除額を求め、それぞれの相続税額から控除できます。法定相続人である障害者、未成年者（各本人）が相続や遺贈で財産を取得したときに適用可能であり、本人の相続税額から引き切れない控除額はその扶養義務者の相続税額から差し引けます。なお、以前の相続に本人が当該税額控除を適用していたときは控除額の制限があります。

解　説

（1）障害者控除

相続人に障害者がいる場合、85歳に達するまでの年数につき10万円が障害者控除額として相続税額から控除されます。

また、特別障害者の場合、1年につき20万円の控除が認められています。

> 障害者控除額＝（85歳－相続開始時の年齢）×10万円
> [特別障害者の場合は×20万円]

身体障害者手帳3～6級の方は障害者控除、1・2級の方は特別障害者控除の適用が受けられます。その他（特別）障害者の範囲については、P.92をご参照下さい。

（2）未成年者控除

相続人に未成年者がいる場合、18歳に達するまでの年数につき10万円が未成年者控除額として相続税額から控除されます。

例えば、3歳2ヶ月なら18歳まで14年10ヶ月ありますので15年となります（端数切り上げ・障害者控除も同様）。

したがって、15年×10万円=150万円の税額控除ができることになります。

> 未成年者控除額＝（18歳－相続開始時の年齢）×10万円

（注）令和4年3月31日以前の相続又は遺贈については、上記の「18歳」が「20歳」となります。

123．配偶者の税額軽減

私は夫が亡くなり相続の申告をしなければなりません。配偶者には相続税がかからないと聞きましたが本当ですか。

A 相続税を計算するとき、配偶者には「配偶者に対する相続税額の軽減」という特例があります。配偶者の相続分が法定相続分（または1億6,000万円のどちらか多い方の金額）以下である場合には、配偶者に相続税はかかりません。

解　説

配偶者に対する相続税額の軽減は、配偶者が相続で受取った財産の額が、法定相続分以下であれば税金がかからないというものです。

また、法定相続分以上相続した場合でも、1億6,000万円までは税金はかかりません。

配偶者の相続財産≦相続財産全体×配偶者の法定相続分

↓

相続税は無税

＊仮に法定相続分以上であっても、1億6,000万円までなら税金なし。

計算式は、次のとおりです。

配偶者の税額軽減額＝相続税の総額×①と②の少ない方の額÷全員の課税価格の合計額

①課税価格のうち配偶者の法定相続分（1億6,000万円に満たないときは1億6,000万円）

②配偶者の相続する課税価格

上記で計算された配偶者の税額軽減額を、配偶者の相続税額から差引くことができます。

コラム

土地の色分け

都市近郊で、土地をたくさん持っておられる農家の方にとっては、最終的にやってくる相続税が一番の悩みの種になっていることと思います。

今回は、土地の「色分け」と有効活用、納税対策について解説します。

まず、いくつか土地を持っている場合には、土地を四種類に「色分け」しましょう。

その四種類は「死守地」（最後まで守りたい土地）、「有効活用地」（「家」のゆとりのために有効活用したい土地）、「納税用地」（納税する、または納税資金を準備するための土地）、「問題地」（有効活用がままならない土地）です。それぞれ個別にどのように対策ができるか検討してみましょう。

1．「死守地」

死守地とは、前述のとおり、家を守るため最後まで残さなければならない自宅の敷地や分家用地、農業を続けるための農地のことを指します。これらの土地を守るためには、相続が“争族”にならないために遺言書を残すこと、農地の納税猶予の特例が受けられるように日頃から全体的に農地を耕作しておくこと、などで対策できるでしょう。

2．「有効活用地」

いうまでもなく、アパート、マンション、倉庫、事務所を建築したり駐車場等にしたりして有効に活用できる土地のことです。これらの有効活用地からあがる収益を子供や孫に贈与していけば、相続人は納税資金を準備することも可能でしょう。法人の設立により所得税対策も検討できる土地です。

3．「納税用地」

これらの土地は、いざ相続が発生したときに納税するため売却や物納がしやすいような土地のことです。このような土地は、一般的に月極駐車場などとして相続発生まで利用していることが多いようです。駐車場等であれば売却するにしても物納するにしても、比較的容易に契約の解除ができ、相続発生までは有効活用ができます。

4．「問題地」

貸宅地（借地人が借りている土地の上に建物を所有している場合）、耕作権の付いている土地、市街地山林などは、収益性や処分のしやすさという面からみると一般的には不良資産化している土地といえます。しかし、この土地を「問題地」から「納税用地」にかえることができます。

もし相続が発生した場合には、その土地を買取ってもらえるような合意が地主のかたと借地人の間でできるならば、契約書に特約事項として含めておくのがよいでしょう。生前に借地人に売却することも対策の一つですが、売却すると所得税が多額になる可能性があります。しかし、相続発生後に買取ってもらえれば相続税の取得費加算の特例を適用することができるため、所得税をおさえることができます。

もう一つの対策は、貸宅地を物納に充てる方法です。物納というと建物などを取壊して更地にしないといけないようなイメージがありますが、貸宅地も物納することができます。しかし、この場合でも、きちんと測量・分筆等を行い境界線の確認を行っておくことや、正式な契約書を作成しておくなど一定の要件がありますので、いずれにしても時間をかけてしっかり対策をすることが必要になるでしょう。

また、耕作権が付いている土地については交換等を行い、市街地山林や無道路地については開発や造成、あるいは売却することで対策をすることができるでしょう。

以上が、土地の「色分け」ですが、現在所有している土地はどのような土地が多いか検討してみて、有効利用できる土地はできるだけ活用し、納税用地となる可能性があるところについては少しずつ測量するなどして、土地全体を見直してみるのはいかがでしょうか。

また、相続対策とひとことで言っても経費がかかる場合もあるので、まず相続税の試算をしてみてどれくらいの税金を負担しなければならないかを把握してから、必要な対策を行っていくことが大切です。

124．養子縁組

養子縁組をすると相続税を少なくすることができると聞きましたが、どのように節税できるのでしょうか。

A 相続税の基礎控除額＝非課税限度額（税金がかからない額）は、「3,000万円＋600万円×法定相続人の数」で計算されます。

よって、法定相続人の数が増えると基礎控除額が増加し、また一人当たりの法定相続分に応ずる金額が減少することにより相続税額が減少することになります。

解　説

養子縁組の利点は次のとおりです。

①相続税の基礎控除額は一人につき600万円増加します。
法定相続人の数に含めることができる養子の数は、実子がいる場合には養子のうち1人、実子がいない場合には養子のうち2人まで認められます。なお、民法上においては養子の数に制限はありません。

②相続税は所得税と同じく超過累進税率なので、相続人が増え、一人当たりの相続分が減少することで税率が下がります。

③生命保険金、退職手当金の非課税限度額は「500万円×法定相続人の数」なので、相続人が増えるとこれらの非課税額も増加します。

④孫を養子にすることによって、その養子に財産を相続させた分だけ相続を1世代とばすことができます。ただし、被相続人の養子となったその被相続人の孫（代襲相続人である者を除く）は、相続税額の2割加算制度の対象になります。

【例】

相続財産…１０億円（土地6億5,000万円、預金2億5,000万円、生命保険金1億円、葬式費用300万円を含む）

①法定相続人…実子2人

②法定相続人…実子2人、養子1人（被相続人の孫以外の者）

相続税の課税財産

	①	②
土地	6億5,000万円	6億5,000万円
預金	2億5,000万円	2億5,000万円
生命保険金	1億円	1億円
*生命保険金の非課税限度額	△1,000万円	△1,500万円
葬式費用	△300万円	△300万円
	9億8,700万円	9億8,200万円
*基礎控除額	△4,200万円	△4,800万円
	9億4,500万円	9億3,400万円

*生命保険金の非課税限度額　①500万円 ×2人＝1,000万円
　　　　　　　　　　　　　②500万円 ×3人＝1,500万円

*基礎控除額　①3,000万円 ＋600万円 ×2人＝4,200万円
　　　　　　②3,000万円 ＋600万円 ×3人＝4,800万円

相続税の計算

	課税遺産総額	相続税額
①養子縁組をしない場合	9億4,500万円	3億8,850万円
②養子縁組をした場合	9億3,400万円	3億4,100万円

したがって、 3億8,850万円－3億4,100万円＝4,750万円が節税できることになります。

125. アパートの建築による財産の評価減

アパートを建てた場合、相続税が少なくなると聞いたのですが、どうしてなのでしょうか。

アパートを建てた場合、土地、建物の財産評価額がともに低くなるので、基本的には相続税は少なくなります。

解　説

アパートを建てることにより相続税が少なくなる理由を以下に列挙してみます。

（1）ある土地にアパートを建てると、その土地は貸家建付地として評価され、自用地と比較して評価額が低くなります。下記の算式のとおり借地権割合に借家権割合を乗じた金額分を差引くことができるためです。

貸家建付地＝宅地の自用地としての価額×(１－借地権割合×借家権割合×賃貸割合)

（2）家屋の評価は固定資産税評価額を基にします。建築費総額に比べて固定資産税評価額は低く、借家権割合を差し引くこともできるため、金銭資産のままよりも相続税課税財産が低く評価されます。

貸　家＝固定資産税評価額×（１－借家権割合×賃貸割合）

＊なお、借家権割合は一律30％です。

（3）アパートを建築する際、金融機関から借入れをすると借入金を債務として控除することができます。

以上のようにアパートを建てた場合、相続税が少なくなります。しかし、アパートを建築する場合には償還期間の長い大きな借入をするのも事実です。アパートを建築する際には相続税対策だけでなく、将来にわたって借入金を返済していけるのかどうか、しっかり検討することが必要です。

126. 生命保険と相続対策

Q 私は農業を営んでおります。私には子供が２人おり、相続の際には農業を継ぐことになっている長男にほとんどの財産を遺言で残したいと考えていますが、そうすると遺産を巡って兄弟間でもめることが心配です。何かよい方法はないでしょうか。

兄弟間で争う事になりそうな場合、事前対策として生命保険と代償分割による方法を上手に活用してみてはいかがでしょうか。

解　説

長男に財産を残したい場合で、兄弟間の遺産分割でもめる心配がある場合には、生命保険と代償分割を利用するとよいでしょう。

長男が財産のほとんどを相続する場合、次男を受取人とする生命保険に加入し、次男は死亡保険金を受け取るようにするのが一般的ですが、万が一、兄弟間で争いが起こった場合には落とし穴があります。

保険金は民法上本来の相続財産ではなく、受取人固有の財産となるため、次男は相続財産に対する遺留分侵害相当額の請求の権利を有することとなります。

次男が保険金を受け取った上、遺留分侵害相当額の請求も行う、ということにもなりかねません。

そこで、保険金を長男がすべて受け取り、代償分割で次男へ代償交付金を渡すことをお勧めします。

遺産分割協議書へその旨を明記することにより、次男が長男から金銭を受け取ったとしても、民法上は父から受け取った相続財産とされますので、遺留分侵害相当額の請求のリスクを回避することができます。

なお、受け取った死亡保険金は「500万円×法定相続人の数」だけ控除することができるため、その分相続税の計算上も有利になります。

127. 農地の納税猶予の特例

Q 農業を営んでいた父が亡くなったため、相続税の申告をすることになりました。そこで、農地については長男である私が相続することになりました。納税猶予の特例を受けることができると聞きましたが、その概要について教えてください。

A 納税猶予の特例とは、農業を営んでいた被相続人から、農業の用に供されていた農地等を相続等により取得した農業相続人が、その農地等において引続き農業を営む場合には、一定の要件の下に相続税額の納税を猶予するというものです。

この特例は、農業経営を継続するための猶予制度ですから、農業相続人が死亡した場合など、一定の事由に該当しない限り納税は免除されません。

譲渡や農地以外への転用、または農業経営の廃止等、農業を営まなくなった場合には、利子税とともに相続税を納付しなければなりませんので、農業を続けていく心構えが大切です。

解　説　相続税評価額から農業投資価格を差引いた金額に基づいて納税猶予の金額が算出されます。

〈相続税の納税猶予の特例〉

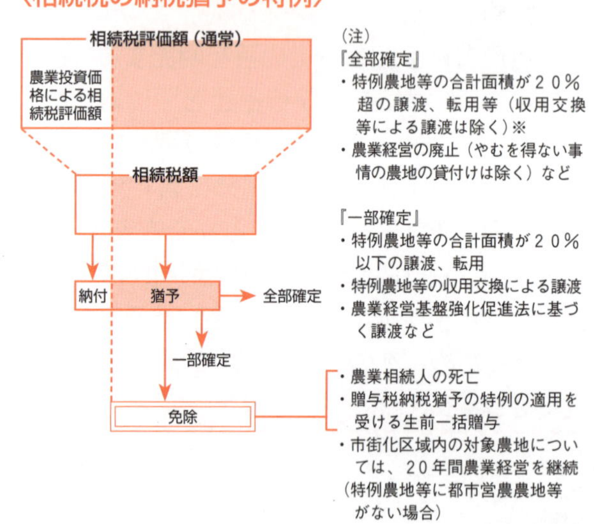

（注）『全部確定』・『一部確定』とは、納税猶予を受けている相続税額の全部または、一部を利子税とともに納付しなければならないことです。
※譲渡等には地上権、永小作権等の設定も含まれますが、平成28年４月以後に区分地上権を設定した場合でも農業相続人等が対象農地を引き続き耕作等する場合には、納税猶予が継続されます。

〈特例の対象となる農地等〉

相続税の納税猶予要件及び免除理由は、平成30年度及び令和２年度の税制改正によって次の表のとおりになりました。（下線部分が見直し部分です。）

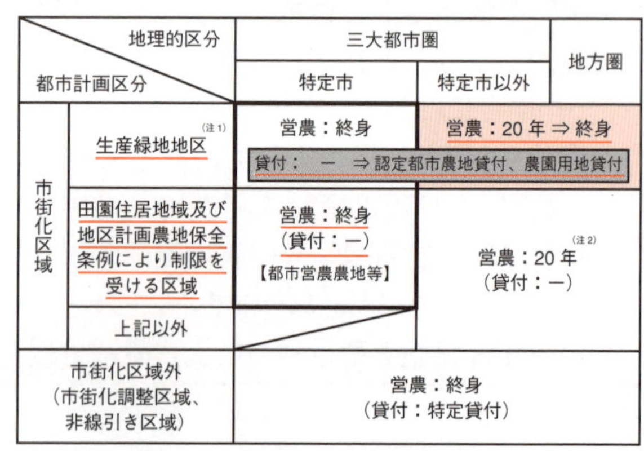

<table>
<tr><th colspan="2" rowspan="2">地理的区分／都市計画区分</th><th colspan="2">三大都市圏</th><th rowspan="2">地方圏</th></tr>
<tr><th>特定市</th><th>特定市以外</th></tr>
<tr><td rowspan="4">市街化区域</td><td rowspan="2">生産緑地地区(注1)</td><td>営農：終身</td><td colspan="2">営農：20年 ⇒ 終身</td></tr>
<tr><td colspan="3">貸付：　－　⇒ 認定都市農地貸付、農園用地貸付</td></tr>
<tr><td>田園住居地域及び地区計画農地保全条例により制限を受ける区域</td><td>営農：終身
（貸付：－）
【都市営農農地等】</td><td colspan="2" rowspan="2">営農：20年(注2)
（貸付：－）</td></tr>
<tr><td>上記以外</td><td></td></tr>
<tr><td colspan="2">市街化区域外
（市街化調整区域、非線引き区域）</td><td colspan="3">営農：終身
（貸付：特定貸付）</td></tr>
</table>

（注１）特定生産緑地である農地等を含み、申出基準日又は指定期限日が到来し、特定生産緑地の指定・延長がされなかった生産緑地地区内の農地等は除かれます。（生産緑地については「126. 生産緑地」を参照）
（注２）特例農地のうちに都市営農農地等を有する場合には、全体の特例農地等が「終身」となります。

農業投資価格（令和4年分）　　10アール当たり：千円

	田	畑	採草放牧地
神奈川県	830	800	510
東京都	900	840	510
千葉県	740	730	490
埼玉県	840	790	ー

※農業投資価格とは農業の用に供すべく農地として取引される場合に認められる価格のことです。

〈納税猶予の特例を受けるための手続きおよび必要書類〉

（1）被相続人が死亡の日まで農業を営んでいた証明書…農業委員会の証明書で「相続税の納税猶予に関する適格者証明書」が必要です。

（2）農業相続人は、被相続人の相続人でなければなりません。
農業経営を行うと認められる人で、同じく適格者証明書が必要です。

（3）相続税の申告・納付の期限は、被相続人の死亡を知った日の翌日から10ヶ月以内です。
期限までに申告するとともに、納税猶予税額および、利子税の額に見合う担保の提供が必要です。

（4）特定市の区域内に農地を所有している場合には、市長が証明する「納税猶予の特例適用の農地等該当証明書」が必要です。
特定市とは、三大都市圏（首都圏・中部圏・近畿圏）で指定されています。

（5）農業委員会で「引続き農業経営を行っている旨の証明書」を発行してもらい、「相続税の納税猶予の継続届出書」に添付し、税務署へ3年毎に提出する必要があります。

※書類によっては、日数を要するものがありますので注意が必要です。

128．生産緑地

私は、市街化区域内に農地を有しています。今回この農地に対して生産緑地指定申請を行おうと思うのですが、生産緑地に指定されるにあたっての条件、メリット、デメリットを教えてください。

条件：生産緑地の指定を受けるにあたって、次に掲げる条件に該当する一団のものの区域については生産緑地地区として定める事ができます。

1．市街化区域内の農地等であること
2．公害等の防止に役立つなど農林漁業と調和した都市環境の保全等の効用を有していること
3．公園や緑地などの公共施設等の敷地として適していること
4．面積が500㎡（市区町村条例で300㎡まで引下げ可）以上の良好に耕作されている農地
5．用排水等の営農継続可能条件を備えていること

メリット：生産緑地指定のメリットは、次のような税制上の優遇措置が受けられます。

1．固定資産税の負担軽減（農地課税）：〈農地の固定資産税評価額の目安〉を参照
2．相続税評価額の減額：〈生産緑地の評価（相続税評価）〉を参照
3．贈与税・相続税の納税猶予等：農業を営んでいた贈与者（又は被相続人）から贈与（又は相続等）により生産緑地を取得した者が、その農業を継続する場合は、所定の要件の下に、その取得した生産緑地の価額のうち一定額を超える部分に対する贈与税（又は相続税）は、その取得者が農業を継続している限り納税が猶予され、一定の場合には免除されます。
また、生産緑地地区内の農地の有効活用と保全を目的として平成30年に制定された「都市農地の貸借の円滑化に関する法律」により認定都市農地貸付と特定都市農地貸付（農園用地貸付）の制度が設けられ、これらの農地貸付等がされた生産緑地についても相続税・贈与税の納税猶予が適用されます。（納税猶予については「127．農地の納税猶予の特例」を参照）

デメリット：デメリットは、次のような義務や行為制限を受けることです。

1．生産緑地を農地として管理する義務（農業を続ける義務）を負うこと
2．建築物の設置や造成工事等は市区町村の許可が必要とされること
3．自由な売買等はできず、一定の事由が生じた場合に市区町村に対して買取りの申出ができるものとされ、買取り等がなされなかったとき売却が可能となること

〈農地の固定資産税評価額の目安〉

市街化区域内の一般農地は、宅地並評価、宅地並課税（三大都市圏の特定市以外では農地に準じた課税）となりますが、生産緑地に対しては、農地評価、農地課税が適用されます。（税額では 1/10 ～ 1/100 に軽減）

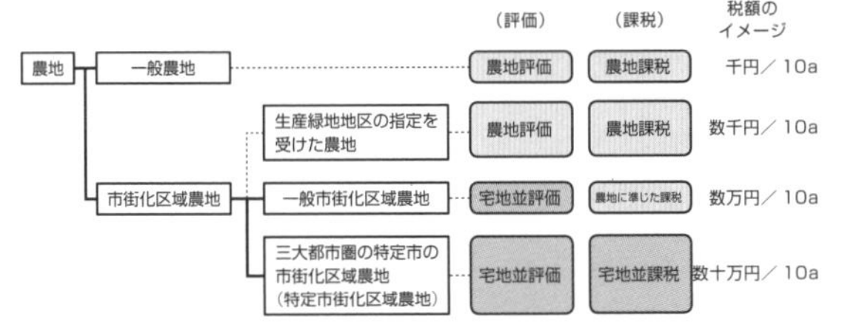

農地評価：農地利用を目的とした売買実例価格を基準として評価
宅地並評価：近傍の宅地の売買実例価格を基準として評価した価格から造成費相当額を控除した価格

〈生産緑地の評価（相続税評価）〉

生産緑地でないものとして評価した金額に、下記の割合を乗じた金額によって評価します。

①課税時期において市区町村に対し買取りの申出をすることができない生産緑地…下表の割合

課税時期から買取りの申出をすることができることとなる日までの期間	割　合
5年以下のもの	90%
5年を超え 10年以下のもの	85%
10年を超え 15年以下のもの	80%
15年を超え 20年以下のもの	75%
20年を超え 25年以下のもの	70%
25年を超え 30年以下のもの	65%

②課税時期において市区町村に対し買取りの申出が行われていた生産緑地または買取りの申出をすることができる生産緑地…割合 95%

解　説

生産緑地制度は、大きく分けると次の２つの目的のために創設された制度です。

①市街化が進んだために緑地が急速に減少してきたので、良好な生活環境の確保のために、農地の計画的な保全を図るため

②市街化区域を今後計画的に整備していくために、将来の公共施設等の用地としての農地の保全を図るため

つまり、生産緑地に指定されることによりその農地に関しては、建築制限などをうけるため自由のきかない土地になるわけです。

生産緑地の買取り申出が可能になるのは、生産緑地の指定後３０年を経過した場合、又は農林漁業の主たる従事者が死亡若しくは農林漁業に従事できない故障の状態になった場合です。この場合に市区町村に対して買取り申出を行い、3か月以内に市区町村が買い取らず、また他の農林漁業者に対する斡旋を行っても不調に終わった場合は、生産緑地法による行為の制限が解除され、売却や開発が可能になります。

なお、平成２９年の生産緑地法改正により、当初の指定から３０年が経過する生産緑地のうち継続して都市農地としての機能を発揮することが望ましいものについて、その所有者の同意を前提に、市区町村は「特定生産緑地」の指定を行うことができることになりました。

この指定を行うことで、買取り申出が可能となる時期は生産緑地の指定から３０年経過の日（申出基準日）から10年延期でき、10年を経過する日（指定期限日）までに改めて所有者の同意を得て、さらに繰り返して10年延期できることになりました。

この制度改正を受けて、その指定から３０年を経過した生産緑地については、次の3通りの対応方法が考えられます。

① 買取り申出を行う場合、行為の制限が解除され売却等が可能となりますが、税制上の優遇措置は受けられなくなります。

② 特定生産緑地の指定を受ける場合、行為の制限を継続して受けるとともに、税制上の優遇措置も継続されます。

③ ①②とも行わず、従前の生産緑地の状態を継続する場合、いつでも買取り申出が可能になりますが、申出を行わない限り、行為の制限を継続して受けます。また、固定資産税は激変緩和措置を経て宅地並み課税に移行し、納税猶予は現在適用を受けている措置は継続して適用されますが、次代への相続時等には打ち切られます。

この①～③のいずれを選択するかは、今後10年間の農業経営が自身又は家族にとって可能かどうか等、将来の生活設計をよく検討して決定することが重要です。

◆生産緑地解除の流れ

主たる従事者の死亡や故障の認定
担当部署へ診断書などを提出
事由発生後、原則 1 年以内
（農業ができないことの確認を行う）

主たる従事者の証明
農業委員会が死亡や故障を生じた人が主たる従事者か審査を行い審議後原則 1 週間前後で証明書を発行

市町村長への買い取りの申出（生産緑地法第 10 条）
担当部署

買い取る旨の通知
（生産緑地法第 12 条）
（申出日から 1 ヵ月以内）

価格の協議

買い取らない旨の通知
（生産緑地法第 12 条）
（申出日から 1 ヵ月以内）

農林漁業希望者へのあっせん
（生産緑地法第 13 条）

あっせんの成功

生産緑地として継続
（所有権の移転等）

あっせんの不調
行為制限の解除

買い取り申出から
約 3 か月後
土地の売買や建築
などが可能に

129. 相続財産の行政に対する寄附

Q 私の父は、山林を市の公園の一部として貸しており、固定資産税相当額程度の地代をもらっていました。父が亡くなりこれを相続するに当たって、この山林を市に寄附しようということで市と話合った結果、引受けてもらうことになりました。このような場合に、この山林はどのように評価すればよいのでしょうか。

ご質問の場合、この山林については非課税財産となります。

解　説

相続または遺贈によって財産を取得した者が、その財産を取得後相続税の申告期限までに、国や地方公共団体、公益社団法人等・特定公益信託に寄附した場合には、その贈与がその相続人や親族等の相続税の負担を不当に軽減することになると認められる場合を除いて、相続税の課税財産には含めないことと定められています。したがって、この場合には市に寄附するとのことですので、この山林は非課税財産として扱うことになります。

なお、この特例を受けるためには以下の手続きが必要となります。

1. 相続税の申告の期限内に申告書を提出し、その申告書に特例の適用を受けることを記載すること
2. 寄附をした財産の明細書を申告書に添付すること
3. 寄附を受けた国や地方公共団体、公益社団法人等の証明書を申告書に添付すること

130. 遺　　言

Q 私は土地をいくつか所有しているのですが、私に万が一のことがあった場合を考えて遺言書を書こうと考えています。遺言書には形式が決められていると聞いたのですが、どのように書けばよいのでしょうか。

遺言書には、（1）自筆で書くもの、（2）公証人に作成してもらうもの、（3）公証人に遺言書の存在を確認してもらうものの3つがあります。

解　説

民法では緊急時等の特別方式を除いた普通方式の遺言として次の３種類を規定しています。

（1）自筆証書遺言

遺言者が自ら作成した遺言書を指します。秘密は守られますが、保管の面で難点があります。自筆が条件であり、代筆やテープへの録音は無効ですが、平成 31 年 1 月 13 日以後は自筆でない財産目録を添付して自筆証書遺言を作成できるようになりました。日付は年月日まで正確に記載し、印鑑は認印でも有効ですが実印が望ましいです。

（2）公正証書遺言

２名以上の証人（推定相続人、未成年者などは証人になれません）の立会いのもとで、公証人に作成してもらう遺言です。これは公証役場に保存され、最も安全かつ法的根拠能力が高いものとなります。身体が不自由などの理由で公証役場まで出向けない時は公証人に自宅や病院に来てもらうこともできます。また、作成には財産の価額を基に公証人手数料がかかります。

（3）秘密証書遺言

遺言者本人または代筆者が作成して封印した遺言書で公証人に遺言者本人のものであることを確認してもらい作成されるものです。公証人は遺言書の存在を証明してくれますが、内容には関与しません。また、公証役場で保管されないので注意が必要です。

公正証書遺言以外の遺言は、遺言者の相続発生後に家庭裁判所での検認（遺言書の現在における状態を明確にし、遺言書の偽造・変造を防止する手続）が必要になります（令和２年７月 10 日以後、法務局に保管された自筆証書遺言は検認不要）。また、安全性・確実性の面から公正証書遺言の形で遺言を残すことをおすすめします。なお、公正証書遺言の作成には以下のものが必要になります。

- 遺言者の印鑑証明書（発行後３ヶ月以内のもの）
- 遺言者と相続人との続柄がわかる戸籍謄本
- 相続人以外の人に財産を遺贈する場合には、その人の住民票
- 不動産の登記事項証明書および固定資産税評価証明書
- 証人２人の住所・氏名・生年月日・職業のわかるメモ

131. 名義預金

Q 亡くなった父の預金の名義を生前、贈与税の申告をせず孫に変えていたのですが、相続税の申告をするにあたりその預金を相続財産に含めなければならないと聞きましたが、本当ですか。

相続税法上ではご質問のケースの場合、課税の公平のため、相続財産に含まれます。

解　説

本来亡くなった方の財産であった預金の名義を変えた、いわゆる『名義預金』は相続財産に含まれます。それはたとえ名義を書換えても実際に管理・所有しているのは名義を書換える前の所有者であり、名義は異なっていても実質財産に含まれるからです。

このような名義財産は預金の他にも名義を変えた保険契約等も同様で、課税財産となります。

例えば、①保険契約者名が相続人になっているが、実際は被相続人が保険料を支払っていたもの、②保険契約期間の中途で契約者を相続人に変えてしまったもの、などがあります。

名義財産として扱われないような対策としては贈与税を支払って贈与税の申告をしてしまうことが必要です。もちろん贈与を行った財産については、贈与を受けた方が管理・所有する事になります。ただ、相続発生から遡って3年以内に相続人に対して行われた贈与(令和6年以後の贈与はP. 135参照)については相続財産に含まれますので、養子縁組していないお孫さん等に贈与をする方が確実に相続財産から外れることとなります。

預金や保険契約は土地や家屋と異なり、名義変えが簡単にできるので、本来相続財産に計上される財産であっても、名義が異なることから課税財産となることを見逃してしまう場合があります。そのような場合、税務調査の対象になりますので注意しましょう。

コラム

金銭納付を困難とする理由書の記載例

相続税は、金銭一括納付が原則とされています。しかし、相続財産に対して課税をするという相続税の性質上必ずしもその財産が金銭であるとは限りません。つまり、納期限までに納税資金を確保することが困難であることも考えられるのです。そのため、延納や物納といった納付の特例が設けられています。納付の方法の判定基準は次のようになっています。

（原則）
納期限までに金銭一括納付 → （金銭一括納付が困難ならば）延納による金銭納付 → （延納が困難ならば）物納（相続財産による納付）

延納や物納の承認を受けるためには、相続税の申告期限までに「延納申請書」や「物納申請書」の他に一定の書類を所轄の税務署長に提出しなければなりません。そのうちの一つに「金銭納付を困難とする理由書」があります。生活費の考慮が１月あたり10万円など厳しい条件になっていることなどが特徴です。

〈金銭納付を困難とする理由書の記載例〉

金銭納付を困難とする理由書

令和5年 10 月 1 日

×× 税務署長 殿

住 所

氏 名 阿久里 清 ㊞

令和５年１月１日付相続（被相続人 阿久里 太郎）に係る相続税の納付については、納期限までに一時に納付することが困難であり、延納によっても金銭で納付することが困難であり、その納付困難な金額は次の表の計算のとおりであることを申し出ます。

1 納付すべき相続税額（相続税申告書第１表㉗の金額）		A	60,000,000 円
2 納期限（又は納付すべき日）までに納付することができる金額		B	0 円
3 延納許可限度額	【A−B】	C	60,000,000 円
4 延納によって納付することができる金額		D	54,917,500 円
5 物納許可限度額	【C−D】	E	5,082,500 円

2 納期限（又は納付すべき日）までに納付することができる金額の計算	(1) 相続した現金・預貯金等	(イ＋ロ−ハ)	【△75,000,000 円】
	イ 現金・預貯金（相続税申告書第 15 表㉑の金額）	(0 円)	
	ロ 換価の容易な財産（相続税申告書第 11 表・第 15 表該当の金額）	(0 円)	
	ハ 支払費用等	(75,000,000 円)	
	内訳 相続債務（相続税申告書第 15 表㉝の金額）	[45,000,000 円]	
	葬式費用（相続税申告書第 15 表㉞の金額）	[0 円]	
	その他（支払内容：代償財産の支払い）	[30,000,000 円]	
	（支払内容： ）	[円]	
	(2) 納税者固有の現金・預貯金等	(イ＋ロ＋ハ)	【 10,000,000 円】
	イ 現金	(0 円)	←裏面①の金額
	ロ 預貯金	(10,000,000 円)	←裏面②の金額
	ハ 換価の容易な財産	(0 円)	←裏面③の金額
	(3) 生活費及び事業経費	(イ＋ロ)	【 317,500 円】
	イ 当面の生活費（3月分）うち申請者が負担する額	(317,500 円)	←裏面⑪の金額×3/12
	ロ 当面の事業経費	(0 円)	←裏面⑭の金額×1/12
	Bへ記載する	【(1)＋(2)−(3)】	B 【 0 円】

4 延納によって納付することができる金額の計算	(1) 経常収支による納税資金（イ×延納年数（最長 20 年））＋ロ	【 54,917,500 円】	
	イ 裏面④−（裏面⑪＋裏面⑭）	(2,730,000 円)	
	ロ 上記２(3)の金額	(317,500 円)	
	(2) 臨時的収入	【 0 円】	←裏面⑮の金額
	(3) 臨時的支出	【 0 円】	←裏面⑯の金額
	Dへ記載する	【(1)＋(2)−(3)】	D 54,917,500 円

添付資料
- □ 前年の確定申告書（写）・収支内訳書（写）
- ✓ 前年の源泉徴収票（写）
- □ その他（ ）

〈金銭納付を困難とする理由書の記載例〉

（裏面）

1　納税者固有の現金・預貯金その他換価の容易な財産

手持ちの現金の額			①	0円
預貯金の額	○○銀行/△△支店（10,000,000円）	/　（　円）	②	10,000,000円
	/　（　円）	/　（　円）		
換価の容易な財産	（　円）	（　円）	③	0円
	（　円）	（　円）		

2　生活費の計算

給与所得者等：前年の給与の支給額 事業所得者等：前年の収入金額	④	4,000,000円
申請者　100,000円　×　12	⑤	1,200,000円
配偶者その他の親族　（　1人）×45,000円　×　12	⑥	540,000円
給与所得者：源泉所得税、地方税、社会保険料（前年の支払額） 事業所得者：前年の所得税、地方税、社会保険料の金額	⑦	800,000円
生活費の検討に当たって加味すべき金額 加味した内容の説明・計算等	⑧	0円
生活費（1年分）の額　（⑤＋⑥＋⑦＋⑧）	⑨	2,540,000円

3　配偶者その他の親族の収入

氏名　阿久里　花子	（続柄　母　）	前年の収入　（　4,000,000　円）	⑩	4,000,000円
氏名	（続柄　　）	前年の収入　（　　円）		
申請者が負担する生活費の額　⑨×（④/（④＋⑩））			⑪	1,270,000円

4　事業経費の計算

前年の事業経費（収支内訳書等より）の金額	⑫	0円
経済情勢等を踏まえた変動等の調整金額 調整した内容の説明・計算等	⑬	0円
事業経費（1年分）の額　（⑫＋⑬）	⑭	0円

5　概ね1年以内に見込まれる臨時的な収入・支出の額

臨時的収入		年　月頃（　円）	⑮	0円
		年　月頃（　円）		
臨時的支出		年　月頃（　円）	⑯	円
		年　月頃（　円）		

132. 延　納

相続税を全額支払えないので分割で支払いたいのですが、できるのでしょうか。

一定の条件が整っていれば、延納という方法をとることができます。ただし、以下の要件すべてを満たす場合に限られます。

解　説

相続税を延納によって納付するには、次の要件を満たしていなければなりません。

1．申請書を期限までに提出すること
2．金銭納付を困難とする金額の範囲内であること
3．相続税額が10万円を超えていること
4．延納税額に相当する担保を提供すること（ただし延納税額が100万円以下で、かつ延納期間が3年以下の場合は必要ありません。）

延納の承認を受けるためにはまず、相続税の納期限（または納付すべき日）までに「延納申請書」を所轄の税務署長に提出しなければなりません。期限を過ぎた延納申請書の提出については、無効となります。

2の金銭納付が困難かどうかについては、納税者が相続により取得した財産の他に、所有している資産の状況等も考慮して判定されます。

延納の担保として提供できる財産と、不適格な財産の種類については下記のとおりです。

担保として提供できる財産	担保として不適格な財産
1．国債および地方債 2．社債（特別の法律により設立された法人が発行する債券を含む。） その他の有価証券で税務署長等が確実と認めるもの 3．土地 4．建物、立木および登記・登録される船舶、飛行機、回転翼航空機、自動車、建設機械で保険に附したもの 5．鉄道財団、工場財団、鉱業財団　等 6．税務署長等が確実と認める保証人の保証	1．法令上担保権の設定または処分が禁止されているもの 2．違法建築、土地の違法利用のため建物除去命令等がされているもの 3．共同相続人間で所有権を争っている場合など、係争中のもの 4．売却できる見込みのないもの 5．共有財産の持ち分（共有者全員が持ち分全部を提供する場合を除く。） 6．担保にかかる国税の附帯税を含む全額を担保していないもの 7．担保の存続期間が延納期間より短いもの 8．第三者または法定代理人の同意が必要な場合にその同意が得られないもの

133. 物納の要件

私は相続税が多額となってしまい、納付が困難なため物納を考えているのですが、物納をするための要件とはどのようなものでしょうか。

物納の許可を受けるためには、次の要件をすべて満たしていなければなりません。

1. 申請書を期限までに提出すること
2. 延納によっても金銭で納付することを困難とする事由があり、かつ、その納付を困難とする金額を限度としていること
3. 申請財産が定められた種類の財産であり、かつ、定められた順位によっていること
4. 物納適格財産であること

解　説

物納とは、延納によっても金銭で納付することを困難とする事由がある場合において、相続税を金銭で納める代わりに納付を困難とする金額の範囲内で、一定の相続財産をもって納める方法です。物納をするためには相続税の納期限（または納付すべき日）までに、①相続税物納申請書、②物納財産目録、③金銭納付を困難とする理由書、④登記事項証明書・境界線確認書・測量図等を所轄の税務署に提出しなければなりません。添付書類については、物納財産によってそれぞれ違いますので、下記の表を参照してください。なお、期限を過ぎた申請書の提出は無効となりますのでご注意ください。

2の「金銭納付が困難な事由」についてですが、これは納税者が相続によりどのような財産を取得したか、また、納税者自身の資産の所有状況・収入の状況等を総合的に考慮して判断されることとなります。

3、4の物納に充てることのできる財産については、相続税の課税価格計算の基礎となった相続財産のうち、下記の表に掲げる財産でその所在が日本国内にあるものに限られます。また、物納財産は国が管理または処分をするのに適したものでなければなりません。

〈申請財産の種類と順位、提出書類〉

順 位	物納申請財産の種類	提 出 書 類
第1順位	国債、地方債、不動産、船舶、特定登録美術品、上場株式等（特別の法律により法人の発行する債券、および出資証券を含む）	不動産については以下のものを物納申請書に添付 ・土地、建物の登記事項証明書 ・所在図（住宅地図） ・公図の写し
第2順位	社債、非上場株式等（特別の法律により法人の発行する債券および出資証券を含む）、証券投資信託、または貸付信託受益証券	左のうち、非上場株式の場合 ・発行会社の登記事項証明書 ・発行会社の直近2年間分の決算書 ・株主名簿の写し ・物納財産売却手続書類提出等確約書など
第3順位	動　　産	—

なお、次のような場合には、この順位によらないことができます。

（イ）その財産を物納することにより、居住しまたは営業を継続して通常の生活を維持するのに支障を生ずるような特別の事情がある場合

（ロ）先順位の財産を物納に充てると、その財産の収納価額がその納付すべき税額を超えるなど適当な価額のものがない場合

134. 物納のメリット・デメリット

Q 父が亡くなり、相続税の申告・納付をしなければならないのですが、税金を納付するだけの現預金がないので、土地を物納するか売却するかしようと思っています。持っている土地のうち一部は貸地で、この土地を納税に充てようと思うのですが、物納と売却はどちらが有利になるのでしょうか。

A 物納の場合は、相続税の財産評価による評価額で物納することになり、売却の場合は任意の売買（通常の取引）になります。どちらの場合にもメリットとデメリットがありますので、よく比較検討してみることが必要です。

解　説

土地を物納する場合は、相続税の財産評価の規定に基づいた評価額で物納することになります。この場合には、評価額で相続税に充てることになるので、税金納付のためにどれだけ資金等を用意すればいいかなどの計算がわかりやすくなります。ただし、土地の形状や道路付き、また貸地の場合には受取っている地代の額等も問題になりますので注意が必要です。

売却の場合には、任意の売買になりますので、財産評価上の評価額とは関係なく自由に売却額を決定でき、少しでも多く納税資金が必要な場合には有利になる場合があります。

また、相続税の申告期限の翌日以後3年以内の売却の場合には取得費加算の特例を適用することができるので、一般的に不良資産といわれる貸地を処分するにはよい機会であるといえます。ただし、この場合でも売却額の折合いがつかずに売却できなかったり、相続だと知った相手に買叩かれてしまったりする場合があります。期限内に納付できそうもない場合には、売却できるまで延納することもできますが、この場合には納付するまでの利子税を負担しなければなりません。

平成18年度税制改正によって物納審査期間が法定化され、申請から許可・却下までの期間が大幅に短縮されました。また、これまでは測量や境界確認などの条件整備は物納の申請後に行われることが一般的でした。しかし、改正によって測量図、境界線確認書等を物納申請時に提出することが義務づけられました。これによって、これまでのように物納申請の決着に何年もかかることはなくなりますが、納税者の方で物納手続きに時間がかかってしまうと、申請が却下された時の利子税の負担というリスクを負うことになります。

実際に相続が発生した場合に納税資金の準備で慌てないよう、相続税の試算をしてみて、売却や物納を考えているのであれば今から地代の見直し等の準備をするなど、早めにその土地の状況を把握して、いざというときには迅速な対応がとれるようにしておくことが必要といえます。

135. 土地売却による納税のための遺産分割

Q 父が亡くなったので相続税を納付しなければなりません。会計事務所に相続税の概算を出してもらったところ、とても現金納付できそうにもありません。土地を売却して納税資金に充てたいと考えていますが、すべての財産の遺産分割協議が終了するにはもう少し時間がかかりそうです。何かよい方法はありますか。

売却を考えている財産については先に分割協議を終えて、売却の準備を早めに進めましょう。

解　説

遺産分割協議書は何回かに分けて書いたとしても問題ありません。納税資金が足りないならば、その旨を相続人全員に説明して同意してもらい、売却を考えている財産の遺産分割協議書を早めに作っておきましょう。仮にすべての財産についての分割協議が終わるのを待った場合、特に土地を売却するには時間がかかることが予想され、10ヶ月以内の申告期限に間に合わなくなってしまう場合があります。その場合には土地を買叩かれてしまい、期限内の売却をあきらめて延納し、利子税まで負担しなければならなくなります。

このような事態を避けるためにも、土地の部分だけ分割協議書を作成し、相続人全員の印鑑を押印し、手続きを早めにしましょう。

136. 相続税の連帯納付義務

Q 兄弟２人で父親の財産を相続しました。弟には多額の借金があったため、分割協議書作成後、すべての財産を売却して借金の返済に充ててしまい相続税の納税ができません。この場合、私は弟の相続税を負担する義務はあるのでしょうか。

A 相続税には連帯納付義務があります。これはある相続人について納税が不可能な場合には、他の相続人がその人の相続税を負担する義務があるということです。

解　説

相続税には連帯納付義務がありますが、これは相続税を徴収するための最終的な手段であり、現金納付できないからといって、すぐに連帯納付義務が発生する訳ではありません。

例えば、その人が土地や建物を所有していたら、まずそれらが差押さえられます。そして、相続税の支払いに充てられる財産がまったくない場合に、他の相続人が連帯納付義務を負うことになるのです。

この事例の場合には、弟さんにまったく財産がないとすると、あなたが相続税を負担することになります。

よって、財産を分割する際には、相続人が相続税を払えるのかどうかをしっかりと確認しておく必要があります。

※相続税の連帯納付義務について、次に該当する場合には、連帯納付義務が解除されます。
①　申告期限等から5年が経過した場合。ただし、5年経過時に連帯納付義務の履行を求められている場合には解除されません。
②　納付義務者が延納または納税猶予の適用を受けた場合

第Ⅲ章　相続税・贈与税

(6)贈与税

137. 贈与税の対象

贈与税はどのようなときにかかってくるのでしょうか。

贈与する人とされる人の間で「あげます」「もらいます」という合意が成立し、実際に財産が両者の間で移転すると、もらった人に贈与税がかかります。

解　　説

贈与税とは、もともと「相続税がかかる前に、財産をみんなに分けてしまおう」という抜け道をふさぐためにつくられた税金です。贈与税にも相続税と同じく基礎控除額（それ以内なら税金がかからない額）がありますが、相続税に比べて贈与税は負担が大きく、基礎控除額は110万円です。

原則的には「あげます」「もらいます」という契約で110万円を超える財産を贈与した場合は、すべて贈与税がかかります。また、有償の場合でも贈与税がかかることがあります。逆に、無償で財産を贈与しても贈与税がかからないことがあります。

〈贈与税がかかる場合〉

・不動産や株式等の名義変更：特に夫婦間や親子間の場合には贈与という認識はないかもしれませんが、贈与とみなされ贈与税が課税されます。

・他人の名義を借りて不動産や株式等を購入した場合：購入者本人から名義人に贈与があったとみなされます。

・保険料を負担しないで保険金を受取った場合：保険料の負担者から受取人に対して贈与があったとみなされます。

・著しく低い価格で財産を譲り受けたとき：例えば、時価5,000万円の財産を1,000万円で譲り受けた場合に、差額の4,000万円について贈与があったとみなされます。

・債務の免除や債務の引受けがあった場合：例えば、友人に300万円の借金を帳消しにしてもらった場合や、親に借金を肩代わりしてもらった場合などは、300万円の贈与があったとみなされます。

〈贈与税がかからない場合〉

・法人から贈与を受けた場合：法人に相続はないので贈与税もありません。ただし、一時所得等として所得税、住民税がかかります。

・扶養義務者から受けた生活費・教育費で通常必要なもの

・個人からのお中元・お歳暮・香典などで社会通念上相当なもの

・公益事業者が贈与を受けた公益事業用財産：ただし、公共の事業に使わない部分については贈与税がかかります。

・相続が開始した（財産を持っていた人が亡くなった）年に相続人に贈与された財産には相続税がかかるので贈与税はかかりません。

138. 贈与税の計算方法

子供に200万円の現金を贈与しようと思っています。贈与税がかかるかどうか心配です。贈与税の計算方法を教えてください。

贈与した金額から、基礎控除額の110万円を控除した金額に対して贈与税が課税されます。

解　　説

贈与税とは、ある人から財産をもらったとき、もらった人に課税される税金のことです。計算方法は次のとおりです。

（贈与を受けた財産の価額－基礎控除額110万円）×税率－控除額＝贈与税額

つまり、110万円を超える財産をもらった時に贈与税が課税されることになります。また、贈与税は累進課税なので、もらった財産の価額が多ければ多いほど税率も高くなります。

贈与税が課税される財産の種類については、ほとんどの財産が課税される財産といえるでしょう。

具体的には、土地・建物・事業用財産・有価証券・現金・預金・家庭用財産・自動車などです。

200万円の贈与があった場合の計算方法は次のようになります。

（200万円－110万円）×10％＝9万円

※直系尊属（父母・祖父母等）からの贈与により410万円（基礎控除後300万円）を超える財産を取得した18歳以上（贈与年の1月1日現在）の子・孫等の受贈者については、特例税率により贈与税が軽減されています（早見表のP.239参照）。令和4年3月31日以前の贈与については、「18歳」が「20歳」となります。

贈与税は、贈与を受けた年の翌年の2月1日から3月15日の間に所轄の税務署長に贈与税の申告書を提出し、納付しなければなりません。

139.　教育資金と結婚・子育て資金の一括贈与の非課税制度

祖父が孫に、非課税で贈与したいと話しています。どのような非課税制度があるのでしょうか？

「教育資金の一括贈与の非課税制度」と「結婚・子育て資金の一括贈与の非課税制度」があります（次ページの比較表を参照）。

解　説

（1）教育資金の一括贈与の非課税制度

受贈者30歳未満の方の教育資金に充てるため、直系尊属（父母、祖父母等）から贈与を受けた場合、信託又は金銭等のうち1,500万円までの金額については、一定の要件を満たせば贈与税が非課税となる制度です。

対象は学校の入学金や授業料・習い事・塾代、通学定期代や留学渡航費等です。

<教育資金の範囲>

・入学金、授業料、入園料、保育料、施設設備費、入学試験検定料など
・学用品の購入費、修学旅行や学校給食など学校等における教育に伴って必要な費用
・学習塾やそろばんなどの役務の提供の対価（※）
・スポーツ（水泳など）やピアノなどその他教養の向上のための活動に係る指導の対価（※）
・通学定期券代、留学渡航費等（※）

（※）学校等以外に支払う金銭については、500万円が限度となります。なお、学校等以外に支払う金銭で受贈者が23歳に達した日以後に支払われるもののうち、教育訓練給付金の支給対象となる教育訓練を受講するために支払われる費用以外のものは対象から除外されます。

（2）結婚・子育て資金の一括贈与の非課税制度

結婚・子育て資金の支払に充てるために直系尊属（父母、祖父母等）から贈与を受けた場合、金銭等のうち1,000万円までの金額については、一定の要件を満たせば贈与税が非課税となる制度です。

<結婚・子育て資金の範囲>

・結婚に際して支出する婚礼（結婚披露を含む）費用、住居費用、引越費用等
・妊娠、出産、子供の医療費、保育料等

なお、結婚に際する費用については300万円が非課税の上限となります。

「教育資金の一括贈与」と「結婚・子育て資金の一括贈与」の特例制度の比較

	教育資金	結婚・子育て資金
適用期間	平成25年4月1日から 令和8年3月31日までの贈与	平成27年4月1日から 令和7年3月31日までの贈与
非課税限度額	受贈者1人につき1,500万円 (うち、学校等以外に支払う金銭は500万円)	受贈者1人につき1,000万円 (うち、結婚に関して支払う金銭は300万円)
金融機関等で行う手続	1. 教育資金管理契約 2. 教育資金非課税申告書を金融機関を経由して税務署へ提出	1.結婚・子育て資金管理契約 2.結婚・子育て資金非課税申告書を金融機関を経由して税務署へ提出
贈与者の要件	受贈者の直系尊属(父母、祖父母等)	同左
受贈者の要件	1.契約日において30歳未満である者 2.前年の合計所得金額が1,000万円以下であること	1.契約日において18歳以上(令和4年3月31日以前は20歳以上)50歳未満である者 2.同左
資金管理契約中の金融機関等の管理等	1.受贈者は、払出した金銭に係る領収書等を一定期間内に金融機関等に提出する。 2.金融機関等は、領収書等の確認及び記録を行う。	同左
終了事由	1.受贈者が30歳に達した場合 2.受贈者が死亡した場合 3.残高が零となった場合で契約終了の合意があった場合	1.受贈者が50歳に達した場合 2.同左 3.同左
終了時の残額の取扱い	契約終了時の資金残高について贈与税の課税対象となります(契約終了事由が受贈者の死亡の場合には贈与税は課税しない)。 (注)令和5年4月1日以後に取得する信託受益権等に係る贈与税については、贈与税率が特例税率ではなく、納税額が高くなる一般税率が適用される。	同左
途中で贈与者が死亡した場合の取扱い	贈与者が死亡した場合、平成31年4月1日以降の拠出分について受贈者がその贈与者の死亡前3年以内に信託等により取得した受益権等にこの特例の適用を受けたことがあるときは、その死亡の日における管理残額を相続又は遺贈により取得したものとみなされ、相続税の対象となります。 (注1)令和3年4月1日以後の信託等により取得する信託受益権等については、贈与者が死亡した時点での管理残額が死亡までの年数にかかわらず、受贈者が以下の場合を除いて贈与者の相続財産に加算されます。 ・23歳未満である場合 ・学校等に在学中である場合 ・教育訓練給付金の支給対象となる教育訓練を受講している場合 (注2)令和5年4月1日以後に取得する信託受益権等に係る相続税については、贈与者の相続税の課税価格が5億円超の場合に(注1)の除外基準を満たしても除外されない。	贈与者が死亡した場合、管理残額は相続又は遺贈により取得したものとみなされ、相続税の課税対象となります。
受贈者が贈与者の孫等である場合の相続税額	令和3年4月1日以後の信託等により取得する信託受益権等には、贈与者死亡時の資金残高に係る相続税額に2割加算が適用されます。	同左

140．夫婦間における居住用財産の贈与（その１）

夫婦間で贈与をする場合に特別な措置があると聞きましたが、どのようなものでしょうか。

A 結婚して２０年以上経過する夫婦の場合、「贈与税の配偶者控除」という特例を受けることができます。居住用不動産の贈与を受けた場合、贈与税の基礎控除とあわせて2,110万円までの控除が受けられます。

解　説

夫婦間で居住用の不動産を贈与する場合、「贈与税の配偶者控除」という特別な制度があります。この制度は、夫婦間で居住用財産を贈与する場合2,０００万円の配偶者控除と11０万円の基礎控除額、あわせて2,110万円までは非課税になるというものです。この特例の適用を受けるには、以下の条件を満たしていることが必要になります。

・結婚して２０年以上の夫婦であること
・居住用不動産そのものの贈与であること（または、居住用不動産を取得するための金銭の贈与であり、翌年3月15日までに居住用不動産を取得していること）
・同一の配偶者からの贈与で過去にこの特例の適用を受けていないこと
・贈与を受けた配偶者はその居住用不動産に居住し、その後引続き居住する見込みであること

これらの条件をすべて満たしている場合、必要書類を添えて税務署長に贈与税の申告書を提出することによって、この特例の適用を受けることができます。

この「贈与税の配偶者控除」を受けるのに必要な書類は下記のとおりです。

・戸籍謄本・居住用不動産を取得したことを証する書類（贈与契約書等）
・戸籍の附票の写し
・贈与を受けた土地、家屋の固定資産税評価証明書（路線価方式により評価する場合は必要ありません）

この制度を利用することによって、生前に相続財産を配偶者に贈与することができるので、相続税が課税されそうな人は、この特例を適用することにより相続対策をすることができます。

（1）贈与税の計算例

評価額2,５００万円の自宅の敷地を配偶者に贈与する場合

{2,5００万円－（2,０００万円+110万円）}×20％－２５万円＝５３万円

この特例を利用しないで贈与した場合の計算式は以下のとおりです。

（2,500万円－110万円）×50％－250万円＝945万円

したがって９４５万円－５３万円＝８９２万円有利になったことになります。

（2）この制度の活用

評価額5,０００万円の土地に住んでいる場合、生前に持ち分の5分の2（2,０００万円分）を贈与すれば、贈与税を課税されることなく財産を減らすことができます。

贈与税の配偶者控除を利用しない場合→
　　土地5,０００万円全部に相続税がかかる
贈与税の配偶者控除を利用した場合→
　　残りの持ち分の3,０００万円に相続税がかかる

※1 この特例の適用を受けて贈与を行う場合には、登録免許税、不動産取得税がかかるので、それらについて考慮してもなお相続税の減税効果があることを、事前に相続税の試算で確認してください。

※2 居住用家屋の敷地（借地権を含む）のみの贈与でもこの特例の適用が受けられますが、その場合は夫婦のいずれか又は当該贈与を受けた者と同居する親族が居住用家屋を所有していることが必要です。

税制改正のあらまし
第Ⅰ章 所得税
第Ⅱ章 法人税
第Ⅲ章 相続税・贈与税
第Ⅳ章 その他
早見表

141．夫婦間における居住用財産の贈与（その2）

Q 夫から店舗兼住宅（200㎡、うち居住用部分80㎡）の敷地の5分の3を贈与されました。敷地の評価額は3,600万円なのですが、贈与税の配偶者控除を利用する場合にはどのように計算すればよいのでしょうか。

A 贈与税の配偶者控除は、婚姻期間20年以上の夫婦間で居住用財産を贈与する場合、贈与財産の価格から2,000万円を控除するという特例です。したがって、この事例の場合には、居住用部分と店舗用部分の面積按分によって居住用財産の価格を計算します。

解　説

この事例の場合には、土地の上の建物は店舗兼住宅ということですので、この敷地の贈与について2,000万円全部を控除できるわけではなく、次のいずれか少ない方の金額を控除できることになります。

1．贈与された財産の価格：
　宅地の評価額×持分割合
2．居住用不動産の範囲：
　宅地の評価額×居住用部分の面積／延床面積

したがって、この場合には
1．3,600万円×3／5＝2,160万円
2．3,600万円×80㎡／200㎡＝1,440万円
となるので、少ない方の金額1,440万円が贈与税の配偶者控除の金額となります。

142. 相続時精算課税制度（令和５年までの制度）

相続時精算課税制度とは、どのような制度なのでしょうか。教えてください。

相続時精算課税制度とは、被相続人から生前に贈与を受けた財産について贈与税を仮払いし、その被相続人の相続時に、仮払いをした贈与税を相続税と精算する制度です。

解　説

適用対象者や税額の計算方法は以下のとおりです（令和６年以後の新制度についてはP. 135を参照）。

(1) 適用対象者

相続時精算課税制度の適用対象者は、次のとおりです。(年齢は贈与年の1月1日現在)

・財産を贈与した人（贈与者）→60歳以上の父母または祖父母など

・財産の贈与を受けた人（受贈者）→18歳以上の直系卑属（子や孫）である推定相続人または孫

(注1) 令和4年3月31日以前の贈与については、「18歳」が「20歳」となります。

(注2)「非上場株式等についての贈与税の納税猶予及び免除の特例」の適用に係る非上場株式等を取得する場合、受贈者が贈与者の推定相続人以外の者でも適用できます。

(2) 税額の計算方法

①生前贈与の贈与税額

生前贈与が行われた場合、贈与財産の価額から特別控除額2,500万円を控除することができます。そして、控除した残りの金額に20%の税率を乗じます。ここでいう2,500万円は累積での金額です。また、贈与の回数・金額は問われません。

例えば、4,000万円を贈与された場合の贈与税額は、

(4,000万円－2,500万円) ×20%＝300万円

となります。

②相続時の計算

相続財産の価額に贈与財産の価額（前記①の場合4,000万円）を加算して、相続税額を計算します。そして、すでに納めた贈与税額（前記①の場合300万円）を相続税額から控除します。これが「相続時精算」ということです。もし、贈与税額を控除しきれない場合には、その分は還付されます。

(3) 必要な手続

相続時精算課税制度を選択する受贈者は、贈与を受けた年の翌年2月1日から3月15日までの間に、制度を選択する旨の「相続時精算課税選択届出書」を「贈与税の申告書」に添付して、所轄の税務署に提出します。

(4) 制度のメリット・デメリット

相続時精算課税制度は生前に贈与した財産についても相続財産に加算して相続税を支払わなくてはならないため、相続時に生前贈与財産が贈与時の価額に持戻されてしまうこと。本制度を選択したら相続発生時まで継続適用されるので途中で110万円控除の暦年贈与に戻れないこと等のデメリットがあります。しかし、今後の区画整理や都市開発事業で確実に値上がりの期待ができる土地や、値上がりが見込まれる株式については、この制度を適用した方が有利になる場合もあります。

適用する場合には税理士等の専門家によく相談してください。

143. 親からの住宅取得資金援助

次男夫婦がマンションの購入を考えているようなので、資金援助をしようと思います。いくらまでなら贈与税がかからないのでしょうか。

A 1,000万円（令和５年12月までに住宅取得等資金の贈与を受けて新築等をした良質な住宅の場合）まで贈与税が非課税となります。さらに、暦年贈与の基礎控除額110万円をプラスすることにより、合計1,110万円まで贈与税がかかりません。

解　説

住宅取得等資金に係る贈与税の非課税措置について、その適用期限が令和５年12月31日まで延長したうえで見直しが行われました。父母や祖父母など直系尊属からの贈与により、自己の居住の用に供する住宅用家屋の新築等（新築若しくは取得又は増改築等）の対価に充てるための金銭を取得した場合において、一定の要件を満たすときは、非課税限度額（下表の金額）までについて、贈与税が非課税となります。また、中古住宅の取得に関する要件では築年数要件が撤廃され、昭和57年以降に建築された住宅又は新耐震基準に適合していることが証明された住宅が対象となりました。

住宅取得等資金の贈与を受けて新築等をした住宅用家屋	良質な住宅	左記以外の住宅
令和４年１月１日～令和５年12月31日	1,000万円	500万円

（注）良質な住宅とは、一定の耐震性能、省エネ性能、バリアフリー性能のいずれかを有する住宅をいいます。

（1）留意事項

贈与年の1月1日において18歳以上（令和4年3月31日以前は20歳以上）の者（子・孫等）「一人につき」1,000万円（良質な住宅の場合）が非課税となります。祖父と父から1,000万円ずつ、計2,000万円受け取ったとしても、非課税の対象になるのは1,000万円だけです。また、この制度の対象はあくまでも「直系尊属」なので、配偶者の父母（祖父母）からの贈与については適用することはできません。この他、特例措置を受けるためには、贈与を受ける人のその年の合計所得金額が2,000万円以下であること、新築、増改築ともに50㎡以上240㎡以下の床面積があること（合計所得金額が1,000万円以下の場合は床面積の下限が40㎡以上）、その面積の2分の1以上が居住するスペースとして使用されていることなどが要件とされています。

金銭の贈与を受けた場合に限られますので、不動産の贈与についてはこの非課税制度の対象となりません。また、この非課税制度の適用を受けた金額は、相続税の課税価格に算入する必要がありません。

この特例を受けるためには、贈与を受けた年の翌年の3月15日までにその家屋に居住すること又は同日後遅滞なくその家屋に居住することが確実であると見込まれることが必要です（贈与の翌年12月31日までに居住していない場合は適用なし）。

（2）相続時精算課税制度の留意点

相続時精算課税を選択した場合でも、この非課税の特例を併せて利用することが出来ますが、相続時精算課税制度については、前項の「142.相続時精算課税制度（令和５年までの制度）」で述べたようにメリット・デメリットがあり、納税者にとって必ずしも有利となるとは限りません。特例の利用を考えている場合、専門家に相談するなどして十分な検討を行うことが必要です。

144．親の土地に子が家を建築した場合

Q 親の所有している土地に私の名義で家屋を新築しようと考えているのですが贈与税がかかると聞きました。どのような場合に贈与税がかかるのでしょうか。私の場合は、無償で土地を借りることになっています。

A この事例の場合、贈与税は課税されません。このようなケースの場合には、親に地代を払うか払わないかによって、贈与税が課税されるか否かが決まります。

解　説

(1) 地代を払う場合

このような賃貸借にする場合には、親から子に借地権が贈与されたとみなされ、権利金の分の贈与があったということになり、贈与税が課税されます。この贈与税が課税されないためには、親に権利金を支払わなければなりません。

(2) 地代を全く払わない、あるいは固定資産税程度を支払う場合

この場合には、使用貸借ということになり、借りている側には非常に弱い権利しか発生しないので、この権利の評価額はゼロになります。つまり贈与税は課税されないことになります。

なお、それぞれのケースで相続が発生したとすると、(1) の場合にはこの土地は貸宅地として評価されることになり、相続税評価額は低くなります。(2) の場合にはこの土地は自用地として評価されるため、相続税評価額は高くなります。

145. 離婚による財産分与

協議により夫と正式に離婚することになりました。夫と1/ 2ずつ共有であった土地と家屋の夫の持ち分、子供の養育費（高校卒業まで毎月10万円）をもらうことになりました。この際、贈与税はかかるのでしょうか。

A 離婚による財産分与には、原則として贈与税は課税されません。

解　説

本来、相当の対価なしに無償で財産の所有権が移転した場合、贈与税の課税対象となります。しかし、離婚による財産分与として行われる場合には、贈与とはみなされず贈与税も課税されません。

ただし、例外として次のような場合には贈与税がかかります。

（1）過大な財産分与

分与された財産が、夫婦の協力により得た財産の額を多少の事情を考慮してもなお大きすぎるとき、その過大な部分について贈与税が課税されます。

（2）偽装離婚

贈与税や相続税の課税を免れるために、離婚を偽ってしたとみなされる場合、その財産すべてについて贈与税が課税されます。

※不動産の財産分与の場合

所得税の譲渡所得に該当しますので注意が必要です。

146. 事業承継税制

Q 私は中小企業である株式会社の代表者をしておりますが、将来この地位を後継者である長男に譲ろうと考えています。その場合の税金の負担について気になっておりますが、負担を軽くする対策にはどういったものがあるのでしょうか。

A 事業承継税制という制度を利用できる可能性があります。この制度を利用すれば、後継者が先代経営者から贈与、相続または遺贈により取得した非上場会社の株式のうち、発行済み株式の一定の部分に係る贈与税・相続税について納税が猶予されます。なお、この制度には「一般措置」と「特例措置」（平成30年4月1日から10年間の時限措置）があり、選択適用ができることとなっています。納税猶予を受けられる割合は、「一般措置」では発行済み株式総数の3分の２までの株式に係る相続税額の80%、贈与税額の100%であり、「特例措置」では全株式に係る相続税額・贈与税額の全額となっています。

解　説

事業承継税制は、中小企業の事業承継を円滑に行うことにより、地域の経済活力や雇用の維持を図るために設けられた特例です。この特例の適用を受けるためには、都道府県知事から法定の要件を満たしていることの認定を受けて、贈与税または相続税の申告期限内に特例の適用を受ける旨を記載した申告書を提出するとともに、所定の担保を提供する必要があります。

その要件とは次の表のとおりです。

	会社の要件	先代経営者の要件	後継者の要件
贈与税 相続税 共通	・中小企業であること ・上場会社・風俗営業会社でないこと ・従業員が1人以上であること ・資産保有会社等に該当しないこと	・会社の代表者であったこと ・相続開始または贈与の直前において、その経営者及びその親族等で総議決権数の過半数を保有しており、かつ、これらの者の中で筆頭株主であったこと	・相続開始時または贈与時において、後継者及びその親族等で総議決権数の過半数を保有しており、かつ、これらの者の中で筆頭株主であること※
贈与税		・贈与時に代表者を退任していること	・贈与時に18歳以上(注)、贈与の直前において3年以上役員であり、かつ、代表者であること
相続税			・相続開始の直前において役員であり、相続開始から5か月後に代表者であること

※特例措置において後継者が２人又は３人の場合は、後継者が総議決権数の10%以上の議決権数を保有し、かつ、後継者及びその親族等（他の後継者を除く）の中で最も多くの議決権数を保有することが要件になります。

（注）令和４年３月31日以前の贈与については20歳以上となります。

特例措置と一般措置の制度の主な違いは次の表のとおりです。

	特例措置	一般措置
事前の計画策定等	平成30年4月1日から令和6年3月31日までに特例承継計画の提出	不要
適用期限	平成30年1月1日から令和9年12月31日までの贈与・相続等	なし
対象株数	全株式	総株式数の最大3分の2まで
納税猶予割合	100%	贈与：100%、相続：80%
承継パターン	複数の株主から最大3人の後継者	複数の株主から1人の後継者
雇用確保要件	弾力化（注1）	承継後5年間 平均8割の雇用維持が必要
事業の継続が困難な事由が生じた場合の免除	譲渡対価の額等に基づき再計算した猶予税額を納付し、従前の猶予税額との差額を免除	なし （猶予税額を納付）
相続時精算課税の適用（注2）	60歳以上の贈与者から18歳以上の者への贈与	60歳以上の贈与者から18歳以上の推定相続人（直系卑属）・孫への贈与

（注1）要件を満たさなかった理由等を記載した報告書を都道府県知事に提出し、その確認を受ける必要があります。
（注2）令和4年3月31日以前の贈与については、「18歳」が「20歳」となります。

なお、贈与税の納税猶予の特例の適用を受けていた非上場株式等について、その贈与者が死亡したときには、その猶予を受けていた贈与税額は免除されますが、相続税の課税上は、当該贈与に係る非上場株式等は相続または遺贈により取得した財産とみなされて、相続税の課税対象になります。（贈与税申告時の価額で相続税の課税価格に加算されます）

この場合相続人は、この非上場株式等について一定の要件を満たすものであれば、都道府県知事の認定を受けて、相続税の納税猶予の特例の適用を受けることができます。

コラム

中小企業の経営の承継問題と税制

我が国の中小企業は、地域経済活動の主要な担い手と位置づけられていますが、その大多数が同族経営であり、経営者の個人的事情（健康状態等）が企業経営に与える影響が大きいと思われます。高齢化社会が進展するなか、中小企業の経営の早期かつ円滑な承継を促進・支援して経営者の世代交代を進めることが重要な政策課題となっていました。

こうした課題に対処するため、平成20年に「中小企業における経営の承継の円滑化に関する法律」が成立し、平成21年度の税制改正においても「非上場株式等についての贈与税及び相続税の納税猶予及び免除の特例」（いわゆる「事業承継税制」）が創設されました。

その後この事業承継税制は平成25年度と平成29年度に改正を重ね、適用要件の緩和や負担の軽減が図られてきましたが、平成30年度の税制改正において、同年から10年間の時限措置として「特例措置」が創設されました。これによって、平成30年4月1日から令和6年3月31日(令和4年度の税制改正で1年延長後) の間に「特例承継計画」を都道府県に提出して知事の認定を受けることで、この計画に基づき平成30年1月1日から令和9年12月31日までの間に贈与または相続等により取得する財産については、相続税・贈与税の負担なしで承継ができることになりました。

この「特例措置」では、承継のパターンの拡充や雇用確保要件等の一段の緩和も図られています。

「特例措置」と従来の「一般措置」の制度の主な違い、及び納税猶予・免除の適用要件についてはP.193を参照してください。

なお、平成31年度（令和元年度）の税制改正では、個人事業者の事業承継税制として、平成31年1月1日から10年間の特例措置で、個人事業者の事業（不動産貸付業等を除く）用の土地*1、建物*1、建物以外の減価償却資産（固定資産税の対象とされているもの、自動車税・軽自動車税の営業用の標準税率が適用されるもの、その他一定のもの）について、適用対象部分の課税価格*2の100%に対応する相続税・贈与税額の納税を猶予する制度が創設されました。この制度は、令和6年3月31日までに「個人事業承継計画」を都道府県に提出して知事の認定を受ける必要があり、小規模宅地等の特例との選択適用とされています。

＊1 事業用宅地は面積400㎡、事業用建物は床面積800㎡までの部分が上限となります。
＊2 特定事業用資産の価額から事業用債務（明らかに事業用とは認められない債務を除いた債務）の価額を控除した価額をもって猶予税額の計算をすることとされています。

(1)消費税

147．納税義務者と提出書類

消費税の申告をしなければならない納税義務者、また提出しなければならない書類について教えてください。

A 基準期間における課税売上高が1,000万円を超える個人事業者、および法人並びに当課税期間の前年の１月１日(法人の場合は、前事業年度開始日)から６ヶ月間の課税売上高が1,000万円を超える個人事業者及び法人は納税義務者になります。なお、６ヶ月間の課税売上高に代えて特定期間の給与等支払額を用いて判定することもできます。基準期間とは、個人事業者は前々年、法人は前々事業年度です。

また、「消費税課税事業者届出書」を所轄の税務署長に提出することになります。

解　説

納付税額の計算方法は下記のとおりです(令和元年10月１日以後標準税率の場合)。

- ・商品の販売やサービスの提供に課税される消費税：税率7.8%
- ・地方消費税：税率7.8%×22／78：2.2%

○消費税の納付額
課税売上高×100／110×7.8%−課税仕入高×7.8／110

○地方消費税の納付額
消費税の納付額×22／78

控除対象仕入税額：課税仕入にかかる消費税額のことをいいます。また、課税売上割合とは、資産の譲渡等の対価の額のうちに課税資産の譲渡等の対価の額の合計額が占める割合をいいます。

課税売上割合の算式は次のとおりです。

$$\text{課税売上割合}=\frac{\text{課税売上高（税抜き）}}{\text{課税売上高（税抜き）}+\text{非課税売上高}}$$

＊課税売上割合95%以上→全額控除
＊課税売上割合95%未満→個別対応方式と一括比例配分方式の有利な方を選択

簡易課税制度：基準期間における課税売上高が5,000万円以下の場合、簡易課税制度選択届出書を提出

〈計算式〉
控除対象仕入税額＝基礎税額×みなし仕入率

また、基準期間における課税売上高が1,000万円を超えていなくても、届出により、課税事業者となることを選択することができます。

既に事業を営んでいる者が新しい建物を建てて、店舗等として不動産賃貸業を営もうとする場合、その課税期間は売上高にかかる消費税より仕入高にかかる消費税が上回ってしまう場合がよくあります。この場合、その課税期間の初日の前日までに「消費税課税事業者選択届出書」を提出することにより、[売上高にかかる消費税＜仕入高にかかる消費税]となり、１年目の消費税は還付されることになります。

ただし、課税事業者となる選択の適用を受けた場合には、２年継続適用(注)の要件がありますので、注意してください。

(注) 一定の要件に該当する場合は３年あるいは４年間継続適用となります(還付請求 P.210参照)。

148. 課税売上・非課税売上

Q 私は農業経営のかたわら不動産賃貸業を営んでいます。農業所得の他、地代や家賃についても消費税は課されるのでしょうか。

A アパート経営などによる賃貸料については居住を目的とした契約の場合、消費税は課されません（非課税売上）。しかし、事務所や倉庫など居住以外の目的の契約の場合には、消費税は課されます。

また、農業所得については通常の収入のほか家事消費なども含めて消費税は課されることになります（課税売上）。

解　説

非課税売上、課税売上、不課税売上については以下のとおりです。

（1）非課税売上

消費税は、国内において行う資産の譲渡、貸付け、サービスの対価について課される税金です。しかし、これらの取引に該当するものであっても消費行為になじまない取引や社会福祉政策的な配慮から消費税を課さないこととした取引があり、これを非課税取引（非課税売上）といいます。非課税取引はいくつかの取引に限定されています。消費行為になじまない具体的な取引は貸付期間１月以上の地代、土地の売却代金、預貯金の利子、仮想通貨の譲渡など、社会福祉政策的なものの具体的な取引は住宅家賃などがあげられます。

（2）課税売上

非課税取引以外の消費税が課される取引を課税取引（課税売上）といいます。ほとんどの収入が該当することになるため農業所得者は収入について消費税を課税されるのが一般的です。

（3）不課税売上

収入の中には消費税について全く関係しない取引があり、これを不課税取引（不課税売上）といいます。具体的には建更共済の割戻金、国や地方公共団体などから受ける助成金、税金の還付金などがあげられます。

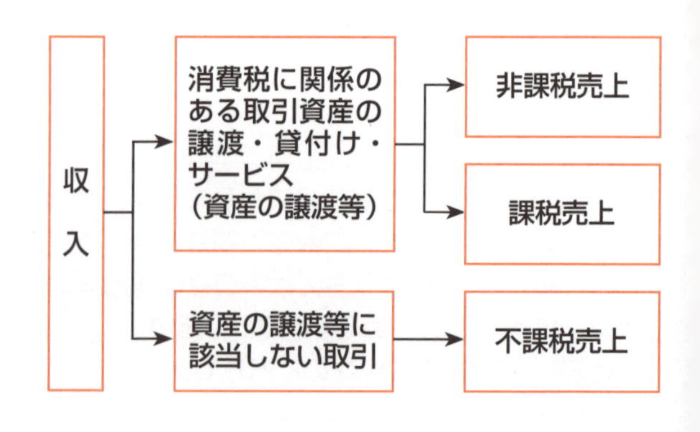

勘定科目別記帳上の留意事項

消費税　課税区分表

区分		科目		課税される	課税されない	
					非課税	不課税
不動産所得	収入金額	賃貸料	地代	貸付期間が1ヶ月未満	貸付期間が1ヶ月以上	
			家賃	住宅以外の店舗・倉庫・農業用施設等	住宅家賃	
			駐車場代	原則	住宅家賃込の場合	
		礼金・権利金・更新料		賃貸料に準ずる	賃貸料に準ずる	
		雑収入			線下補償・電柱補償	建更共済の割戻金
		事業用資産の売却（譲渡）		建物（住宅を含む）・車両等	土地・借地権の売却	
	必要経費	租税公課				○
		損害保険料			○	
		修繕費		○		
		減価償却費				○
		借入金利子			○	
		地代家賃		住宅以外の家賃・駐車場代	地代・住宅家賃	
		給料賃金				○
		水道光熱費		○		
		支払手数料（税理士報酬・管理費等）		○		
		広告宣伝費		○		
		消耗品費		○		
		通信費		○		
		その他の経費		清掃代		会費・立退料等
		専従者給与				○
		事業用資産の取得		建物（住宅を含む）・車両等	土地・借地権	
		付随費用		仲介手数料・司法書士への報酬等		印紙代・登録免許税等

区分		科目	課税される	課税されない	
				非課税	不課税
農業所得	収入金額	販売金額	○		
		家事消費金額	○		
		雑収入			補助金・助成金・消費税還付金等
		事業用資産の売却（譲渡）	建物（住宅を含む）・車両等	土地・借地権の売却	
	必要経費	商品仕入高	○		
		租税公課			○
		種苗費	○		
		素畜費	○		
		肥料費	○		
		飼料費	○		
		農具費	○		
		農薬衛生費	○		
		諸材料費	○		
		修繕費	○		
		動力光熱費	○		
		作業用衣料費	○		
		農業共済掛金		○	
		減価償却費			○
		荷造運賃手数料	○		
		雇人費			○
		利子割引料		○	
		地代・賃借料	住宅以外の家賃・駐車場代	地代・住宅家賃	
		土地改良費	○	行政手数料	
		交際費	飲食代・贈答品代		慶弔費
		雑費	○		会費
		専従者給与			○
		事業用資産の取得	建物（住宅を含む）・車両等	土地・借地権	
		付随費用	仲介手数料・司法書士への報酬等		印紙代・登録免許税等

149. 委託販売手数料の取扱い

Q 私は農協に野菜を出荷しています。その際に手数料を支払い、その差額が通帳に入金になりました。消費税を申告する上で、このような場合どのように取扱えばよいでしょうか。

A このような取引を委託販売といいます。原則として、売上高は手数料控除前の総額を課税売上とし、手数料は課税仕入とする両建て計上を行ないます。ただし特例により、一年間に行なった全ての取引について、売上高から手数料を控除した残額を課税売上高とする方法が認められます。(注)

(注) 軽減税率制度の実施により、委託販売に係る課税資産の譲渡が軽減税率の適用対象となる場合には、課税資産の譲渡 (8%) と委託販売手数料 (10%) を適用税率ごとに区分して、それぞれ計算することになるため、この特例の適用はできなくなります。

解　説

委託販売手数料の取扱いと注意点は以下のとおりです。

(1) 委託販売手数料

委託販売における課税売上高は、原則として受託者（農協など）が委託商品を譲渡等したことに伴い収受した金額、または、収受すべき金額のことをいいます。

ただし、特例として一年間に行なった委託販売のすべてについて、その資産の譲渡の金額から、その受託者に支払う委託販売手数料を控除した残額を課税売上高とすることが認められています。

例えば、この委託販売手数料に該当する主なものは農協手数料、市場手数料、共同選荷料、検査料、市場運賃等です。また該当しないものは作目別部会の部会費や価格安定基金の掛金等です。仕切書の控除欄にそのような記載がある場合には注意が必要です。

(2) 課税売上高を計算する上での注意点

消費税の納税義務者に該当するかどうかは、基準期間における課税売上高を基に判定します。その際、原則による方法でなく上記のような特例を用いることにより、免税事業者になることもあります。

また、簡易課税の選択が出来るかどうかの判定において、委託販売手数料が原則か特例かの取扱いにより、判定が分かれる可能性もあります。さらには、簡易課税制度を選択している場合、消費税の納税額が違ってきます。

150. 軽減税率

Q 私は農業経営を行なっており、作物の多くは食料品なので消費税の軽減税率の対象品ですが、一部食料品以外のものもあります。このような場合、日々の取引の記録や申告・納税に関して注意すべき点を教えてください。

A 飲食料品及び定期購読の新聞に対しては8%の軽減税率が適用され、その他のものには10%の標準税率が適用されます。

課税事業者である農業者の方は、次のような点に注意する必要があります。

①日々の取引において、取扱商品や仕入（経費）に軽減税率が適用されるものがないか、確認が必要です。

農業者の方の売上のほとんどが軽減税率の対象になり、仕入は標準税率の対象になるものが多いと思われます。

②取引等を税率ごとに区分して記帳するなどの経理(区分経理)と、区分経理に対応した請求書等(インボイス制度開始後は適格請求書(インボイス))の保存が必要です。

③消費税の申告において、税率ごとに区分して税額計算を行なう必要があります。

解説

軽減税率の対象となる品目は、酒類・外食を除く飲食料品と、定期購読契約が締結された週2回以上発行される新聞です。

（軽減税率が適用される飲食料品については下図を参照してください。）

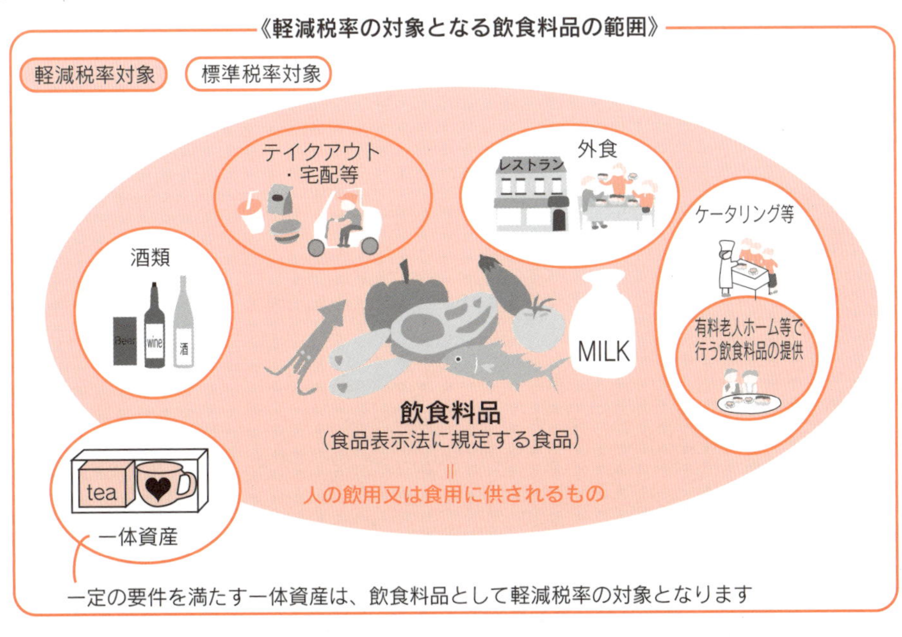

消費税率が複数税率となったので、日々の業務において軽減税率対象品目の売上・仕入があるか確認するとともに、対象品目の売上がある場合は、軽減税率対象資産の譲渡等である旨及び税率ごとに区分して合計した税込対価の額を記載した請求書等（区分記載請求書等（インボイス制度開始後はインボイス））の交付や、記帳等の経理（区分経理）が必要です。

また、課税事業者の方が仕入税額控除の適用を受けるためには、区分経理に対応した帳簿及び区分記載請求書等（インボイス制度開始後はインボイス）の保存が必要です。これは、軽減税率対象品目の売上がない事業者の場合でも同様です。

消費税の申告においては、売上と仕入を税率ごとに区分して記帳した帳簿等に基づき消費税額の計算を行う必要があります。ただし、売上税額から仕入税額を控除するという消費税額の計算方法は軽減税率制度実施前と変わりません。（下図）

《税額計算のイメージ》

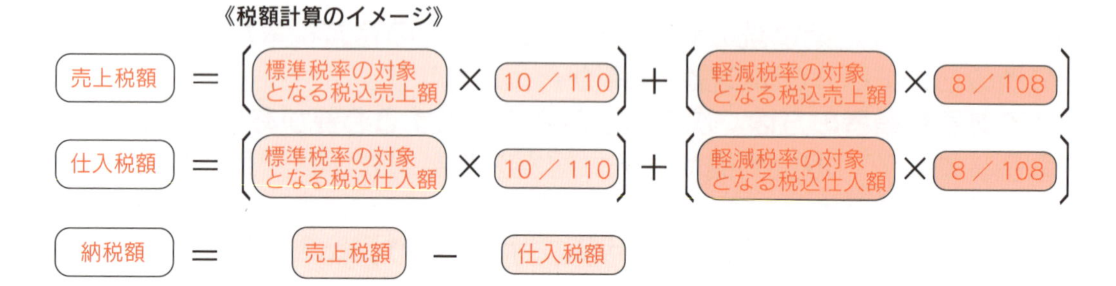

151. インボイス発行事業者の登録

Q 私は不動産賃貸業を営んでいますが、課税売上高は１千万円以下のため、現在は免税事業者になっています。先日、テナントの１社からインボイス発行事業者の登録を受けて欲しいと要望がありました。

①この登録は受けなければならないものでしょうか。②また、受けるとした場合、その手続きや注意すべき点を教えてください。

A ①インボイス発行事業者の登録を受けるか否かは任意とされています。（注１）ただし、免税事業者が登録を受ければ、基準期間の課税売上高１千万円以下でも課税事業者となり、消費税の申告納税が必要になります。したがって、登録を受けるかどうかは、両方の場合のメリット・デメリットをよく比較検討して決めることが大切です。

②インボイス発行事業者の登録を受けられるのは課税事業者に限られるので、原則として「消費税課税事業者選択届出書」を提出し、その後課税事業者となる課税期間の初日の前日から１か月（注２）前の日までに「登録申請書」の提出が必要です。ただし、免税事業者が一定の期間中に登録を受ける場合、課税事業者選択届を提出しなくとも、登録日から課税事業者となる経過措置が設けられています。

なお、課税売上高５千万円以下の事業者は簡易課税制度適用が可能ですので、事務負担の軽減を望まれるなら、適用を検討してみてください。（詳細については153.「消費税簡易課税制度」を参照してください。）

解　説

1．インボイス制度と仕入税額控除

消費税は、最終的には消費者が負担する税ですが、流通の各段階で課税事業者が預かり、消費者に代わって納税する仕組みになっています。流通段階での税額の累積を排除するために、「仕入税額控除」という方式をとっています。図１の事例で説明します。

消費税の負担と納付の流れ　図1

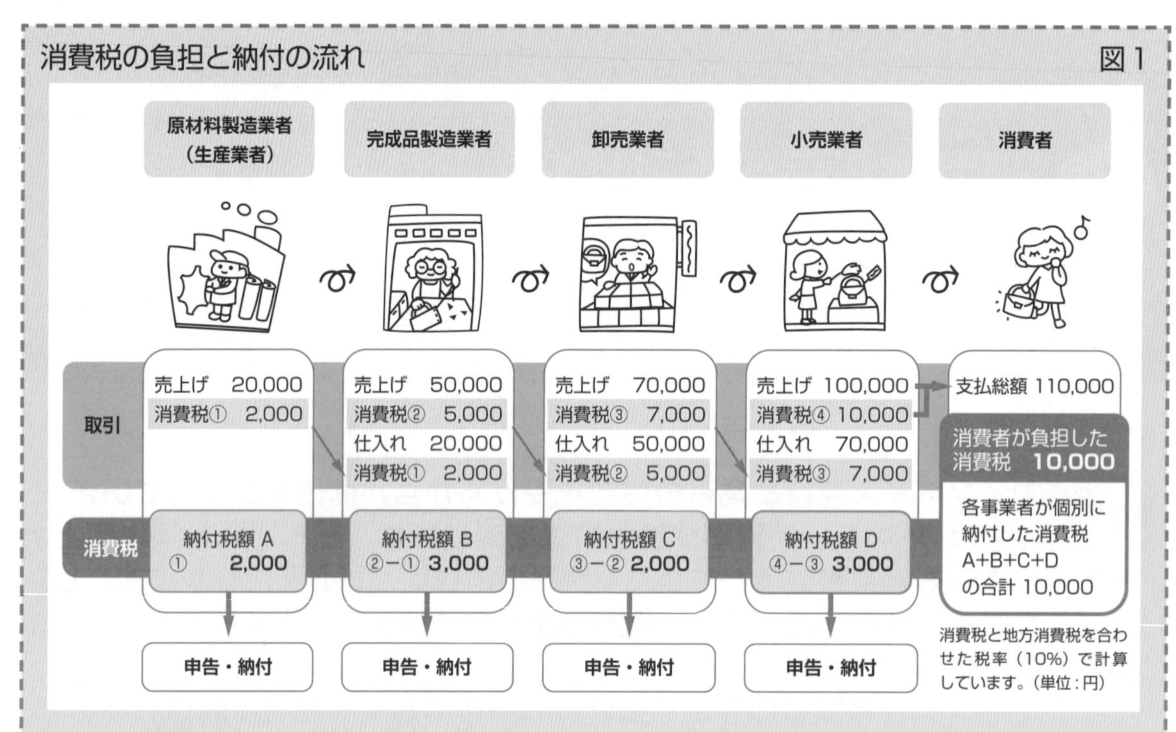

この一連の取引で、生産業者、完成品製造業者、卸売業者及び小売業者が、それぞれ売上税額から仕入税額を控除した残額を納税し、その結果納税額の合計は消費者の負担した税額に一致しています。

従来の区分記載請求書等保存方式では、帳簿の記載と区分記載請求書等の保存があれば仕入税額控除が認められていたため、流通段階で免税事業者等があった場合でも、その事業者からの仕入代価に係る消費税相当額の税額控除が可能でした。

インボイス制度では、登録を受けた課税事業者から交付されたインボイスを保存している場合のみ、仕入税額控除が認められるので、免税事業者等から仕入れた事業者は税額控除が受けられず、買い手から預かった税額を全額納付することになり、納税額が増加することになります。こうした税負担の増加を回避するために、免税事業者である仕入先にインボイス発行登録を要請する事業者もあると考えられます。

インボイス発行事業者の登録を受けるか否かは事業者の任意となっていますので、登録を受けて課税事業者になった場合の税負担・事務負担の増加と、免税事業者を継続した場合の取引先を失うリスク等を比較検討して決める必要があります。（注３）

２．インボイス発行事業者登録の手続き

登録の手続きは上記②のとおりですが、令和５年10月１日からインボイス発行事業者になるためには３月31日までに申請書を提出する必要があります。（ただし、その期日までに提出できなかった場合は、理由を問わず９月30日まで登録申請を行うことを認めるとの運用上の取扱いがされています。）

申請の後、税務署による審査を経て登録・公表及び通知がなされます。登録の効力は登録日から生じます。

3．免税事業者が登録申請する場合の負担軽減措置

免税事業者であった者がインボイス発行事業者の登録を受ける場合には、事務負担等の軽減を図るために、次のような経過措置等が設けられています。

免税事業者が令和５年10月１日から令和11年９月30日の属する課税期間中に登録を受ける場合は、「消費税課税事業者選択届出書」を提出する必要はなく、登録を受けた日から課税事業者となる経過措置が設けられています。（個人事業者の例では、１月１日から登録日までは免税事業者のままで良いことになります。）

また、同上の期間にインボイス発行事業者の登録を受けて課税事業者になった場合、その課税期間から簡易課税制度の適用を受ける旨を記載した届出書をその課税期間内に提出すれば、課税期間開始日の前日までに「簡易課税制度選択届出書」を提出しなくても、その課税期間から簡易課税制度を適用することができます。

なお、令和５年度税制改正において、免税事業者がインボイス発行事業者になった場合、納税額を売上税額の２割とすることができる３年間の経過措置が設けられることになりました。（「税制改正のあらまし」４．（１）参照）

（注１）インボイス発行事業者の登録を受けない場合でも課税事業者には消費税の申告・納税の義務があります。
（注２）令和５年度税制改正により登録手続きの柔軟化が図られ、課税期間の初日の前日から15日前の日までに申請書を提出すれば認められることとされました。
（注３）インボイス制度開始後６年間は、免税事業者等からの課税仕入れについても、仕入税額相当額の一定割合について仕入税額控除を認める経過措置が設けられています。その割合は、令和５年10月１日から令和８年９月30日までは80％、令和８年10月１日から令和11年９月30日までは50％です。この経過措置の期間中に取引先との交渉を進めて、発行事業者登録を行うか又は税負担増加分（又はその一部）の値引きに応じるかを決定することも、対応方法として考えられます。

152. インボイスの記載事項と発行事業者の義務

Q 私は農業と駐車場の賃貸業を営んでおり、現在課税事業者になっています。今度インボイス発行事業者の登録申請を行いましたが、発行事業者になると、今までとどのような点が変わりますか。また、原材料や経費の仕入税額控除で、注意することは何がありますか。

A インボイス制度開始後は、仕入税額控除を適用するためにはインボイスの交付を受けて保存する必要があるため、発行事業者は買手に求められたときは、インボイスを交付し、またその写しを保存する義務があります。

インボイスには、従来の区分記載請求書等の記載事項以外に、発行事業者の登録番号、適用税率及び税率ごとに区分した消費税等の額を追加して記載しなければなりません。

インボイス制度開始後の売上税額及び仕入税額の計算方法は、「積上げ計算」又は「割戻し計算」のいずれかを選択できます。ただし売上税額を「積上げ計算」により計算した場合は、仕入税額も「積上げ計算」による必要があります。なお、売上税額に「積上げ計算」を選択できるのは、インボイス発行事業者に限られます。

解　説

1．インボイス発行事業者の義務

インボイス発行事業者は、買手から求められた場合は、インボイス（適格請求書）を交付しその写しを保存する義務を負います。返品・値引き等に係る適格返還請求書や修正した適格請求書についても同様の義務が課されます。

ただし、インボイスを交付することが困難な、公共交通機関（バス等）による旅客運送、自動販売機等による販売、農協等に委託して行う農林水産物の譲渡などの取引は、交付義務が免除されます。（注１）

また、委託販売等における特例として、委託者及び媒介者（取次業者）等の双方がインボイス発行事業者である場合は、媒介者等が、自己の氏名・名称及び登録番号を記載したインボイスを、委託者に代わって交付することも認められます。

2．インボイスの記載事項

インボイス発行事業者になっても、「インボイス」という書類を特別に発行する必要はありません。従来の区分記載請求書の記載事項とインボイスの記載事項の差は下図のとおりです。（下線の項目が、区分記載請求書の記載事項に追加される事項です。）

なお、不特定多数の者に販売等を行う小売業、飲食店業、タクシー業等は、適格請求書（下図左）に代えて適格簡易請求書（下図右）を交付することができます。

適格請求書	適格簡易請求書
① 適格請求書発行事業者の氏名又は名称及び登録番号 ② 取引年月日 ③ 取引内容 （軽減税率の対象品目である旨） ④ 税率ごとに区分して合計した対価の額（税抜き又は税込み）及び適用税率 ⑤ 税率ごとに区分した消費税額等 ⑥ 書類の交付を受ける事業者の氏名又は名称	① 適格請求書発行事業者の氏名又は名称及び登録番号 ② 取引年月日 ③ 取引内容 （軽減税率の対象品目である旨） ④ 税率ごとに区分して合計した対価の額（税抜き又は税込み） ⑤ 税率ごとに区分した消費税額等又は適用税率

新たに追加されるのは上記のとおり登録番号等の３項目だけです。また複数の書類を合わせて記載事項の要件を満たしたものもインボイスとして認められるので、従来の請求書等にこれらの事項を追記するか追加事項を記載した書類を添付するといった方法で対応が可能です。（注２）（注３）

３．仕入税額控除の要件と税額計算の方法

インボイス制度の下での仕入税額控除の要件は、一定の事項を記載した帳簿及びインボイスの保存です。帳簿の記載事項は現行と同一です。保存するインボイスには、上記の適格請求書及び適格簡易請求書のほか、買手が作成する仕入明細書等で売手の確認を受けたもの、農協等が委託を受けて行う農産物等の販売について受託者から交付を受ける一定の書類、及びこれらの書類に関する電子データが含まれます。

免税事業者等のインボイス発行事業者以外の者から行った課税仕入れは、原則として仕入税額控除の適用を受けることはできませんが、一定の期間仕入税額相当額の一定割合を、仕入税額として控除できる経過措置が設けられています。（151.「インボイス発行事業者の登録」の（注３）を参照してください。）

なお、簡易課税制度を選択している場合、課税売上高から納付する消費税額を計算するので、インボイスの保存は仕入税額控除の要件にはなりません。

インボイス制度開始後は、売上税額及び仕入税額の計算については、インボイスに記載のある消費税額を積み上げて計算する「積上げ計算」と、適用税率ごとの取引総額を割り戻して計算する「割戻し計算」を選択することができます。ただし、売上税額に「積上げ計算」を適用できるのは、インボイス発行事業者に限られます。また、売上税額を「積上

げ計算」で算出する場合は、仕入税額の算出も「積上げ計算」のみが適用できます。（下図参照）

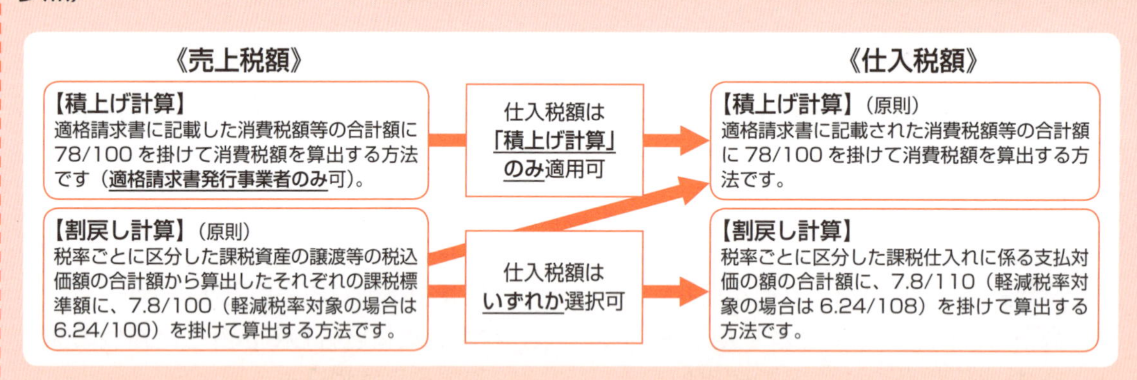

売上税額及び仕入税額の計算方法に変更があり、また下記（注３）のとおり税額の端数処理にも変更が生じる可能性もあるので、場合によっては業務システム等の修正が必要になるかと思われます。インボイス発行事業者の登録を予定している場合は、できるだけ早期に準備作業を始めることが望ましいといえます。

（注１）この交付義務免除の対象になるのは、生産者が農業協同組合等に委託して行う農林水産物の譲渡であって、無条件委託方式（生産者から売値、出荷時期、出荷先等の条件を付けずに委託するもの）かつ共同計算方式（一定期間の販売対価の額を、生産品の種類・品質等の区分ごとに平均した価格による計算額に基づいて精算する方式）により、生産者を特定せずに行うものに限られます。この場合において、この生産物の購入者は、農協等が作成する一定の書類を保存すれば、仕入税額控除が認められます。

（注２）駐車場賃貸料のようにその都度請求書等の発行を行うことがない取引については、契約書に登録番号、適用税率及び消費税額等を記載することで、インボイス制度への対応が可能と考えられます。既存の契約については、上記の追加事項を記載した覚書等を交わすといった方法が考えられます。

（注３）消費税等の額の端数処理の方法が制限され、インボイスごとかつ税率ごとに１回ずつの端数処理を行うことが求められます。１品ごとに税額の端数処理を行い、これを合計してインボイスの消費税額として記載する方法は認められなくなるので注意してください。

153. 消費税簡易課税制度

Q 2年前の課税売上高が5,000万円以下だったので、簡易課税制度を適用したいと思うのですが、この適用を受けるために何を行ったらよいのでしょうか。

「消費税簡易課税制度選択届出書」を、適用を受けようとする課税期間の開始の前日までに所轄の税務署長に提出することになります。

解　説

消費税の簡易課税制度とは、税額計算や納税のための事務処理の負担を軽減するために一定規模以下の中小事業者の場合、選択によって業種分類によるみなし仕入率をもとに売上にかかる消費税額から控除対象仕入税額を計算する制度です。したがって、この制度を適用すると実際の課税仕入等にかかる消費税を計算する必要がありません。

簡易課税制度適用にあっては、第1種事業から第6種事業に業種分類を行い、それぞれの事業に応じたみなし仕入率を用いることになります。

※ 控除対象仕入税額＝基礎税額×みなし仕入率

※事業区分別みなし仕入率

事業区分	該当する業種	みなし仕入率
第1種事業	卸売業	90％
第2種事業	小売業、農業・林業・漁業（飲食料品の譲渡に係る事業）	80％
第3種事業	製造業等、農業・林業・漁業（飲食料品の譲渡に係る事業を除く）	70％
第4種事業	1,2,3,5,6 種以外の事業	60％
第5種事業	サービス業等・金融業・保険業	50％
第6種事業	不動産業	40％

【簡易課税制度を適用するための要件】

・基準期間における課税売上高が5,000万円以下であること

・「簡易課税制度選択届出書」を所轄の税務署長に提出すること

なお、提出した日の属する課税期間の翌課税期間以後の課税期間から適用されることになります。

また、簡易課税制度の適用を受けるのをやめようとする場合または事業を廃止したときは、納税地を所轄する税務署長に「簡易課税制度選択不適用届出書」を提出しなければなりません。（簡易課税制度選択届出書の効力は不適用届出書を提出しない限り失われないので、基準期間の課税売上高が5千万円を超えたり免税事業者となって適用を受けない課税期間があっても、その後の課税期間の基準期間の課税売上高が1千万円を超え5千万円以下となったときは、再び簡易課税の適用を受けることになります。）

しかし、事業を廃止した場合を除き、簡易課税制度が適用されることとなった課税期間の初日から2年を経過する日の属する課税期間の初日以後でなければ、「簡易課税制度選択不適用届出書」を提出することができませんので注意してください。

平成22年4月1日以後に課税事業者選択届出書を提出し、一定の課税期間中に調整対象固定資産（P.201参照）を取得した場合、簡易課税の適用を受けられない期間があります。

高額特定資産の仕入れ等を行った場合は、その仕入れ等のあった日が属する課税期間の初日から3年間は簡易課税制度選択届出書の提出が制限されます。

154. 税込み・税抜き経理

Q 農業を営む私は経理の手間を省くため取引についてすべて合計金額で処理してきました。最近消費税の経理や申告の方法に「税込経理」のほかに「税抜経理」というものもあることを聞いたのですが、どのような違いがあるのでしょうか。

消費税の経理処理は「税込経理」と「税抜経理」のどちらを採用したとしても、納付することになる消費税額は同額となります。

解　　説

税込経理と税抜経理の違いは以下のとおりです。

（1）税込経理

「税込経理」とは取引の「本体価格」と「消費税額」とを合計して処理する経理方法をいいます。

（2）税抜経理

「税抜経理」とは取引の「本体価格」と「消費税額」と分けて処理する経理方法をいいます。このとき売上にかかる消費税額は「仮受消費税額」とし、仕入にかかる消費税については「仮払消費税額」として処理をします。

（3）同額となる理由

経理処理を「税込経理」と「税抜経理」のどちらを採用したとしても最終的な結果が同じとなるのは、経理方法の違いによって税額が変わることがないように調整されるからです。経理方法が違っていても間違った経理をしなければ結果は同じとなります。

（4）経理処理の採用

経理処理は「税込経理」と「税抜経理」のどちらを採用したとしてもよいこととなっていますが基本的にその事業者が行う全ての取引について統一することとされています。なお、免税事業者については「税込経理」をしなければなりません。

（5）「税抜経理」の要件

①取引全体を「本体価格」と「消費税額」とに区分して経理処理すること

②「消費税」について1円未満の端数処理を行うこと

売上……「切捨」「四捨五入」「切上」いずれでもかまいません。

仕入……「切捨」「四捨五入」のみとなっています。

（6）「税抜経理」による納付消費税額の計算方法

①仮受消費税額＞仮払消費税額の場合

納付税額＝仮受消費税額－仮払消費税額

②仮払消費税額＞仮受消費税額の場合

還付税額＝仮払消費税額－仮受消費税額

（7）簡易課税制度の適用者の場合

簡易課税制度の適用者は（6）の計算による差額と簡易課税制度による納付税額が同額にはならない場合があります。この同額とならない差額については、その計算期間にあたる年（事業年度）の所得税（法人税）の計算上総収入金額（雑収入）または必要経費（雑損失）に算入されることになります。

155. 中間申告

前年の消費税額の納付が多いと中間申告をしなくてはならないと聞きました。どのように判定するのでしょうか。

消費税の課税期間は原則として１年とされていますが、中間申告が必要な場合があります。

解　説

1　中間申告書の提出が必要な事業者

中間申告書の提出が必要な場合は、事業者の前年度の消費税額※が 48 万円を超える場合です。

48 万円以下の場合中間申告は原則不要ですが、任意により申告することもできます。

※地方消費税額は除く

なお、個人事業者の場合は事業を開始した年、法人の場合は設立した課税期間及び３か月を超えない課税期間については、中間申告書を提出する必要はありません。

2　中間申告と納税

前年度の消費税額によって中間申告の回数と納付額が変動します。

中間申告は直前の課税期間の確定消費税額に応じて、次のようになります。

直前の課税期間の確定消費税額	48 万円以下	48 万円超から400 万円以下	400 万円超から4,800 万円以下	4,800 万円超
中間申告の回数	原則、中間申告不要ただし、任意の中間申告制度あり	年１回	年３回	年 11 回
中間申告提出・納付期限		各中間申告の対象となる課税期間の末日の翌日から２月以内		(図１のとおり)
中間納付税額		直前の課税期間の確定消費税額の６／12	直前の課税期間の確定消費税額の３／12	直前の課税期間の確定消費税額の１／12
1年の合計申告回数	確定申告１回	確定申告１回 中間申告１回	確定申告１回 中間申告３回	確定申告１回 中間申告 11 回

図１　年 11 回の中間申告の申告・納付期限は、以下のとおりになります。

個人事業者	法人
１月から３月分→５月末日	その課税期間開始後の１月分→その課税期間開始日から２月を経過した日から２月以内
４月から11月分→中間申告対象期間の末日の翌日から２か月以内	上記１月分以後の 10 月分→中間申告対象期間の末日の翌日から２月以内

(国税庁 HPをもとに作成)

3　別の方法で中間申告・納付する場合

別の方法として、「中間申告対象期間」を一課税期間とみなして仮決算を行い、それに基づいて納付すべき消費税額等を計算することもできます。

また、仮決算を行う場合にも、簡易課税制度の適用があります。

4　確定申告による中間納付税額の調整

中間申告により納付した額が、確定申告で決定した納付税額よりも多かった場合には、差額が還付されます。

156. 還付請求

Q 私は、不動産賃貸業を営んでいます。課税売上は800万円なので、消費税の免税事業者です。貸店舗の建設を計画していますが、この建設に関して、消費税の還付を受けることができると聞きました。どのようにすればよいのでしょうか。

A 仕入れに係る消費税額が控除できるのは、課税事業者に限られていますので、免税事業者は、還付を受けることはできません。還付を受けるためには、「課税事業者選択届出書」を提出し、課税事業者となる必要があります。

解　説

課税事業者を選択するためには「消費税課税事業者選択届出書」を所轄の税務署長に提出しなければなりません。ただし、対象となる期間が開始される前（前課税期間）までに届出書を提出しないと、課税事業者となることはできません。新規に開業等の場合には、提出のあった日の属する課税期間に課税事業者となることができます。

また、課税事業者を選択した事業者が適用を受けることをやめようとする場合には、適用を受けた課税期間の初日から2年を経過する日の属する課税期間の初日以降でなければ、「消費税課税事業者選択不適用届出書」を提出することができませんので注意が必要です。

ただし、「消費税課税事業者選択届出書」を提出した事業者が、事業者免税点制度の適用を受けないこととした課税期間（2年間）中に調整対象固定資産（注）を取得したときは、その取得があった課税期間を含む3年間は、免税事業者になることはできません。さらに、その3年間で調整対象固定資産を転用した場合や、課税売上割合が著しく変動した場合には、仕入税額控除の調整が行われます。還付相当額を納付することになる場合があります。

(注) 調整対象固定資産とは、建物（付属設備を含む)、機械装置、車両運搬具、工具、備品等の資産で、一取引単位についての購入価額（税抜き）が100万円以上のものをいいます。

この適用を受けるためには、種々の届出書の提出や、その提出期限にも注意を払わなければなりません。また、申告書の作成も必要になります。手続きに慣れた税理士へ相談することをお勧めいたします。

なお、令和2年10月1日以後に取得する居住用賃貸建物（住宅の貸付けのための建物：アパート等）については、仕入税額控除の適用が認められなくなりました。このため、質問の貸店舗は仕入税額控除の対象となりますが、アパート等は対象になりませんので注意してください。

第1号様式

消費税課税事業者選択届出書

収受印

令和 年 月 日 税務署長殿	届出者	(フリガナ)	
		納税地	(〒 －) (電話番号 － －)
		(フリガナ)	
		住所又は居所 (法人の場合) 本店又は主たる事務所の所在地	(〒 －) (電話番号 － －)
		(フリガナ)	
		名称(屋号)	
		個人番号又は法人番号	↓ 個人番号の記載に当たっては、左端を空欄とし、ここから記載してください。
		(フリガナ)	
		氏名 (法人の場合) 代表者氏名	
		(フリガナ)	
		(法人の場合) 代表者住所	(電話番号 － －)

下記のとおり、納税義務の免除の規定の適用を受けないことについて、消費税法第9条第4項の規定により届出します。

適用開始課税期間	自 ○平成 ○令和 年 月 日 至 ○平成 ○令和 年 月 日		
上記期間の基準期間	自 ○平成 ○令和 年 月 日	左記期間の総売上高	円
	至 ○平成 ○令和 年 月 日	左記期間の課税売上高	円

事業内容等	生年月日(個人)又は設立年月日(法人)	1明治・2大正・3昭和・4平成・5令和 ○ ○ ○ ○ ○ 年 月 日	法人のみ記載	事業年度	自 月 日 至 月 日
				資本金	円
	事業内容		届出区分	事業開始・設立・相続・合併・分割・特別会計・その他 ○ ○ ○ ○ ○ ○ ○	
参考事項			税理士署名	(電話番号 － －)	

※税務署処理欄	整理番号		部門番号			
	届出年月日 年 月 日		入力処理 年 月 日		台帳整理 年 月 日	
	通信日付印 年 月 日	確認	番号確認	身元確認 □済 □未済	確認書類	個人番号カード/通知カード・運転免許証 その他( )

注意 1. 裏面の記載要領等に留意の上、記載してください。
2. 税務署処理欄は、記載しないでください。

第9号様式

消費税簡易課税制度選択届出書

収受印

令和　年　月　日	届出者	（フリガナ）	
		納税地	（〒　－　） （電話番号　－　－　）
		（フリガナ）	
		氏名又は名称及び代表者氏名	
＿＿＿＿税務署長殿		法人番号	※個人の方は個人番号の記載は不要です。

下記のとおり、消費税法第37条第１項に規定する簡易課税制度の適用を受けたいので、届出します。

（□ 消費税法施行令等の一部を改正する政令（平成30年政令第135号）附則第18条の規定により消費税法第37条第１項に規定する簡易課税制度の適用を受けたいので、届出します。）

①	適用開始課税期間	自　令和　年　月　日　至　令和　年　月　日
②	①の基準期間	自　令和　年　月　日　至　令和　年　月　日
③	②の課税売上高	円

事業内容等	（事業の内容）	（事業区分） 第　種事業

提出要件の確認

次のイ、ロ又はハの場合に該当する（「はい」の場合のみ、イ、ロ又はハの項目を記載してください。）　はい □　いいえ □

イ	消費税法第９条第４項の規定により課税事業者を選択している場合		課税事業者となった日	令和　年　月　日
			課税事業者となった日から２年を経過する日までの間に開始した各課税期間中に調整対象固定資産の課税仕入れ等を行っていない	はい □
ロ	消費税法第12条の２第１項に規定する「新設法人」又は同法第12条の３第１項に規定する「特定新規設立法人」に該当する（該当していた）場合		設立年月日	令和　年　月　日
			基準期間がない事業年度に含まれる各課税期間中に調整対象固定資産の課税仕入れ等を行っていない	はい □
ハ	消費税法第12条の４第１項に規定する「高額特定資産の仕入れ等」を行っている場合（同条第２項の規定の適用を受ける場合） （仕入れ等を行った資産が高額特定資産に該当する場合はAの欄を、自己建設高額特定資産に該当する場合は、Bの欄をそれぞれ記載してください。）	A	仕入れ等を行った課税期間の初日	令和　年　月　日
			この届出による①の「適用開始課税期間」は、高額特定資産の仕入れ等を行った課税期間の初日から、同日以後３年を経過する日の属する課税期間までの各課税期間に該当しない	はい □
		B	仕入れ等を行った課税期間の初日	○平成 ○令和　年　月　日
			建設等が完了した課税期間の初日	令和　年　月　日
			この届出による①の「適用開始課税期間」は、自己建設高額特定資産の建設等に要した仕入れ等に係る支払対価の額の累計額が１千万円以上となった課税期間の初日から、自己建設高額特定資産の建設等が完了した課税期間の初日以後３年を経過する日の属する課税期間までの各課税期間に該当しない	はい □

※　消費税法第12条の４第２項の規定による場合は、ハの項目を次のとおり記載してください。
1「自己建設高額特定資産」を「調整対象自己建設高額資産」と読み替える。
2「仕入れ等を行った」は、「消費税法第36条第１項又は第３項の規定の適用を受けた」と、「自己建設高額特定資産の建設等に要した仕入れ等に係る支払対価の額の累計額が１千万円以上となった」は、「調整対象自己建設高額資産について消費税法第36条第１項又は第３項の規定の適用を受けた」と読み替える。

※　この届出書を提出した課税期間が、上記イ、ロ又はハに記載の各課税期間である場合、この届出書提出後、届出を行った課税期間中に調整対象固定資産の課税仕入れ等又は高額特定資産の仕入れ等を行うと、原則としてこの届出書の提出はなかったものとみなされます。詳しくは、裏面をご確認ください。

参考事項	
税理士署名	（電話番号　－　－　）

※税務署処理欄						
整理番号		部門番号				
届出年月日	年　月　日	入力処理	年　月　日	台帳整理	年　月　日	
通信日付印 年　月　日	確認	番号確認				

注意　1．裏面の記載要領等に留意の上、記載してください。
　　　2．税務署処理欄は、記載しないでください。

157．個人住民税

個人住民税とはどのような税ですか？

都道府県や区市町村が行う住民に対する行政サービスに必要な経費を、広く分担してもらうものです。

解　説

個人住民税は、前年の所得金額に応じて課税される「所得割」、所得金額にかかわらず定額で課税される「均等割」、預貯金の利子等に課税される「利子割」、一定の上場株式等の配当等に課税される「配当割」、源泉徴収選択口座内の株式等の譲渡所得等に課税される「株式等譲渡所得割」からなっています。

所得割と均等割については1月1日時点で住んでいる場所で納付場所が決まります。各区市町村が「個人区市町村民税」と「個人都道府県民税」をあわせて徴収します。

個人住民税は確定申告等のように基本的には自分で計算する必要はなく、地方公共団体が納めるべき金額を計算し、納税額が通知される仕組みです（一部の方は申告の必要が有ります）。

⑴所得割額

・（前年の総所得金額等－所得控除額）× 税率 － 税額控除額
・所得控除　配偶者特別控除最高33万円、基礎控除最高43万円、医療費控除等

※所得税と個人住民税では控除額が違いますので注意が必要です。

・税率 10％ ※条例により税率が異なります

⑵均等割額

令和5年度までの間東京都の場合
都民税額（1,500円）＋区市町村民税額（3,500円）
令和5年度までの間横浜市の場合
県民税（1,800円）＋市民税（4,400円）

※地方公共団体により金額が異なりますのでご注意下さい。

⑶課税されない場合（非課税限度額）

また、前年の合計所得金額により均等割が非課税となる場合、前年の総所得金額等により所得割のみ非課税となる場合もあります。

※地方公共団体により異なりますのでご注意下さい。

例：横浜市非課税限度額45万円
パート収入がある方：100万円以上になると住民税が課税
（給与所得控除55万円＋非課税限度額45万円）

⑷公的年金等についての確定申告不要制度適用の場合

公的年金等の収入金額の合計額が400万円以下で、かつ、公的年金等にかかる雑所得以外の所得金額が20万円以下の方については、平成23年分以降の所得税の確定申告が不要になりました。

ただし、公的年金等以外の所得がある場合は住民税の申告が必要です。

※平成27年分以降は、外国の法令に基づく公的年金等を受給している方は、公的年金等にかかる確定申告不要制度は適用できません。

⑸非課税でも申告が必要な場合

次の方は、非課税でも申告が必要です。

・国民健康保険料・後期高齢者医療保険料・介護保険料の減額・免除の申請をする場合
・児童手当、その他各種助成金等の手続きなど所得額の記載がある非課税証明書の発行が必要な場合

(3)固定資産税

158. 課税対象

固定資産税が課税される資産の種類と、この制度の概要について教えてください。

固定資産税とは、固定資産の価値に着眼して課せられる税金です。

解　説

(1) 分類基準

土地：土地は地目と地積に基づいて課税されます。地目は現況により判断され、田・畑・宅地・塩田・鉱泉地・池沼・山林・牧場・原野などに分類され、これらの分類に入らない土地を雑種地といいます。また、地積は一般的に登記簿上の地積で課税されますが、それが適切でないと認められるときは、実測した地積により課税される場合があります。なお、公衆用道路や境内地については、その用途や性格上非課税財産とされ、固定資産税は課税されません。

家屋：住宅・店舗・工場・倉庫・その他の建物のことをいいます。未登記であっても、家屋と判断されるものについては課税される場合があります。例えば、地下駐車場、野球場の観客席、高架線下を利用して建設された倉庫・店舗等、農業用の温室なども課税対象とされます。

償却資産：土地および家屋以外の事業に使用することのできる資産のことで、減価償却費の計上を必要とする資産のうち、無形固定資産（水道加入権など）でない資産をいいます。具体的には、構築物、機械、装置、工具、器具、備品などです。

(2) 納税義務者

原則として、固定資産課税台帳に登録された所有者に課税することになっています。土地は土地の登記事項証明書または土地補充課税台帳、家屋は建物の登記事項証明書または家屋補充課税台帳、償却資産については償却資産課税台帳に登録されている人を所有者とします。なお、償却資産については申告書を提出する必要があります。

(3) 賦課期日

登記簿上、その年の1月1日の所有者とされる人に課税されます。

また、家屋の場合1月1日に建築中で、課税できる状態になっているとはいえないものについては課税されません。

(4) 免税点

同一人において、その市区町村の区域内に持っている固定資産税課税標準額が以下の額に満たない場合、免税されます。

土　　地：30万円
家　　屋：20万円
償却資産：150万円

(5) 税率

固定資産税：固定資産税課税標準額 × 1.4%
（標準税率）

都市計画税：都市計画税課税標準額 × 0.3%

なお、固定資産税の税率は地域によって異なる場合があります。市町村にて税率を確認してください。

159. 住宅用地の軽減措置

Q 私は不動産賃貸業を営んでいます。現在10世帯入居しているアパートと、そこの入居者用の駐車場、それぞれ250㎡合わせて500㎡を所有しています。この土地の固定資産税について、アパートは住宅用地軽減特例を受け、駐車場の方は、何も特例を受けていません。この場合、今以上に固定資産税を軽減することは可能でしょうか。

A アパートの敷地と、そのアパートの入居者専用の駐車場とが隣接している場合には、2筆の土地を合筆し1つにすることによって、さらに固定資産税を軽減することができます。このようにすることによって、駐車場にも住宅用地軽減特例を適用し、駐車場の固定資産税を節税することができます。

解　説

〈住宅用地軽減特例〉…住宅用地に対しての固定資産税の軽減措置です。一戸あたり200㎡まで小規模住宅用地として、税額の軽減を受けることができます。

計算式は次のとおりです。

①住宅用地の面積のうち一戸あたり200㎡までの部分
固定資産税評価額×1/6×1.4%(税率)=税額
②住宅用地の面積のうち一戸あたり200㎡を超える部分
固定資産税評価額×1/3×1.4%(税率)=税額

実際に、アパートの敷地250㎡と駐車場250㎡のそれぞれの固定資産税評価額が6,000万円の場合で考えてみましょう。

Ⅰ．対策前

アパートと駐車場が分筆されたままなので、それぞれを別に計算します。

＊アパートの敷地（250㎡＜200㎡×10戸のため軽減対象）
6,000万円×1/6×1.4%=14万円
＊駐車場の敷地（軽減なし）
6,000万円×70%※×1.4%=58.8万円

したがって、現在の状態での固定資産税の合計額は72.8万円です。

※非住宅地の負担率

Ⅱ．対策後

合筆することによって、一緒に住宅用地として評価することができます。面積要件を満たす（500㎡＜200㎡×10戸）ため軽減されます。

1億2,000万円×1/6×1.4%=28万円

したがって、対策後の固定資産税の額は28万円となります（差額は44.8万円になります。）。

ただし、この駐車場がアパートの入居者専用のものであることが条件となります。

※アパートに隣接する別筆の土地が、入居者専用駐車場でアパート敷地と段差等がなく一団の土地と考えられる場合は、上記特例が適用できる場合があります。

特定空家等

空家等対策の推進に関する特別措置法に基づく必要な措置の勧告の対象となった特定空家等に係る土地について、住宅用地に係る固定資産税及び都市計画税の課税標準の特例措置の対象から除外する措置を講じることになりました。

つまり、空家対策特別措置法に規定されている「特定空家等」に指定された場合はその土地に関する税制優遇が無くなるということです。

特定空家等とは、「そのまま放置すれば倒壊等著しく保安上危険となるおそれのある状態」「著しく衛生上有害となるおそれのある状態」「適切な管理が行われていないことにより著しく景観を損なっている状態」「その他周辺の生活環境の保全を図るために放置することが不適切である状態」にある空家をいいます。

第Ⅳ章　その他
(4)印紙税

160. 印紙税の取扱い

印紙税の取扱いについて教えてください。

A　印紙税とは、契約書・領収書・手形などにこれらの文書を作った人が収入印紙を貼り、消印して納める税金です。消印は必ずしなければなりませんが、二人以上で共同の文書を作成する場合は、そのうちの一人が消印することで有効になります。

解　説

印紙税は税法で定められた文書にのみかかる税金です。また、税法で定められている文書であっても、金額によっては印紙税がかからない場合もあります。

納付方法は原則として収入印紙を貼って消印する方法によりますが、一度に多くの文書を作成する場合には別の方法もあります。

(1) 税印を押す方法

税印押なつ機のある税務署で印紙税を納め、文書に税印を押します。

(2) 納付印を押す方法

税務署長の承認を受け、印紙税納付計器を備え付けたときはあらかじめ印紙税額を現金で納めた上、その金額を限度として文書に計器で納付印を押します。

印紙税を誤って納めてしまった場合（印紙税のかからない文書に印紙を貼ってしまったとき・定められた税額以上の印紙を貼ってしまった場合など）には、その文書を税務署に提示して手続きをとれば、誤って納めた印紙税を戻してもらうことができます。

また、印紙税を納めなかった場合には、印紙税の額の3倍の過怠税がかかり、文書に貼った収入印紙に消印しなかった場合には印紙の金額と同額の過怠税がかかるので注意が必要です。

161. 土地賃貸借契約書に貼る印紙

Q 私は個人事業として不動産賃貸業を営んでいますが、このたび不動産会社を通さずに知人に土地を貸すことになりました。そこで、賃貸借契約書を作成することにしたのですが、この契約書に貼る印紙について教えてください。

A 印紙税は税法で定められた文書にのみ課されます。また、税法で定められている文書であっても、金額によっては印紙税がかからない場合もあります。

解　説

(1) 印紙税が課税される文書

印紙税が課される文書は以下のとおりです。

①不動産の譲渡等に関する契約書

不動産売買契約書、土地建物売買契約書、不動産交換契約書など

②土地の賃借権の設定等に関する契約書

土地賃貸借契約書、土地賃料変更契約書など

税額はいずれも契約書に記載された金額によって変わってきます。詳しくは早見表の印紙税額一覧表（P. 244～245）を参照してください。

(2) 印紙税が課税されない文書

次に掲げる契約書は印紙税がかかりません。

①建物の賃貸借契約書

②車庫を賃貸借する場合、駐車場に駐車することの賃貸借契約書

(3) 金額によって印紙税がかからないものは以下のとおりです。

①記載金額が1万円未満は非課税となるもの

・請負に関する契約書

工事請負契約書、工事注文請書など

・消費貸借に関する契約書

金銭借用証書、金銭消費貸借契約書など

②記載金額が5万円未満は非課税となるもの

・売上代金に係る金銭または有価証券の受取書、領収書、レシートなど

(4) 印紙税の軽減措置

平成9年4月1日から令和6年3月31日までの間に作成される不動産の譲渡に関する契約書、建設工事の請負に関する契約書については、印紙税の軽減措置があります。

軽減後の税額は、いずれも契約書に記載された金額により変わってきます。早見表の印紙税額一覧表（P. 244～245）を参照してください。

早見表
(1)所得税

【1】税率・税額
[所得税の速算表]

課税所得	税　率	控除額
195 万円以下	5 %	—
330 万円以下	10 %	97,500円
695 万円以下	20 %	427,500円
900 万円以下	23 %	636,000円
1,800 万円以下	33 %	1,536,000円
4,000 万円以下	40 %	2,796,000円
4,000 万円超	45 %	4,796,000円

＊速算表による税額の求め方
税額＝課税所得金額×税率－控除額

復興特別所得税額の計算
復興特別所得税額＝基準所得税額×2.1%

[住民税の速算表（県税・市民税）]（自治体により異なる場合があります。）

所得割

市町村民税		道府県民税	
課税標準額	税　率	課税標準額	税　率
一律	6 %	一律	4 %

均等割

	年　額
道府県民税	1,500円
市町村民税	3,500円

[事業税の税率]

（所得金額－ 290 万円）×標準税率

⑴　標準税率は以下のとおりです。

区　分	事　業　の　種　類	標準税率
第 1 種事業	製造業、飲食店業、不動産賃貸業、その他 43 業種	5％
第 2 種事業	畜産業、水産業、薪炭製造業	4％
第 3 種事業	医業、弁護士業、コンサルタント業など	5％
	あん摩・針灸等の業、装蹄師業	3％

⑵　都道府県が標準税率を超える税率を定める場合には、上記の標準税率に 1.1 を乗じて得た率を超える率を定めることができないこととされています（いわゆる制限税率）。
⑶　税率を異にする事業を併せて行う場合におけるそれぞれの税率を適用すべき所得は、その個人の事業の所得を、損失の繰越控除、被災事業用資産の損失の繰越控除、譲渡損失の控除、事業主控除等の金額を控除する前のそれぞれの事業の所得金額によりあん分して算定するものとされています。
⑷　事業税が課される事業に該当するか否かは、都道府県独自の認定基準により判断されます。
※原則として農業者（個人、農業組合法人である農地所有適格法人）に対する事業税は、非課税となります。

[所得税の年額速算表]

課税所得金額	所得税	住民税	所得税 住民税	事業税	合計税額	実効税率
万円	万円	万円	万円	万円	万円	%
100	5	10	15	0	15	15
200	10	20	30	2	32	16
300	20	30	50	7	57	19
400	37	40	77	12	89	22
500	57	50	107	17	124	25
600	77	60	137	22	159	26
700	97	70	167	27	194	28
800	120	80	200	32	232	29
900	143	90	233	37	270	30
1,000	176	100	276	42	318	32
1,100	209	110	319	47	366	33
1,200	242	120	362	52	414	34
1,300	275	130	405	57	462	36
1,400	308	140	448	62	510	36
1,500	341	150	491	67	558	37
1,600	374	160	534	72	606	38
1,700	407	170	577	77	654	38
1,800	440	180	620	82	702	39
1,900	480	190	670	87	757	40
2,000	520	200	720	92	812	41
2,500	720	250	970	117	1,087	43
3,000	920	300	1,220	142	1,362	45

※上記の税額計算では、復興特別所得税は考慮していません。

〈前提条件〉

1. 課税所得金額とは収入金額から必要経費を差引いた所得金額から所得控除をしたあとの金額です。
2. 所得控除額を120万円としています。
3. 住民税は平成20年分以降（平成21年以降納付分）のもので、均等割は除外しています。
4. 事業税の算出は、事業主控除290万円、税率５％で計算しています。
5. 実効税率とは、課税所得金額に対する合計税額の割合です。

[分離課税の譲渡所得の税率表]

			所有期間(注1)	所得税	住民税
長期譲渡	一般の長期譲渡	特別控除後の譲渡益	5年超	15%	5%
	居住用長期譲渡	6,000万円以下の部分	10年超	10%	4%
		6,000万円超の部分	10年超	15%	5%
	優良住宅地造成のための譲渡	2,000万円以下の部分	5年超	10%	4%
		2,000万円超の部分	5年超	15%	5%
短期譲渡	一般の短期譲渡	特別控除後の譲渡益	5年以下	30%	9%
	国等収用等の譲渡(注2)	短期軽減所得	5年以下	15%	5%

※この他に復興特別所得税がかかります。

（注１）「所有期間」は、土地や建物を売った年の１月１日現在で判定します。

（注２）分離短期譲渡所得のうち、国等・独立行政法人都市再生機構・土地開発公社等に対する土地等の譲渡、収用交換等による土地等の譲渡については、軽減税率が適用されます。

【2】各種所得の金額の計算

【給与所得控除額】

収入金額	給与所得控除額
162.5 万円以下	55 万円
162.5 万円超～　180 万円以下	収入金額× 40%－ 10 万円
180 万円超～　360 万円以下	収入金額× 30%＋ 8 万円
360 万円超～　660 万円以下	収入金額× 20%＋ 44 万円
660 万円超～　850 万円以下	収入金額× 10%＋ 110 万円
850 万円超	195 万円（上限）

[公的年金等に係る雑所得の金額の計算方法]

（※年齢はその年の 12 月 31 日現在の年齢による）

公的年金等に係る雑所得の金額 =(a) × (b) − (c)

公的年金等に係る雑所得の速算表（令和２年分以後）

公的年金等に係る雑所得以外の所得に係る合計所得金額が 1,000 万円以下			
年金を受け取る人の年齢	(a) 公的年金等の収入金額の合計額	(b) 割合	(c) 控除額
65 歳未満	（公的年金等の収入金額の合計額が 600,000 円までの場合は所得金額はゼロとなります。）		
	600,001 円から 1,299,999 円まで	100%	600,000 円
	1,300,000 円から 4,099,999 円まで	75%	275,000 円
	4,100,000 円から 7,699,999 円まで	85%	685,000 円
	7,700,000 円から 9,999,999 円まで	95%	1,455,000 円
	10,000,000 円以上	100%	1,955,000 円

65歳以上	（公的年金等の収入金額の合計額が 1,100,000 円までの場合は所得金額はゼロとなります。）		
	1,100,001 円から 3,299,999 円まで	100%	1,100,000 円
	3,300,000 円から 4,099,999 円まで	75%	275,000 円
	4,100,000 円から 7,699,999 円まで	85%	685,000 円
	7,700,000 円から 9,999,999 円まで	95%	1,455,000 円
	10,000,000 円以上	100%	1,955,000 円

公的年金等に係る雑所得以外の所得に係る合計所得金額が 1,000 万円超 2,000 万円以下			
年金を受け取る人の年齢	(a) 公的年金等の収入金額の合計額	(b) 割合	(c) 控除額
65歳未満	（公的年金等の収入金額の合計額が 500,000 円までの場合は所得金額はゼロとなります。）		
	500,001 円から 1,299,999 円まで	100%	500,000 円
	1,300,000 円から 4,099,999 円まで	75%	175,000 円
	4,100,000 円から 7,699,999 円まで	85%	585,000 円
	7,700,000 円から 9,999,999 円まで	95%	1,355,000 円
	10,000,000 円以上	100%	1,855,000 円
65歳以上	（公的年金等の収入金額の合計額が 1,000,000 円までの場合は所得金額はゼロとなります。）		
	1,000,001 円から 3,299,999 円まで	100%	1,000,000 円
	3,300,000 円から 4,099,999 円まで	75%	175,000 円
	4,100,000 円から 7,699,999 円まで	85%	585,000 円
	7,700,000 円から 9,999,999 円まで	95%	1,355,000 円
	10,000,000 円以上	100%	1,855,000 円

公的年金等に係る雑所得以外の所得に係る合計所得金額が 2,000 万円超			
年金を受け取る人の年齢	(a) 公的年金等の収入金額の合計額	(b) 割合	(c) 控除額
65歳未満	（公的年金等の収入金額の合計額が 400,000 円までの場合は所得金額はゼロとなります。）		
	400,001 円から 1,299,999 円まで	100%	400,000 円
	1,300,000 円から 4,099,999 円まで	75%	75,000 円
	4,100,000 円から 7,699,999 円まで	85%	485,000 円
	7,700,000 円から 9,999,999 円まで	95%	1,255,000 円
	10,000,000 円以上	100%	1,755,000 円
65歳以上	（公的年金等の収入金額の合計額が 900,000 円までの場合は、所得金額はゼロとなります。）		
	900,001 円から 3,299,999 円まで	100%	900,000 円
	3,300,000 円から 4,099,999 円まで	75%	75,000 円
	4,100,000 円から 7,699,999 円まで	85%	485,000 円
	7,700,000 円から 9,999,999 円まで	95%	1,255,000 円
	10,000,000 円以上	100%	1,755,000 円

〈公的年金等の範囲〉

① 国民年金、厚生年金保険、国家公務員等共済組合、地方公務員等共済組合、私立学校教職員共済組合、独立行政法人農業者年金基金の年金

② 次の制度に基づいて支給される年金（これに類する給付を含む。）

・旧船員保険法の年金　・共済組合が行う退職金共済に関する制度　・特定退職金共済団体が行う退職金共済　・中小企業退職金共済の分割払いで支給される退職金　・小規模企業共済の分割共済金　・外国の法令に基づく保険または共済に関する制度で①による社会保険または共済に関する制度に類するもの　など

③ 恩給（一時恩給を除く。）および過去の勤務に基づき使用者であった者から支給される年金

④ 確定給付企業年金法に基づいて支給を受ける年金（自己の負担した掛金等に対する部分を除く。）

〈非課税となる給付〉

① 公務のために重度障害となった人に支給される増加恩給（併給される普通恩給を含む。）および傷病賜金その他公務上または業務上の負傷または疾病に基因して受ける休業補償、障害補償等の給付

② 遺族の受ける恩給および年金で死亡した人の勤務に基因して支給されるもの

③ 条例の規定により地方公共団体が精神または身体に障害のある人のために実施する共済制度に基づいて受ける給付

【退職所得の計算】

＜退職所得控除額＞

勤続年数（端数切上）	退職所得控除額
20年以下	40万円×勤続年数（最低80万円）
20年超	800万円＋70万円×（勤続年数－20年）

※障害者となったことによる退職の場合は、上記計算額＋100万円

＜令和4年分以後の退職金の課税方法＞　（太字が令和4年度適用開始の部分。）

勤続年数	従業員（退職所得控除額を控除した残額で区分）		役員等
	300万円以下の部分	300万円超の部分	—
5年以下	2分の1課税適用あり	**2分の1課税適用なし**	2分の1課税適用なし
5年超		2分の1課税適用あり	2分の1課税適用あり

[上場株式等の譲渡損失の損益通算・繰越控除]

上場株式等を平成15年1月1日以後に証券会社を通じて売却したことにより生じた譲渡損失の金額のうち、その譲渡した年に控除しきれない金額については、翌年以後3年間にわたり、確定申告の際に株式等に係る譲渡所得等の金額から控除することができます。また、配当所得との損益通算も可能です。詳しくはP.79を参照して下さい。

【3】所得控除

[所得控除一覧表]

雑損控除

住宅・家財等が災害、盗難、横領などにより損失を受けた場合に適用される。
○控除額は①②のいずれか多い方の金額
①（損失の金額－保険金などで補てんされる金額）－総所得金額等×10%
②災害関連支出の金額－5万円

医療費控除

納税者本人または生計を一にする配偶者およびその他の親族の医療費を支払った場合に適用される。
○控除額（200万円限度）＝（医療費－保険金などで補てんされる金額）
－｛総所得金額等×5%／10万円｝いずれか低い金額
※特例についてはP.85参照

社会保険料控除

納税者本人および生計を一にする配偶者およびその他の親族のために健康保険、厚生年金保険、雇用保険、国民健康保険、国民年金保険の保険料や国民年金基金の掛金などの社会保険料を支払った場合に適用される。
○控除額＝支払保険料全額

小規模企業共済等掛金控除

納税者が小規模企業共済法による第一種共済契約などに基づく掛金を支払った場合に適用される。
○控除額＝支払掛金全額

生命保険料控除

納税者が本人または生計を一にする配偶者もしくはその他の親族を保険金受取人とする生命保険契約などのために保険料を支払った場合に適用される。

（1）平成24年1月1日以後に締結した保険契約（新契約）等に係る保険料

＜一般の生命保険料、介護医療保険料、個人年金保険料共通＞

年間正味払込保険料	控除される金額
20,000円以下	全　額
20,000円超～ 40,000円以下	正味払込保険料×1／2＋10,000円
40,000円超～ 80,000円以下	正味払込保険料×1／4＋20,000円
80,000円超	40,000円

一般の生命保険料、介護医療保険料及び個人年金保険料の控除額はそれぞれ最高4万円ですから、生命保険料控除額は合わせて最高12万円となります。

（2）平成23年12月31日以前に締結した保険契約（旧契約）等に係る保険料

〈一般の生命保険料、個人年金保険料共通〉

年間正味払込保険料	控除される金額
25,000円以下	全　額
25,000円超～ 50,000円以下	正味払込保険料×1／2＋12,500円
50,000円超～ 100,000円以下	正味払込保険料×1／4＋25,000円
100,000円超	50,000円

旧生命保険料及び旧個人年金保険料の控除額はそれぞれ最高5万円ですから、生命保険料控除は合わせて最高10万円となります。
旧契約と新契約の双方の保険料等について、生命保険料控除の適用を受ける場合には、上記（1）、（2）にかかわらず、控除額は、生命保険料又は個人年金保険料の別に、それぞれ次に掲げる金額の合計額（各上限4万円）となります。
①（1）の計算式により計算した金額
②（2）の計算式により計算した金額

地震保険料控除

〈地震保険料控除の対象となるもの〉
居住用家屋・生活用動産を保険または共済の目的とする、いわゆる「地震保険」にかかる地震等相当部分の保険料又は共済掛金

	平成19年以後	
	対象となる払込保険料	控除限度額
所得税	払込保険料の全額	50,000円
住民税	払込保険料の1／2	25,000円

〈経過措置〉
平成18年12月31日までに結んだ長期損害保険契約等※に係る保険料または共済掛金については、従前の損害保険料控除が適用可能
※保険期間が10年以上で満期返戻金がある長期契約

年間払込保険料	控除される金額
10,000円以下	全　　額
10,000円超～20,000円以下	払込保険料×1／2＋5,000円
20,000円超	15,000円

地震保険契約と経過措置が適用される長期損害保険契約の両方がある場合でも、控除限度額は地震保険料控除の限度額（5万円）となります。

寄附金控除

国や地方公共団体などに対して寄附金を支出した場合に適用される。
○控除額＝〔特定寄附金の金額／総所得金額等×40%〕いずれか少ない金額－2,000円

障害者控除

納税者本人が障害者である場合および生計を一にする配偶者（合計所得金額48万円以下の者に限る）、扶養親族のうちに障害者がいる場合に適用される。
○障害者1人につき　控除額＝27万円
○特別障害者1人につき　控除額＝40万円
○同居特別障害者1人につき　控除額＝75万円

ひとり親控除・寡婦控除

納税者本人がひとり親又は寡婦の場合に適用される。

区分		扶養親族有り 生計を一にする子（総所得金額48万円以下）	扶養親族有り その他	所得要件 合計所得金額500万円以下	所得控除額
寡婦	死別（又は生死不明）			必須	27万円（寡婦控除）
寡婦	死別又は離婚		○	必須	27万円（寡婦控除）
寡婦	死別又は離婚	○		必須	35万円（ひとり親控除）
寡夫	死別又は離婚	○		必須	35万円（ひとり親控除）
未婚のひとり親		○		必須	35万円（ひとり親控除）

勤労学生控除

給与所得等を有する者のうち、合計所得金額が75万円以下であり、かつ、合計所得金額のうち給与所得等以外の所得にかかる部分の金額が10万円以下の学生、生徒である場合に適用される。
○控除額＝27万円

配偶者控除

納税者と生計を一にし、合計所得金額が48万円以下の配偶者がいる場合に適用される。
ただし、納税者本人の合計所得金額が1,000万円以下の場合に限る。
※この控除の対象者については、配偶者特別控除は適用不可である。

納税者本人の合計所得金額	控除額	
	控除対象配偶者	老人控除対象配偶者
900万円以下	38万円	48万円
900万円超　950万円以下	26万円	32万円
950万円超　1,000万円以下	13万円	16万円

配偶者特別控除

納税者と生計を一にする配偶者がいる場合に適用される。ただし、納税者本人の合計所得金額が 1,000 万円以下の場合に限る。

配偶者の合計所得金額	納税者本人の合計所得金額		
	900 万円以下	950 万円以下	1,000 万円以下
48 万円超 95 万円以下	38 万円	26 万円	13 万円
95 万円超 100 万円以下	36 万円	24 万円	12 万円
100 万円超 105 万円以下	31 万円	21 万円	11 万円
105 万円超 110 万円以下	26 万円	18 万円	9 万円
110 万円超 115 万円以下	21 万円	14 万円	7 万円
115 万円超 120 万円以下	16 万円	11 万円	6 万円
120 万円超 125 万円以下	11 万円	8 万円	4 万円
125 万円超 130 万円以下	6 万円	4 万円	2 万円
130 万円超 133 万円以下	3 万円	2 万円	1 万円

扶養控除

扶養親族とは、納税者と生計を一にしている親族（配偶者を除く）、里子、養護受託老人で、合計所得金額が 48 万円以下である者をいう。

内訳		控除額
一般の扶養親族（16 歳以上 19 歳未満、23 歳以上 70 歳未満）		38 万円
特定扶養親族（19 歳以上 23 歳未満）		63 万円
老人扶養親族（70 歳以上）	同居老親等以外の者	48 万円
	同居老親等	58 万円

基礎控除

納税者の合計所得金額に応じて次のとおりとなります。

合計所得金額	控除額
2,400 万円以下	48 万円
2,400 万円超 2,450 万円以下	32 万円
2,450 万円超 2,500 万円以下	16 万円
2,500 万円超	0 円 (適用なし)

【ふるさと納税の上限額（目安）の早見表】（総所得金額から見る早見表）

自己負担額が 2,000 円となる「ふるさと納税」の寄付額（年間上限）の目安です。

行	総所得金額	家族構成（配：同一生計配偶者（一般）、扶：控除対象扶養親族（一般）、金額は基礎控除以外の所得控除額）					
		配：なし 扶：なし （0 万円）	配：あり 扶：なし （38 万円）	配：あり 扶：1 人 （76 万円）	配：あり 扶：2 人 （114 万円）	配：あり 扶：3 人 （152 万円）	配：あり 扶：4 人 （190 万円）
1	200 万円	38,000 円	30,000 円	21,000 円	13,000 円	4,000 円	ー
2	250 万円	53,000 円	41,000 円	33,000 円	25,000 円	16,000 円	8,000 円
3	300 万円	65,000 円	57,000 円	45,000 円	36,000 円	28,000 円	20,000 円
4	350 万円	78,000 円	70,000 円	61,000 円	49,000 円	40,000 円	31,000 円
5	400 万円	103,000 円	82,000 円	74,000 円	66,000 円	57,000 円	43,000 円
6	450 万円	118,000 円	108,000 円	86,000 円	78,000 円	70,000 円	62,000 円
7	500 万円	132,000 円	123,000 円	113,000 円	104,000 円	82,000 円	74,000 円
8	600 万円	161,000 円	151,000 円	142,000 円	132,000 円	123,000 円	113,000 円
9	700 万円	190,000 円	180,000 円	171,000 円	161,000 円	152,000 円	142,000 円
10	800 万円	228,000 円	218,000 円	199,000 円	190,000 円	180,000 円	171,000 円
11	900 万円	258,000 円	249,000 円	239,000 円	229,000 円	219,000 円	200,000 円
12	950 万円	323,000 円	267,000 円	257,000 円	247,000 円	237,000 円	227,000 円
13	1,000 万円	341,000 円	336,000 円	275,000 円	265,000 円	255,000 円	245,000 円
14	1,100 万円	376,000 円	376,000 円	364,000 円	353,000 円	341,000 円	329,000 円
15	1,200 万円	412,000 円	412,000 円	400,000 円	388,000 円	376,000 円	365,000 円
16	1,300 万円	447,000 円	447,000 円	435,000 円	424,000 円	412,000 円	400,000 円
17	1,400 万円	483,000 円	483,000 円	471,000 円	459,000 円	447,000 円	436,000 円
18	1,500 万円	518,000 円	518,000 円	506,000 円	495,000 円	483,000 円	471,000 円
19	2,000 万円	797,000 円	797,000 円	783,000 円	770,000 円	756,000 円	743,000 円
20	2,500 万円	1,011,000 円	1,011,000 円	998,000 円	985,000 円	971,000 円	958,000 円
21	3,000 万円	1,222,000 円	1,222,000 円	1,209,000 円	1,195,000 円	1,182,000 円	1,168,000 円
22	3,500 万円	1,425,000 円	1,425,000 円	1,412,000 円	1,399,000 円	1,385,000 円	1,372,000 円
23	4,000 万円	1,817,000 円	1,817,000 円	1,615,000 円	1,602,000 円	1,589,000 円	1,575,000 円
24	4,500 万円	2,044,000 円	2,044,000 円	2,029,000 円	2,014,000 円	1,999,000 円	1,984,000 円
25	5,000 万円	2,271,000 円	2,271,000 円	2,256,000 円	2,241,000 円	2,226,000 円	2,211,000 円
26	5,500 万円	2,498,000 円	2,498,000 円	2,483,000 円	2,468,000 円	2,453,000 円	2,438,000 円
27	6,000 万円	2,725,000 円	2,725,000 円	2,710,000 円	2,695,000 円	2,680,000 円	2,665,000 円
28	7,000 万円	3,179,000 円	3,179,000 円	3,164,000 円	3,149,000 円	3,134,000 円	3,119,000 円
29	8,000 万円	3,633,000 円	3,633,000 円	3,618,000 円	3,603,000 円	3,588,000 円	3,573,000 円
30	9,000 万円	4,087,000 円	4,087,000 円	4,072,000 円	4,057,000 円	4,042,000 円	4,027,000 円
31	10,000 万円	4,541,000 円	4,541,000 円	4,526,000 円	4,511,000 円	4,496,000 円	4,481,000 円

○所得が給与収入のみの場合は、「総所得金額」を「給与所得控除後の金額」に読み替えて下さい。

○分離課税の所得がある場合は、上記の上限額と異なりますのでご注意ください。

（注 1）同一生計配偶者とは、納税者と生計を一にする配偶者（事業専従者を除く）で、その年の合計所得金額が 48 万円以下（給与のみの場合は収入 103 万円以下）の人をいう。

（注 2）控除対象扶養親族とは、納税者と生計を一にする親族（事業専従者を除く）で、その年の合計所得金額が 48 万円以下（給与のみの場合は収入 103 万円以下）の人をいう。

[配偶者控除・配偶者特別控除]

合計所得金額が 1,000 万円以下の人については、要件を満たせば配偶者控除又は配偶者特別控除を受けられます。

なお、合計所得金額が 1,000 万円を超える人はいずれの控除も受けられません。

配偶者の合計所得金額	パート収入金額	控除額	
0 円 ～ 480,000 円	0 円～ 1,030,000 円	380,000 円	（配偶者控除）
480,001 円 ～ 950,000 円	1,030,001 円～ 1,500,000 円	380,000 円	（配偶者特別控除）
950,001 円～ 1,000,000 円	1,500,001 円～ 1,550,000 円	360,000 円	（配偶者特別控除）
1,000,001 円～ 1,050,000 円	1,550,001 円～ 1,600,000 円	310,000 円	（配偶者特別控除）
1,050,001 円～ 1,100,000 円	1,600,001 円～ 1,667,999 円	260,000 円	（配偶者特別控除）
1,100,001 円～ 1,150,000 円	1,668,000 円～ 1,751,999 円	210,000 円	（配偶者特別控除）
1,150,001 円～ 1,200,000 円	1,752,000 円～ 1,831,999 円	160,000 円	（配偶者特別控除）
1,200,001 円～ 1,250,000 円	1,832,000 円～ 1,903,999 円	110,000 円	（配偶者特別控除）
1,250,001 円～ 1,300,000 円	1,904,000 円～ 1,971,999 円	60,000 円	（配偶者特別控除）
1,300,001 円～ 1,330,000 円	1,972,000 円～ 2,015,999 円	30,000 円	（配偶者特別控除）

・上記は合計所得金額が 900 万円以下の居住者の控除額です。合計所得金額 900 万円超 1,000 万円以下の居住者は控除額が逓減します（P.94 参照）。

【参考】配偶者控除の対象となる配偶者とは、その年の12月31日に婚姻の届出がなされている夫婦の一方をいい、内縁関係では配偶者と認められません。なお、年の中途で配偶者が死亡した場合はその年に限り、配偶者控除・配偶者特別控除が受けられます。

[態様別人的所得控除の適用一覧表]

	区分			控除額(万円)	内容
本人	通常			48	基礎控除(48 万円)
	障害者、寡婦または勤労学生に該当する場合			75	基礎控除(48 万円)+障害者控除等(27 万円)
	特別障害者に該当する場合			88	基礎控除(48 万円)+特別障害者控除(40 万円)
	ひとり親に該当する場合			83	基礎控除(48 万円)+ひとり親控除(35 万円)
控除対象配偶者	一般(70歳未満)	通常		38	配偶者控除(38 万円)
		障害者		65	配偶者控除(38 万円)+障害者控除(27 万円)
		特別障害者	非同居	78	配偶者控除(38 万円)+特別障害者控除(40 万円)
			同居	113	配偶者控除(38 万円)+特別障害者控除(40 万円)+同居加算(35 万円)
	老人配偶者(70歳以上)	通常		48	老人配偶者控除(48 万円)
		障害者		75	老人配偶者控除(48 万円)+障害者控除(27 万円)
		特別障害者	非同居	88	老人配偶者控除(48 万円)+特別障害者控除(40 万円)
			同居	123	老人配偶者控除(48 万円)+特別障害者控除(40 万円)+同居加算(35 万円)
扶養親族	一般(16歳~18歳)(23歳~69歳)	通常		38	扶養控除(38 万円)
		障害者		65	扶養控除(38 万円)+障害者控除(27 万円)
		特別障害者	非同居	78	扶養控除(38 万円)+特別障害者控除(40 万円)
			同居	113	扶養控除(38 万円)+特別障害者控除(40 万円)+同居加算(35 万円)
	特定扶養親族(19歳~22歳)	通常		63	特定扶養控除(63 万円)
		障害者		90	特定扶養控除(63 万円)+障害者控除(27 万円)
		特別障害者	非同居	103	特定扶養控除(63 万円)+特別障害者控除(40 万円)
			同居	138	特定扶養控除(63 万円)+特別障害者控除(40 万円)+同居加算(35 万円)
	老人扶養親族(70歳以上)	通常	一般	48	老人扶養控除(48 万円)
			同居老親等	58	老人扶養控除(48 万円)+同居老親等加算(10 万円)
		障害者	一般	75	老人扶養控除(48 万円)+障害者控除(27 万円)
			同居老親等	85	老人扶養控除(48 万円)+障害者控除(27 万円)+同居老親等加算(10 万円)
		特別障害者	非同居	88	老人扶養控除(48 万円)+特別障害者控除(40 万円)
			同居	123	老人扶養控除(48 万円)+特別障害者控除(40 万円)+同居加算(35 万円)
			同居老親等	133	老人扶養控除(48 万円)+特別障害者控除(40 万円)+同居加算(35 万円)+同居老親等加算(10 万円)

※0歳~15歳の扶養親族(扶養控除は不適用)について適用があるもの
……障害者控除(27万円)、特別障害者控除(40万円)、同居特別障害者控除(75万円=40万円+35万円)

(注) 基礎控除は納税者の合計所得金額が2,400 万円以下の場合の額です。2,400 万円を超える場合については「所得控除一覧表」(P.223)を参照してください。

[所得控除に関する添付書類]

所得控除の種類	添付または提示すべき書類※
雑損控除	災害関連支出の金額（盗難、横領に関連する支出の金額を含む。）の領収を証する書類
医療費控除	医療費控除の明細書、セルフメディケーション税制の明細書等
小規模企業共済等掛金控除	小規模企業共済等掛金の額を証する書類 （注）給与所得について年末調整の際に控除された小規模企業共済等掛金については、これらの書類の添付または提示をする必要はありません。
社会保険料控除	国民年金保険料および国民年金基金の掛金の金額を証する書類
生命保険料控除	生命保険料の金額（その年の剰余金の分配もしくは割戻しを受け、またはこれらの剰余金もしくは割戻金を生命保険料の払い込みに充てた場合には、その剰余金もしくは割戻金の額を差し引いた残額）が一契約について9,000円を超えるものまたは個人年金保険料の金額（その年の剰余金の分配もしくは割戻しを受け、またはこれらの剰余金もしくは割戻金を個人年金保険料の払込みに充てた場合には、その剰余金または割戻金の額を控除した残額）について、次の事項を証明する書類または、その証明書類に記載すべき事項を記録した電子証明書等に係る電磁的記録印刷書面 (1) 生命保険契約等の場合 イ　保険契約者・共済契約者の氏名、退職年金・退職一時金の受取人の氏名、保険料・掛金が法第76条第1項に規定する生命保険料に該当する旨（郵便振替または銀行振込を利用して保険料を払い込んでいる場合には、保険契約者・共済契約者等の氏名に代えて保険証券または年金証書の記号および番号） ロ　その年中に支払った生命保険料の金額 （注）生命保険料の金額が9,000円以下の生命保険契約等の生命保険料および給与所得について年末調整の際に控除された生命保険料については、上記の書類の添付または提示をする必要はありません。 (2) 介護医療保険契約等の場合 イ　介護保険契約等の種類、保険契約者・共済契約者の氏名、年金受取人の氏名・生年月日、年金の支払開始日・支払期間、保険料・掛金の払込期間、保険料・掛金が法第76条第2項に規定する介護医療保険料に該当する旨（郵便振替又は銀行振込を利用している場合は(1)イと同じ 。） ロ　その年中に支払った介護医療保険料の金額 （注）給与所得について年末調整の際に控除された生命保険料については、これらの書類の添付又は提示をする必要はありません。 (3) 個人年金保険契約等の場合 イ　個人年金保険契約等の種類、保険契約者・共済契約者の氏名、年金受取人の氏名・生年月日、年金の支払開始日・支払期間、保険料・掛金の払込期間、保険料・掛金が法第76条第３項に規定する個人年金保険料に該当する旨（郵便振替または銀行振込を利用している場合は（1）イと同じ。） ロ　その年中に支払った個人年金保険料の金額 （注）給与所得について年末調整の際に控除された生命保険料については、これらの書類の添付または提示をする必要はありません。

地震保険料控除	地震保険料控除の金額の計算の基礎となる保険料または掛金の額および保険契約者または共済契約者の氏名並びに保険または共済の種類およびその目的を証明する書類または、その証明書類に記載すべき事項を記録した電子証明書等に係る電磁的記録印刷書面 （注）給与所得について年末調整の際に控除された地震保険料については、これらの書類の添付または提示をする必要はありません。
寄附金控除	寄附金控除の金額の計算の基礎となる特定寄附金の明細書のほか、次に掲げる書類 (1) 地方独立行政法人に対する寄附 設立団体のその旨を証する書類（特定寄附金を支出する日以前5年以内に発行されたものに限る。）の写しとしてその法人から交付を受けたもの及びその特定寄附金がその法人の主たる目的である業務に関連する寄附金である旨の記載、特定寄附金の額、その受領した年月日を証する書類が必要です。 (2) 私立学校法人に対する寄附 受領者が、私立学校法人である場合には、所轄庁のその旨を証する書類（特定寄附金を支出する日以前5年以内に発行されたものに限る。）の写しとしてその法人から受けたもの及びその特定寄附金がその法人の主たる目的である業務に関連する寄附金である旨の記載、特定寄附金の額、その受領した年月日を証する書類が必要です。 (3) 特定公益信託の信託財産とするための支出 主務大臣の認定に係る書類（その認定書に記載されている認定の日がその支出する日以前5年以内であるものに限る。）の写しとして特定公益信託の受託者から交付されたもの及び、その特定公益信託の信託財産とするためのものである旨の記載、その金銭の額、受領した年月日を証する書類が必要です。 (4) 一定の政治活動に関する寄附 政治活動に関する寄附で特定寄附金とみなされるものについては、選挙管理委員会等の確認印のある「寄附金（税額）控除のための書類」が必要です。 (5) 認定特定非営利活動法人に対する一定の寄附 その寄附金を受領した認定特定非営利活動法人の受領した旨（特定非営利活動に係る事業に関連する寄附に係る支出金である旨を含む。）、その寄附金の額及びその受領した年月日を証する書類が必要です。
勤労学生控除	専修学校もしくは各種学校の生徒または職業訓練法人の行う認定職業訓練を受ける者が勤労学生控除の適用を受けようとする場合に限り、次の証明書が必要です。 (1) 専修学校もしくは各種学校の設置する課程または認定職業訓練の課程が勤労学生控除の対象となる条件に該当するものであることを文部科学大臣または厚生労働大臣が証明した書類の写しとして専修学校の長等から交付を受けたもの (2) 控除を受けようとする人が控除の対象となる課程を履修する人であることを証明した専修学校もしくは各種学校の長または職業訓練法人の代表者の証明書 （注）給与等の年末調整の際に勤労学生控除の適用を受けた人は、これらの書類の添付または提示をする必要はありません。

（注）これらの手続をしなかったため所得控除が認められずに更正または決定を受けた場合でも、所定の手続をすれば、所得控除の適用を受けることができます。

※所得税の確定申告を電子申告で行う場合には、添付等を省略することができます。（ただし、確定申告期限から5年間、これらの書類を保管しておかなければなりません。）

【4】税額控除

[住宅借入金等特別控除]

住宅の取得等に係る借入金があるときには、一定の要件のもとで下表の金額を基に計算した金額を所得税額から控除することができます。

居住年	控除期間	住宅借入金等の年末残高	適用年・控除率
平成26年1月1日～令和元年9月30日	10年	4,000万円以下の部分 *1 （認定長期優良住宅又は認定低炭素住宅は5,000万円以下の部分）	1年目から10年目　1　%
令和元年10月1日～令和3年12月31日（P.100の【措置❷】に該当する場合は令和4年12月までを含む）	13年（P.100の【措置❶❷】に該当するもの） 10年（上記以外）	4,000万円以下の部分 *1 （認定長期優良住宅又は認定低炭素住宅は5,000万円以下の部分）	1年目から10年目　1　% 11年目から13年目　*2
令和4年1月1日～令和5年12月31日（P.100の【措置❷】に該当する場合を除く）	13年（中古住宅は10年）	・一般住宅3,000万円（中古2,000万円） ・認定住宅5,000万円、 ・ZEH水準省エネ住宅4,500万円、 ・省エネ基準適合住宅4,000万円 （これらの中古3,000万円）	1年目から13年目　0.7　% （控除期間10年の場合は1年目から10年目）
令和6年1月1日～令和7年12月31日	13年（一般住宅、中古住宅は10年）	・一般住宅2,000万円（中古：同上）（P.100（注3）参照） ・認定住宅4,500万円、 ・ZEH水準省エネ住宅3,500万円、 ・省エネ基準適合住宅3,000万円 （これらの中古3,000万円）	1年目から13年目　0.7　% （控除期間10年の場合は1年目から10年目）

＊1 住宅の取得等が特定取得（住宅の取得等に係る消費税額等が、8%又は10%の場合をいう）以外の場合は2,000万円（認定長期優良住宅等は3,000万円）。

＊2 次のいずれか少ない額
期末残高×1% 又は（住宅取得対価の額－消費税額）×2%÷3

[配当控除]

株式などの配当所得があるときは、所得税額から配当控除を差引くことができます。ただし、確定申告しないことを選択した場合には認められません。

○控除額＝配当所得×10%※

※1 ただし、課税総所得金額等が1,000万円を超える部分の配当については5%となります。

※2 証券投資信託の収益の分配金に係る配当所得は5%となります。ただし、その配当所得のうち、特定外貨建等証券投資信託以外の外貨建証券投資信託の収益の分配に係る配当所得については2.5%となります。

[外国税額控除]

外国において所得税に相当する税が課税された場合、次の金額を限度として所得税額から外国税額分を差引くことができます。

○控除限度額＝所得税額×$\frac{\text{その年の外国の所得金額}}{\text{その年の所得総額}}$

【5】耐用年数表

[主な減価償却資産の耐用年数表（不動産所得）]

建　物

構造・用途	細　目	耐用年数	構造・用途	細　目	耐用年数
木造・合成樹脂造のもの	事務所用のもの 店舗用・住宅用のもの 飲食店用のもの	24 22 20	金属造のもの	事務所用のもの 骨格材の肉厚が、 ① 4mmを超えるもの ② 3mmを超え、4mm以下のもの ③ 3mm以下のもの	 38 30 22
木骨モルタル造のもの	事務所用のもの 店舗用・住宅用のもの 飲食店用のもの	22 20 19		店舗用・住宅用のもの 骨格材の肉厚が、 ① 4mmを超えるもの ② 3mmを超え、4mm以下のもの ③ 3mm以下のもの	 34 27 19
鉄骨鉄筋コンクリート造・鉄筋コンクリート造のもの	事務所用のもの 住宅用のもの 飲食店用のもの ・延面積のうちに占める木造内装部分の面積が30%を超えるもの ・その他のもの 店舗用のもの	50 47 34 41 39		飲食店用のもの 骨格材の肉厚が、 ① 4mmを超えるもの ② 3mmを超え、4mm以下のもの ③ 3mm以下のもの	 31 25 19
れんが造・石造・ブロック造のもの	事務所用のもの 店舗用・住宅用のもの 飲食店用のもの	41 38 38			

建物附属設備

構造・用途	細　目	耐用年数	構造・用途	細　目	耐用年数
アーケード・日よけ設備	主として金属製のもの その他のもの	15 8	電気設備（照明設備を含む。）	蓄電池電源設備 その他のもの	6 15
店用簡易装備		3	給排水・衛生設備、ガス設備		15

構築物、器具及び備品

構造・用途	細　目	耐用年数	構造・用途	細　目	耐用年数
舗装道路、舗装路面	コンクリート敷・ブロック敷・れんが敷・石敷のもの アスファルト敷・木れんが敷のもの ビチューマルス敷のもの	15 10 3	コンクリート造・コンクリートブロック造のもの	下水道・へい	15

金属造のもの	露天式立体駐車設備 へい（フェンス含む）	15 10	その他のもの	花壇・植栽 外灯 ゴミ置き場 無人駐車管理装置	20 10 7 5

[主な減価償却資産の耐用年数表（農業所得）]

建　　物

構造・用途	細　　目	耐用年数
木造・合成樹脂造のもの	店舗用、住宅用のもの 倉庫用、作業場用のもの（一般用）	22 15
木骨モルタル造のもの	店舗用、住宅用のもの 倉庫用、作業場用のもの（一般用）	20 14
れんが造・石造・ブロック造のもの	店舗用、住宅用のもの 倉庫用、作業場用のもの（一般用）	38 34
簡易建物	木製主要柱が 10cm 角以下のもので、土居ぶき、杉皮ぶき、ルーフィングぶき又はトタンぶきのもの 堀立造のもの及び仮設のもの	10 7

構築物

構造・用途	細　　目	耐用年数
農林業用のもの	主としてコンクリート造、れんが造、石造又はブロック造のもの 　果樹棚又はホップ棚 　その他のもの	 14 17
	主として金属造のもの	14
	主として木造のもの	5
	土管を主としたもの	10
	その他のもの	8

車両及び運搬具

構造・用途	細　　目	耐用年数
一般用のもの	自動車（2輪・3輪自動車を除く） 　小型車（総排気量が 0.66 リットル以下のもの） 　貨物自動車（ダンプ式のものを除く） 　普通自動車	 4 5 6

器具及び備品

構造・用途	細目	耐用年数
一般用のもの	きのこ栽培用ほだ木	3

機械及び装置

構造・用途	細目	耐用年数
農業用設備	P. 235参照	7
林業用設備		5

生物

種類	細目	耐用年数
牛	繁殖用（家畜改良増殖法（昭和二十五年法律第二百九号）に基づく種付証明書、授精証明書、体内受精卵移植証明書又は体外受精卵移植証明書のあるものに限る。）	
	役肉用牛	6
	乳用牛	4
	種付用（家畜改良増殖法に基づく種畜証明書の交付を受けた種おす牛に限る。）	4
	その他用	6
馬	繁殖用（家畜改良増殖法に基づく種付証明書又は授精証明書のあるものに限る。）	6
	種付用（家畜改良増殖法に基づく種畜証明書の交付を受けた種おす馬に限る。）	6
	競走用	4
	その他用	8
豚		3
綿羊及びやぎ	種付用	4
	その他用	6
かんきつ樹	温州みかん	28
	その他	30
りんご樹	わい化りんご	20
	その他	29
ぶどう樹	温室ぶどう	12
	その他	15
なし樹		26
桃樹		15
桜桃樹		21
びわ樹		30
くり樹		25
梅樹		25
かき樹		36
あんず樹		25
すもも樹		16
いちじく樹		11
キウイフルーツ樹		22
ブルーベリー樹		25
パイナップル		3
茶樹		34
オリーブ樹		25
つばき樹		25
桑樹	立て通し	18
	根刈り、中刈り、高刈り	9
こりやなぎ		10
みつまた		5
こうぞ		9
もう宗竹		20
アスパラガス		11
ラミー		8
まおらん		10
ホップ		9

機械及び装置

設備の種類	細　　目	耐用年数
農業用設備	蚕種製造設備 人工ふ化設備 その他の設備	7
	種苗花き園芸設備	
	電動機	
	内燃機関、ボイラー及びポンプ	
	トラクター 歩行型トラクター その他のもの	
	耕うん整地用機具	
	耕土造成改良用機具	
	栽培管理用機具	
	防除用機具	
	穀類収穫調製用機具 自脱型コンバイン、刈取機（ウインドロウアーを除くものとし、バインダーを含む。）、稲わら収集機（自走式のものを除く。）及びわら処理カッター その他のもの	
	飼料作物収穫調製用機具 モーア、ヘーコンディショナー（自走式のものを除く。）、ヘーレーキ、ヘーテッダー、ヘーテッダーレーキ、フォレージハーベスター（自走式のものを除く。）、ヘーベーラー（自走式のものを除く。）、ヘープレス、ヘーローダー、ヘードライヤー（連続式のものを除く。）、ヘーエレベーター、フォレージブロアー、サイレージディストリビューター、サイレージアンローダー及び飼料裁断機 その他のもの	
	果樹、野菜又は花き収穫調製用機具 野菜洗浄機、清浄機及び掘取機 その他のもの	
	その他の農作物収穫調製用機具 い苗分割機、い草刈取機、い草選別機、い割機、粒選機、収穫機、掘取機、つる切機及び茶摘機 その他のもの	
	農産物処理加工用機具（精米又は精麦機を除く。） 花莚織機及び畳表織機 その他のもの	
	家畜飼養管理用機具 自動給じ機、自動給水機、搾乳機、牛乳冷却機、ふ卵機、保温機、畜衡機、牛乳成分検定用機具、人工授精用機具、育成機、育すう機、ケージ、電牧器、カウトレーナー、マット、畜舎清掃機、ふん尿散布機、ふん尿乾燥機及びふん焼却機 その他のもの	
	養蚕用機具 条桑刈取機、簡易保温用暖房機、天幕及び回転まぶし その他のもの	
	運搬用機具 （【例示】荷車、そり、トレーラ、リヤカー、ワゴンなど）	
	その他の機具 その他のもの　主として金属製のもの その他のもの　その他のもの	

【6】減価償却資産の償却率

	平成19年3月31日以前に取得の減価償却資産の償却率表		平成19年4月1日以後、平成24年3月31日以前に取得の減価償却資産の償却率、改定償却率及び保証率の表			
耐用年数(年)	定額法の償却率	定率法の償却率	定額法の償却率	定率法の償却率	改定償却率※2	保証率※1
2	0.500	0.684	0.500	1.000	—	—
3	0.333	0.536	0.334	0.833	1.000	0.02789
4	0.250	0.438	0.250	0.625	1.000	0.05274
5	0.200	0.369	0.200	0.500	1.000	0.06249
6	0.166	0.319	0.167	0.417	0.500	0.05776
7	0.142	0.280	0.143	0.357	0.500	0.05496
8	0.125	0.250	0.125	0.313	0.334	0.05111
9	0.111	0.226	0.112	0.278	0.334	0.04731
10	0.100	0.206	0.100	0.250	0.334	0.04448
11	0.090	0.189	0.091	0.227	0.250	0.04123
12	0.083	0.175	0.084	0.208	0.250	0.03870
13	0.076	0.162	0.077	0.192	0.200	0.03633
14	0.071	0.152	0.072	0.179	0.200	0.03389
15	0.066	0.142	0.067	0.167	0.200	0.03217
16	0.062	0.134	0.063	0.156	0.167	0.03063
17	0.058	0.127	0.059	0.147	0.167	0.02905
18	0.055	0.120	0.056	0.139	0.143	0.02757
19	0.052	0.114	0.053	0.132	0.143	0.02616
20	0.050	0.109	0.050	0.125	0.143	0.02517
21	0.048	0.104	0.048	0.119	0.125	0.02408
22	0.046	0.099	0.046	0.114	0.125	0.02296
23	0.044	0.095	0.044	0.109	0.112	0.02226
24	0.042	0.092	0.042	0.104	0.112	0.02157
25	0.040	0.088	0.040	0.100	0.112	0.02058
26	0.039	0.085	0.039	0.096	0.100	0.01989
27	0.037	0.082	0.038	0.093	0.100	0.01902
28	0.036	0.079	0.036	0.089	0.091	0.01866
29	0.035	0.076	0.035	0.086	0.091	0.01803
30	0.034	0.074	0.034	0.083	0.084	0.01766
31	0.033	0.072	0.033	0.081	0.084	0.01688
32	0.032	0.069	0.032	0.078	0.084	0.01655
33	0.031	0.067	0.031	0.076	0.077	0.01585
34	0.030	0.066	0.030	0.074	0.077	0.01532
35	0.029	0.064	0.029	0.071	0.072	0.01532
36	0.028	0.062	0.028	0.069	0.072	0.01494
37	0.027	0.060	0.028	0.068	0.072	0.01425
38	0.027	0.059	0.027	0.066	0.067	0.01393
39	0.026	0.057	0.026	0.064	0.067	0.01370
40	0.025	0.056	0.025	0.063	0.067	0.01317
41	0.025	0.055	0.025	0.061	0.063	0.01306
42	0.024	0.053	0.024	0.060	0.063	0.01261
43	0.024	0.052	0.024	0.058	0.059	0.01248
44	0.023	0.051	0.023	0.057	0.059	0.01210
45	0.023	0.050	0.023	0.056	0.059	0.01175
46	0.022	0.049	0.022	0.054	0.056	0.01175
47	0.022	0.048	0.022	0.053	0.056	0.01153
48	0.021	0.047	0.021	0.052	0.053	0.01126
49	0.021	0.046	0.021	0.051	0.053	0.01102
50	0.020	0.045	0.020	0.050	0.053	0.01072

※1　保証率とは、平成19年4月1日以後に取得の減価償却資産に適用する定率法につき、償却方法を定額法に切り替える時期を求めるために取得価額に乗じる一定の率をいう。

※2　改定償却率とは、※1で定率法から定額法に切り替えた後の償却率をいう。

平成24年4月1日以後に取得の減価償却資産の償却率、改定償却率及び保証率の表

耐用年数(年)	定額法の償却率	定率法の償却率	改定償却率	保証率
2	0.500	1.000	—	—
3	0.334	0.667	1.000	0.11089
4	0.250	0.500	1.000	0.12499
5	0.200	0.400	0.500	0.10800
6	0.167	0.333	0.334	0.09911
7	0.143	0.286	0.334	0.08680
8	0.125	0.250	0.334	0.07909
9	0.112	0.222	0.250	0.07126
10	0.100	0.200	0.250	0.06552
11	0.091	0.182	0.200	0.05992
12	0.084	0.167	0.200	0.05566
13	0.077	0.154	0.167	0.05180
14	0.072	0.143	0.167	0.04854
15	0.067	0.133	0.143	0.04565
16	0.063	0.125	0.143	0.04294
17	0.059	0.118	0.125	0.04038
18	0.056	0.111	0.112	0.03884
19	0.053	0.105	0.112	0.03693
20	0.050	0.100	0.112	0.03486
21	0.048	0.095	0.100	0.03335
22	0.046	0.091	0.100	0.03182
23	0.044	0.087	0.091	0.03052
24	0.042	0.083	0.084	0.02969
25	0.040	0.080	0.084	0.02841
26	0.039	0.077	0.084	0.02716
27	0.038	0.074	0.077	0.02624
28	0.036	0.071	0.072	0.02568
29	0.035	0.069	0.072	0.02463
30	0.034	0.067	0.072	0.02366
31	0.033	0.065	0.067	0.02286
32	0.032	0.063	0.067	0.02216
33	0.031	0.061	0.063	0.02161
34	0.030	0.059	0.063	0.02097
35	0.029	0.057	0.059	0.02051
36	0.028	0.056	0.059	0.01974
37	0.028	0.054	0.056	0.01950
38	0.027	0.053	0.056	0.01882
39	0.026	0.051	0.053	0.01860
40	0.025	0.050	0.053	0.01791

※経過措置

・定率法を採用している者が、平成24年4月1日から同年12月31日までの間に減価償却資産の取得をした場合には、改正前の償却率による定率法により償却することができる経過措置が講じられています。

・平成24年4月1日前に取得をした定率法を採用している減価償却資産について、平成24年分の確定申告期限までに届出をすることにより、その償却率を改正後の償却率により償却費の計算等を行うことができる経過措置が講じられています。

早見表
(2)法人税

法人税の各種税率表

(1) 法人税

区分		平成30年4月1日以後開始事業年度
中小法人、一般社団法人等及び人格のない社団等	年800万円以下の金額	19% (15%)
	年800万円超の金額	23.2%
中小法人以外の普通法人		23.2%
一般社団法人等以外の公益法人等、協同組合等及び特定の医療法人(一定の法人を除く)	年800万円以下の金額	19% (15%)
	年800万円超の金額	19%

※表中の括弧書の税率は、令和7年3月31日までの間に開始する事業年度について適用されます。

(2) 法人住民税

都道府県民税と市町村民税の合計額です。
① 都道府県民税・・・法人税割(法人税額の1.0%)と均等割(会社の規模による)の合計額
② 市町村民税・・・法人税割(法人税額の6%～8.4%)と均等割(会社の規模による)の合計額
※①②とも自治体によって税率や均等割額が異なる場合があります。

(3) 地方法人税

基準法人税額の10.3%。法人税申告書の別表1(1)上で計算します。

(4) 法人事業税(資本金の額が1億円以下の普通法人等)

所得区分	税率
年400万円以下の金額	3.5%
年400万円を超え年800万円以下の金額	5.3%
年800万円を超える金額	7.0%

(5) 特別法人事業税(事業税を納める法人)

区分			税率
A	外形標準課税対象法人(Cに該当する法人を除く)		260%
B	外形標準課税対象法人以外の法人(Cに該当する法人を除く)		37%
C	収入金額課税法人	下記以外の法人	30%
		小売電気事業・発電事業を行う法人	40%

事業税額に税率(260%、37%、30%又は40%)を乗じた特別法人事業税を法人事業税と併せて都道府県に申告納付します。

(3)相続税・贈与税

相続税速算表

法定相続分に応ずる取得金額	税率	控除額
1,000万円以下	10%	ー
1,000万円超～3,000万円以下	15%	50万円
3,000万円超～5,000万円以下	20%	200万円
5,000万円超～1億円以下	30%	700万円
1億円超～2億円以下	40%	1,700万円
2億円超～3億円以下	45%	2,700万円
3億円超～6億円以下	50%	4,200万円
6億円超	55%	7,200万円

贈与税速算表

課税価格（基礎控除後）	一般贈与		特例贈与	
	税率	控除額	税率※	控除額
200万円以下	10%	ー	10%	ー
200万円超～300万円以下	15%	10万円	15%	10万円
300万円超～400万円以下	20%	25万円		
400万円超～600万円以下	30%	65万円	20%	30万円
600万円超～1,000万円以下	40%	125万円	30%	90万円
1,000万円超～1,500万円以下	45%	175万円	40%	190万円
1,500万円超～3,000万円以下	50%	250万円	45%	265万円
3,000万円超～4,500万円以下	55%	400万円	50%	415万円
4,500万円超			55%	640万円

※直系尊属（父母・祖父母等）からの贈与により財産を取得した18歳以上（贈与年の1月1日現在）の子・孫等の受贈者について適用。令和4年3月31日以前の贈与については、「18歳」が「20歳」となります。

相続税額早見表（概算）

（単位：千円、税額の千円未満切捨）

遺産総額	法定相続人					
	配偶者がいる場合			配偶者がいない場合		
	子１人	子２人	子３人	子１人	子２人	子３人
１億円	3,850	3,150	2,625	12,200	7,700	6,300
２億円	16,700	13,500	12,175	48,600	33,400	24,600
３億円	34,600	28,600	25,400	91,800	69,200	54,600
４億円	54,600	46,100	41,550	140,000	109,200	89,800
５億円	76,050	65,550	59,625	190,000	152,100	129,800
８億円	147,500	131,200	121,350	348,200	295,000	257,400
10億円	197,500	178,100	166,350	458,200	395,000	350,000
15億円	328,950	303,150	285,000	733,200	657,900	600,000
20億円	466,450	434,400	411,825	1,008,200	932,900	857,600

※この早見表の概算相続税額は法定相続分通りに財産を取得し、配偶者の税額軽減を最大限に利用した場合の税額です。

贈与税額・手取り額早見表

１．暦年課税選択による贈与（基礎控除額 110 万円）

（単位：千円）

贈与価額	贈与税額		手取り額	
	一般税率	特例税率※	一般税率	特例税率※
1,500	40	40	1,460	1,460
2,000	90	90	1,910	1,910
2,500	140	140	2,360	2,360
3,000	190	190	2,810	2,810
3,500	260	260	3,240	3,240
4,000	335	335	3,665	3,665
4,500	430	410	4,070	4,090
5,000	530	485	4,470	4,515
6,000	820	680	5,180	5,320
7,000	1,120	880	5,880	6,120
8,000	1,510	1,170	6,490	6,830
9,000	1,910	1,470	7,090	7,530
10,000	2,310	1,770	7,690	8,230

15,000	4,505	3,660	10,495	11,340
20,000	6,950	5,855	13,050	14,145
25,000	9,450	8,105	15,550	16,895
30,000	11,950	10,355	18,050	19,645
35,000	14,645	12,800	20,355	22,200
40,000	17,395	15,300	22,605	24,700
45,000	20,145	17,800	24,855	27,200
50,000	22,895	20,495	27,105	29,505
60,000	28,395	25,995	31,605	34,005
70,000	33,895	31,495	36,105	38,505
80,000	39,395	36,995	40,605	43,005
90,000	44,895	42,495	45,105	47,505
100,000	50,395	47,995	49,605	52,005

※直系尊属からの贈与により財産を取得した受贈者について適用（贈与税速算表を参照）。

2．住宅取得資金贈与の非課税制度適用による贈与（基礎控除額 110 万円と特例税率を適用）

（単位：千円）

贈与価額	令和４年１月～令和５年12月（良質な住宅※）		令和４年１月～令和５年12月（左記以外の住宅）	
	贈与税額	手取り額	贈与税額	手取り額
6,000	0	6,000	0	6,000
7,000	0	7,000	90	6,910
8,000	0	8,000	190	7,810
9,000	0	9,000	335	8,665
10,000	0	10,000	485	9,515
11,000	0	11,000	680	10,320
12,000	90	11,910	880	11,120
13,000	190	12,810	1,170	11,830
14,000	335	13,665	1,470	12,530
15,000	485	14,515	1,770	13,230
20,000	1,770	18,230	3,660	16,340
25,000	3,660	21,340	5,855	19,145
30,000	5,855	24,145	8,105	21,895

※良質な住宅：一定の耐震性能・省エネ性能・バリアフリー性能のいずれかを有する住宅

早見表
(4)償却資産税

[資産の種類ごとの主な償却資産]

資産の種類		主な償却資産の内容
構築物	構築物	駐車場の舗装、屋上看板等の広告設備、門、塀、緑化施設等
	建物付属設備	建物の所有者が取り付けた建物付属設備のうち、受変電設備、中央監視制御装置、特定の生産又は業務用の設備等
		テナントの方が賃借している家屋に施工した内装、造作建築設備 (電気・ガス・給排水・衛生設備、外壁、内壁、天井、床等の仕上げ及び建具、配線・配管等)

[業種別の主な償却資産]

業種	主な償却資産の内容
事務系	タイムレコーダー (5)、事務机 (15)、椅子 (15)、応接セット (8)、ロッカー (15)、キャビネット (15)、金庫 (20)、コピー機 (5)、ルームエアコン (6)、パーソナルコンピューター (サーバー用除く)(4)、LAN 配線 (10)、その他
理・美容業	理･美容椅子 (5)、消毒殺菌器 (5)、タオル蒸器 (5)、サインポール (3)、湯沸かし器 (6)、その他
小売店業	冷蔵ストッカー (4)、陳列ケース (6 又は 8)、レジスター (5)、自動販売機 (5)、看板 (10)、その他
不動産貸付業	舗装路面 (10 又は 15)、立体駐車場のターンテーブル及び機器部分 (10)、金属造の塀 (10)、コンクリート造の塀 (15)、その他

(　) 内の数字はその業種における主な償却資産の耐用年数です。

[主な設備等]

設備等の種類	設備等の分類	設備等の内容
電気設備	電灯コンセント設備、照明器具設備	屋外・屋内設備一式
	火災報知設備	設備一式
給排水衛生設備	給排水設備	屋外設備、引込工事、受水槽
	給湯設備	
	ガス設備	屋外設備、引込工事、屋内の配管等
	衛生設備	
	消火設備	消化器
空調設備	空調設備	ルームエアコン
外構工事	外構工事	工事一式（門・塀・緑化施設等）

[申告資産]

取得価額	国税の取扱い		固定資産税の取扱い
10 万円未満	個人	少額の減価償却	申告対象外
	法人	普通償却	申告対象
		少額の減価償却	申告対象外
		一括償却資産（3 年）	申告対象外
10 万円以上 20 万円未満	普通償却		申告対象
	一括償却資産（3 年）		申告対象外
	中小の少額減価償却		申告対象
20 万円以上 30 万円未満	普通償却		申告対象
	中小の少額減価償却		申告対象
30 万円以上	普通償却		申告対象

早見表
(5)その他

[印紙税額一覧表]

（10万円以下または10万円以上……10万円は含まれる
10万円を超えまたは10万円未満…10万円は含まれない）

番号	文書の種類	印紙税額（1通または1冊につき）
1	1〔不動産※、鉱業権、無体財産権、船舶、航空機または営業の譲渡に関する契約書〕 2〔地上権または土地の賃借権の設定または譲渡に関する契約書〕土地賃貸借契約書、賃料変更契約書など 3〔消費貸借に関する契約書〕金銭借用証書、金銭消費貸借契約書など 4〔運送に関する契約書（傭船契約書を含む。）〕運送契約書、貨物運送引受書など （注）運送に関する契約書には、乗車券、乗船券、航空券および運送状は含まれません。	記載された契約金額が1万円未満　非課税 〃　10万円以下　200円 〃　10万円を超え50万円以下　400円 〃　50万円を超え100万円以下　1千円 〃　100万円を超え500万円以下　2千円 〃　500万円を超え1千万円以下　1万円 〃　1千万円を超え5千万円以下　2万円 〃　5千万円を超え1億円以下　6万円 〃　1億円を超え5億円以下　10万円 〃　5億円を超え10億円以下　20万円 〃　10億円を超え50億円以下　40万円 〃　50億円を超えるもの　60万円 契約金額の記載のないもの　200円
	※上記の1に該当する「不動産の譲渡に関する契約書」のうち、令和6年3月31日までに作成されるものについては、契約書の作成年月日及び記載された契約金額に応じ、右欄のとおり印紙税額が軽減されています。	【平成26年4月1日～令和6年3月31日】 記載された契約金額が 10万円を超え50万円以下　200円 〃　50万円を超え100万円以下　500円 〃　100万円を超え500万円以下　1千円 〃　500万円を超え1千万円以下　5千円 〃　1千万円を超え5千万円以下　1万円 〃　5千万円を超え1億円以下　3万円 〃　1億円を超え5億円以下　6万円 〃　5億円を超え10億円以下　16万円 〃　10億円を超え50億円以下　32万円 〃　50億円を超えるもの　48万円
2	〔請負に関する契約書※〕工事請負契約書、工事注文請書、物品加工注文請書、広告契約書、映画俳優専属契約書、請負金額変更契約書など （注）請負には、職業野球の選手、映画の俳優、その他これらに類する者で特定の者の役務の提供を約することを内容とする契約を含みます。	記載された契約金額が1万円未満　非課税 〃　100万円以下　200円 〃　100万円を超え200万円以下　400円 〃　200万円を超え300万円以下　1千円 〃　300万円を超え500万円以下　2千円 〃　500万円を超え1千万円以下　1万円 〃　1千万円を超え5千万円以下　2万円 〃　5千万円を超え1億円以下　6万円 〃　1億円を超え5億円以下　10万円 〃　5億円を超え10億円以下　20万円 〃　10億円を超え50億円以下　40万円 〃　50億円を超えるもの　60万円 契約金額の記載のないもの　200円
	※上記の「請負に関する契約書」のうち、建設業法第2条第1項に規定する建設工事の請負に係る契約に基づき作成されるもので、令和6年3月31日までに作成されるものについては、契約書の作成年月日及び記載された契約金額に応じ、右欄のとおり印紙税額が軽減されています。	【平成26年4月1日～令和6年3月31日】 記載された契約金額が 100万円を超え200万円以下　200円 〃　200万円を超え300万円以下　500円 〃　300万円を超え500万円以下　1千円 〃　500万円を超え1千万円以下　5千円 〃　1千万円を超え5千万円以下　1万円 〃　5千万円を超え1億円以下　3万円 〃　1億円を超え5億円以下　6万円 〃　5億円を超え10億円以下　16万円 〃　10億円を超え50億円以下　32万円 〃　50億円を超えるもの　48万円

<table>
<tr><td rowspan="2">3</td><td>〔約束手形または為替手形〕
1. 手形金額の記載のない手形は非課税となりますが、金額を補充したときは、その補充をした人がその手形を作成したものとみなされ、納税義務者となります。
2. 振出人の署名のない白地手形（手形金額の記載のないものは除かれます。）で、引受人やその他の手形当事者の署名のあるものは、引受人やその他の手形当事者がその手形を作成したことになります。
3. 手形の複本または謄本はかかりません。</td><td>記載された手形金額が10万円未満　非課税
〃　100万円以下　200円
〃　100万円を超え200万円以下　400円
〃　200万円を超え300万円以下　600円
〃　300万円を超え500万円以下　1千円
〃　500万円を超え1千万円以下　2千円
〃　1千万円を超え2千万円以下　4千円
〃　2千万円を超え3千万円以下　6千円
〃　3千万円を超え5千万円以下　1万円
〃　5千万円を超え1億円以下　2万円
〃　1億円を超え2億円以下　4万円
〃　2億円を超え3億円以下　6万円
〃　3億円を超え5億円以下　10万円
〃　5億円を超え10億円以下　15万円
〃　10億円を超えるもの　20万円</td></tr>
<tr><td>(注)上記のうち、①一覧払のもの　②金融機関相互間のもの　③外国通貨で金額を表示したもの　④非居住者円表示のもの</td><td>記載された手形金額が10万円未満　非課税
〃　10万円以上　200円</td></tr>
<tr><td>4</td><td>〔株券、出資証券、社債券、証券投資信託または貸付信託の受益証券〕</td><td>（省略）</td></tr>
<tr><td>5</td><td>〔合併契約書または分割契約書もしくは分割計画書〕</td><td>（省略）</td></tr>
<tr><td>6</td><td>〔定款（原本に限る。）〕</td><td>（省略）</td></tr>
<tr><td>7</td><td>〔継続的取引の基本となる契約書（契約期間が３ヶ月以内で、更新の定めがないものは除く。）〕売買取引基本契約書、特約店契約書、代理店契約書、業務委託契約書、銀行取引約定書など</td><td>4千円</td></tr>
<tr><td>8</td><td>預貯金証書</td><td rowspan="7">200円
専ら金銭の受領を委任する委任状で、営業に関しないもの　非課税</td></tr>
<tr><td>9</td><td>〔貨物引換証、倉庫証券、船荷証券〕</td></tr>
<tr><td>10</td><td>〔保険証券〕</td></tr>
<tr><td>11</td><td>〔信用状〕</td></tr>
<tr><td>12</td><td>〔信託行為に関する契約書（信託証書を含む。）〕</td></tr>
<tr><td>13</td><td>〔債務の保証に関する契約書（主たる債務の契約書に併記するものは除く。）〕</td></tr>
<tr><td>14</td><td>〔金銭または有価証券の寄託に関する契約書〕</td></tr>
<tr><td>15</td><td>〔債権譲渡または債務引受けに関する契約書〕</td><td>記載された契約金額が1万円未満　非課税
〃　1万円以上　200円
契約金額の記載のないもの　200円</td></tr>
<tr><td>16</td><td>〔配当金領収証、配当金振込通知書〕</td><td>（省略）</td></tr>
<tr><td rowspan="2">17</td><td>〔売上代金に係る金銭または有価証券の受取書〕商品販売代金の受取書、不動産の譲渡代金または賃貸料の受取書、請負代金の受取書、広告料の受取書など
（注）1. 売上代金とは、資産を譲渡することによる対価、資産を使用させること（当該資産に係る権利を設定することを含む。）による対価および役務を提供することによる対価をいいます。
2. 株券等の譲渡代金、保険料、公社債及び預貯金の利子などは売上代金から除かれます。</td><td>記載された受取金額が5万円未満　非課税
〃　100万円以下　200円
〃　100万円を超え200万円以下　400円
〃　200万円を超え300万円以下　600円
〃　300万円を超え500万円以下　1千円
〃　500万円を超え1千万円以下　2千円
〃　1千万円を超え2千万円以下　4千円
〃　2千万円を超え3千万円以下　6千円
〃　3千万円を超え5千万円以下　1万円
〃　5千万円を超え1億円以下　2万円
〃　1億円を超え2億円以下　4万円
〃　2億円を超え3億円以下　6万円
〃　3億円を超え5億円以下　10万円
〃　5億円を超え10億円以下　15万円
〃　10億円を超えるもの　20万円
受取金額の記載のないもの　200円
営業に関しないもの　非課税</td></tr>
<tr><td>〔売上代金以外の金銭または有価証券の受取書〕</td><td>記載された受取金額が5万円未満　非課税
〃　5万円以上　200円
受取金額の記載のないもの　200円
営業に関しないもの　非課税</td></tr>
<tr><td>18</td><td>〔預金通帳、貯金通帳、信託通帳、掛金通帳、保険料通帳〕</td><td>（省略）</td></tr>
<tr><td>19</td><td>〔請負通帳、有価証券の預り通帳、金銭の受取通帳など〕</td><td>（省略）</td></tr>
<tr><td>20</td><td>〔判取帳〕</td><td>（省略）</td></tr>
</table>

［不動産取得税］

土地や建物の固定資産税評価額× 4%（本則）＝不動産取得税

ただし、次の特例があります。

（1）住宅および住宅用地にかかる特例措置

	特例の内容
住宅（通常）	住宅の固定資産税評価額× 3%＝通常の住宅の不動産取得税
住宅（特例）	（住宅の固定資産税評価額－特別控除額 1,200 万円）× 3% ＝特例措置を受けた場合の住宅の不動産取得税
宅地（通常）	土地の固定資産税評価額× $\frac{1}{2}$× 3%＝通常の宅地の不動産取得税
宅地（特例）	通常の宅地の不動産取得税－税額控除額（注） ＝特例措置を受けた場合の宅地の不動産取得税 （注）税額控除額は次のいずれか多い額になります。 （イ）土地の 1 ㎡あたりの固定資産税評価額× $\frac{1}{2}$×住宅の床面積の 2 倍（上限 200 ㎡まで）× 3% （ロ）45,000 円

※特別控除及び税額控除の特例措置を受けることができる条件は、次に該当する場合です。

住宅…

（イ）床面積が50㎡（貸家共同住宅は40㎡）以上240㎡以下であること

土地…次のいずれかに該当すること

（ロ）土地購入の日から2年以内（令和6年3月31日までに取得した土地については3年以内、さらに一定の場合には4年以内）にその土地に住宅を建築した場合

（ハ）借地に住宅を新築し、新築後1年以内にその土地を購入した場合

（ニ）新築または中古住宅を購入し、その後1年以内に土地も購入した場合

（ホ）新築または中古住宅を土地付きで購入した場合

なお、税率を3%とする特例及び土地の課税標準を価格の2分の1とする特例の適用は令和6年3月31日までに取得した場合になります。

※平成21年6月4日から令和6年3月31日までの間に取得した認定長期優良住宅については評価額から1,300万円を特別控除することができます。

（2）住宅用地以外の土地にかかる特例措置

土地の固定資産税評価額× 3%＝不動産取得税

※ただし、令和 6 年 3 月 31 日までに取得した場合になります。

[登録免許税]

土地や建物の固定資産税評価額 × 税率 ＝ 登録免許税

＊新築建物については法務局の認定価格、抵当権については債権金額に税率をかけて計算します。

登記の種類(概要)		税率 本則	税率 特例措置
建物滅失登記	既存の建物を取り壊した場合に行う登記手続き	登録免許税はかからない	
建物表示登記	建物を新築したときにその建物の概要を登記する手続き	登録免許税はかからない	
所有権保存登記	新築建物の所有権を登記する場合に行う手続き	0.4%	0.15%※1、3
所有権移転登記	土地や建物の名義を変更する場合に行う手続き イ　売買その他の原因による移転 ロ　遺贈、贈与その他無償による名義移転 ハ　相続又は法人の合併による移転 ニ　共有物の分割による移転	 2　% 2　% 0.4%※4 0.4%	0.3%(建物)※1、3 1.5%(土地)※2
地上権、永小作権、賃借権又は採石権の設定、転貸又は移転の登記	イ　設定又は転貸 ロ　売買その他の原因による移転 ハ　相続又は法人の合併による移転 ニ　共有物に係る権利の分割による移転	1　% 1　% 0.2% 0.2%	−
信託の登記	イ　所有権の信託 ロ　所有権以外の権利の信託	0.4% 0.2%	0.3%(土地)※2
相続財産の分離の登記	イ　所有権の分離 ロ　所有権以外の権利の分離	0.4% 0.2%	−
仮登記	イ　所有権の移転又は所有権の移転請求権の保全	1　%	−
	ロ　その他(本登記の課税標準が不動産の価額であるものに限る。) 本登記の税率の2分の1		
抵当権の設定登記	担保不動産に関して行う登記手続き	0.4%	0.1%※1

※1　次のすべてに該当する場合には、住宅用家屋の所有権保存登記、移転登記または抵当権設定登記に対する特例措置が受けられます。
　(イ) 新築住宅は床面積が50㎡以上、中古住宅は新築後20年(耐火構造の場合は25年)以内の住宅で床面積が50㎡以上であること
　(ロ) 住宅専用家屋(住宅部分の床面積が9割以上の併用住宅を含む)であること
　(ハ) 令和6年3月31日までに新築または取得した自らが居住するための住宅であること
　(ニ) 新築または取得後1年以内の登記であること

※2　令和8年3月31日までに行われる土地の売買による所有権の移転および所有権の信託の登記にかかるもの

※3　令和6年3月31日までの間に取得した特定認定長期優良住宅：所有権保存登記……0.1%、移転登記……0.1%(一戸建ては0.2%)
　令和6年3月31日までの間に取得した認定低炭素住宅：所有権保存登記・移転登記……0.1%

※4　土地の相続登記に対する登録免許税が下記のとおり免除されます。
　(イ) 相続により取得した土地の移転登記を行わないままその相続人が死亡し、その者の相続人が平成30年4月1日から令和7年3月31日までの間に、その死亡した者を名義人とする移転登記を行う場合
　(ロ) 個人が、価額が10万円以下の土地について、所有者不明土地利用円滑化法の施行日から令和7年3月31日までの間に、相続による移転登記を行う場合

2023年 税務カレンダー

月	内　容	市町村条例	メモ欄
1月	・2022年7～12月分 源泉所得税（納期の特例適用者）		
	・給与所得者の扶養控除等申告書の提出		令和4年分の年末調整時に提出が望ましい。
	・支払調書の提出		
	・固定資産税の償却資産に関する申告		
	・給与支払報告書の提出		
	・個人住民税 第4期分	●	
2月	・固定資産税 第4期分	●	
3月	・贈与税の申告		
	・所得税の申告（確定申告）		
	・個人の青色申告の承認申請		
	・個人消費税申告		
4月	・固定資産税 第1期分	●	
5月	・自動車税	●	
	・軽自動車税	●	
6月	・2022年12月～23年5月分 特別徴収住民税（納期の特例適用者）		
	・個人住民税 第1期分	●	
7月	・2023年1～6月分 源泉所得税（納期の特例適用者）		
	・固定資産税 第2期分	●	
	・所得税予定納税 第1期分		
8月	・個人住民税 第2期分	●	
	・個人事業税 第1期分	●	
	・個人消費税中間申告（消費税額が48万円超　400万円以下の方）		
10月	・個人住民税 第3期分	●	
11月	・個人事業税 第2期分	●	
	・所得税予定納税 第2期分		
12月	・2023年6～11月分 特別徴収住民税（納期の特例適用者）		
	・給与所得の年末調整		
	・固定資産税 第3期分	●	

※市町村条例に●印があるものは、お住まいの地域によって変わる可能性がありますからご注意ください。

年齢早見表 2023年・令和5年版

※誕生日前は下記の表から１歳引いた年齢となりますので、ご注意下さい

生年：西暦	生年：元号	年齢
1923年	大正12年	100歳
1924年	大正13年	99歳
1925年	大正14年	98歳
1926年	大正15年/昭和元年	97歳
1927年	昭和2年	96歳
1928年	昭和3年	95歳
1929年	昭和4年	94歳
1930年	昭和5年	93歳
1931年	昭和6年	92歳
1932年	昭和7年	91歳
1933年	昭和8年	90歳
1934年	昭和9年	89歳
1935年	昭和10年	88歳
1936年	昭和11年	87歳
1937年	昭和12年	86歳
1938年	昭和13年	85歳
1939年	昭和14年	84歳
1940年	昭和15年	83歳
1941年	昭和16年	82歳
1942年	昭和17年	81歳
1943年	昭和18年	80歳
1944年	昭和19年	79歳
1945年	昭和20年	78歳
1946年	昭和21年	77歳
1947年	昭和22年	76歳
1948年	昭和23年	75歳
1949年	昭和24年	74歳
1950年	昭和25年	73歳
1951年	昭和26年	72歳
1952年	昭和27年	71歳
1953年	昭和28年	70歳
1954年	昭和29年	69歳
1955年	昭和30年	68歳
1956年	昭和31年	67歳
1957年	昭和32年	66歳
1958年	昭和33年	65歳
1959年	昭和34年	64歳
1960年	昭和35年	63歳
1961年	昭和36年	62歳
1962年	昭和37年	61歳
1963年	昭和38年	60歳
1964年	昭和39年	59歳
1965年	昭和40年	58歳
1966年	昭和41年	57歳
1967年	昭和42年	56歳
1968年	昭和43年	55歳
1969年	昭和44年	54歳
1970年	昭和45年	53歳
1971年	昭和46年	52歳
1972年	昭和47年	51歳

生年：西暦	生年：元号	年齢
1973年	昭和48年	50歳
1974年	昭和49年	49歳
1975年	昭和50年	48歳
1976年	昭和51年	47歳
1977年	昭和52年	46歳
1978年	昭和53年	45歳
1979年	昭和54年	44歳
1980年	昭和55年	43歳
1981年	昭和56年	42歳
1982年	昭和57年	41歳
1983年	昭和58年	40歳
1984年	昭和59年	39歳
1985年	昭和60年	38歳
1986年	昭和61年	37歳
1987年	昭和62年	36歳
1988年	昭和63年	35歳
1989年	昭和64年/平成元年	34歳
1990年	平成2年	33歳
1991年	平成3年	32歳
1992年	平成4年	31歳
1993年	平成5年	30歳
1994年	平成6年	29歳
1995年	平成7年	28歳
1996年	平成8年	27歳
1997年	平成9年	26歳
1998年	平成10年	25歳
1999年	平成11年	24歳
2000年	平成12年	23歳
2001年	平成13年	22歳
2002年	平成14年	21歳
2003年	平成15年	20歳
2004年	平成16年	19歳
2005年	平成17年	18歳
2006年	平成18年	17歳
2007年	平成19年	16歳
2008年	平成20年	15歳
2009年	平成21年	14歳
2010年	平成22年	13歳
2011年	平成23年	12歳
2012年	平成24年	11歳
2013年	平成25年	10歳
2014年	平成26年	9歳
2015年	平成27年	8歳
2016年	平成28年	7歳
2017年	平成29年	6歳
2018年	平成30年	5歳
2019年	平成31年/令和元年	4歳
2020年	令和2年	3歳
2021年	令和3年	2歳
2022年	令和4年	1歳

https://www.nenrei-hayami.net/

MEMO

MEMO

【著　者　略　歴】

ランドマーク税理士法人　代表社員　税理士　清田　幸弘
立教大学大学院客員教授

横浜市緑区の農家の長男として生まれる。
明治大学卒業、明治大学大学院政経研究科修了。
横浜農協（旧横浜北農協）勤務、資産税専門の会計事務所勤務後、開業。
ランドマーク税理士法人代表社員、丸の内相続大学校・丸の内相続プラザ主宰
一般社団法人マイスター協会　代表理事

【資格等】税理士、農協監査士、行政書士、宅地建物取引士、各農協・農協連合会顧問、株式会社農林中金アカデミー講師、財団法人都市農地活用支援センターアドバイザー登録、横浜市「農のある町づくり推進委員会」委員、東京都都市農業検討委員会委員、一般財団法人 農村開発企画委員会推進事業「都市農地の確保・保全事業検討委員会」委員、「特定非営利活動法人日本プレゼンテーション協会」JPA プロ講師認定

【著 書 等】『相続専門の税理士、父の相続を担当する』（あさ出版）、『社長、その税金ゼロにできる』（あさ出版）、『生産緑地を中心とした都市農家・地主の相続税・贈与税』（税務研究会出版局）、『お金持ちはどうやって資産を残しているのか？』（あさ出版）、『税金ハンドブック』（農林中央金庫）、『都市農家・地主の税金ガイド』（税務研究会出版局）、『都市近郊農家・地主の相続税・贈与税』（税務研究会出版局）、『まだ間に合うモメない、払いすぎない“相続”の備え』（ごま書房新社）、『ケースにみる宅地相続の実務―評価・遺産分割・納税―』（新日本法規出版）、『相続人・相続財産調査マニュアル』（新日本法規出版）、『税理士のための相続相談対応マニュアル』（新日本法規出版）、『都市農家さん！地主さん！その税金は払い過ぎ！』（あさ出版）、『１１人の解決事例より学ぶ　円満相続のセオリー』（ごま書房新社）、『改訂新版 地主・家主さん、知らずに損していませんか？』（明日香出版社）、『Q&A　農業・農地をめぐる税務』（新日本法規出版）、『不動産オーナーの相続実務』（株式会社日本法令）『私のため、家族のためのエンディングサポートノート』（あさ出版）、『相続のこと、本気で考えないとマズイですよ！』（あさ出版）、『日本農業新聞』、月刊『日本の農業』（一般社団法人全国農業改良普及協会）、月刊『農業千葉』、月刊『グリーンライフ』、月刊『KANAGAWA　TAKKEN　広報』（(社)神奈川県宅建協会）、『全国賃貸住宅新聞』、『日経ヴェリタス』ほか連載執筆多数

【ランドマーク税理士法人】〒100-0005　東京都千代田区丸の内2-5-2
三菱ビル 9階
TEL.03(6269)9996　FAX.03(6269)9997
E-mail:info@landmark-tax.or.jp
URL:https://www.landmark-tax.com

【協力筆者】**弁護士**　太田壽郎　**不動産鑑定士**　芳賀則人
税理士　永瀬　寿子、坂口　元一、金子　守、松下　豊、小倉　正裕、岡山　敦、石丸　司、植松　務、東　真理子、伊藤　満、岩間　雅博、押山　満